高等院校信息安全专业规划教材

Windows网络编程

Windows Network Programming

刘琰 王清贤 刘龙 陈熹 ◎ 编著

机械工业出版社
China Machine Press

图书在版编目（CIP）数据

Windows 网络编程 / 刘琰等编著. —北京：机械工业出版社，2013.10（2021.9 重印）
（高等院校信息安全专业规划教材）

ISBN 978-7-111-44196-0

I. W… II. 刘… III. Windows 操作系统－网络软件－程序设计－高等学校－教材 IV. TP316.86

中国版本图书馆 CIP 数据核字（2013）第 231608 号

本书全面和系统地介绍了网络编程的基本原理，剖析了网络应用程序实现与套接字实现和协议实现之间的关联，重点阐述了 Windows Sockets 编程和 WinPcap 编程的主要思想、程序设计方法以及开发技巧和可能的陷阱，分析了不同编程方法的适用性和优缺点。

本书系统性较强，内容丰富、结构清晰、论述严谨，既突出基本原理和技术思想，也强调工程实践，适合作为网络工程、信息安全、计算机应用、计算机软件、通信工程等专业的本科生教材，也可供从事网络工程、网络应用开发和网络安全等工作的技术人员参考。

机械工业出版社（北京市西城区百万庄大街 22 号 邮政编码 100037）
责任编辑：刘立卿
北京捷迅佳彩印刷有限公司印刷
2021 年 9 月第 1 版第 8 次印刷
185mm × 260mm • 17.75 印张
标准书号：ISBN 978-7-111-44196-0
定 价：39.00 元

凡购本书，如有缺页、倒页、脱页，由本社发行部调换
客服热线：（010）88378991 88361066 投稿热线：（010）88379604
购书热线：（010）68326294 88379649 68995259 读者信箱：hzjsj@hzbook.com

编委会

丛书序

经过数年的筹划与努力，信息安全系列丛书终于和广大读者见面了。

众所周知，进入21世纪以来，信息化对社会发展的影响日益深刻。全球信息化正在引发当今世界的深刻变革，重塑世界政治、经济、社会、文化和军事发展的新格局。

人们在享受信息化所带来的便利的同时，也不得不面对各种信息安全问题。信息安全是信息化的关键，各种天灾（如地震、洪水、飓风）和“人祸”（如网络故障、黑客入侵、病毒等）都会影响信息化进程。因此，在发展信息化的同时要重视信息安全，要在安全中发展，在发展中确保安全。

目前，世界各国都将信息安全视为国家安全的重要组成部分。党的十六届四中全会在《中共中央关于加强党的执政能力建设的决定》中明确提出：“坚决防范和打击各种敌对势力的渗透、颠覆和分裂活动，有效防范和应对来自国际经济领域的各种风险，确保国家的政治安全、经济安全、文化安全和信息安全”。党中央把信息安全和政治安全、经济安全、文化安全并列，作为我们国家四大安全内容之一，可见信息安全之重要，绝不能掉以轻心。近年来，我国在信息安全保障方面的工作逐步加强，制定并实施了国家信息安全战略，建立了信息安全管理体制和工作机制。基础信息网络和重要信息系统的安全防护水平明显提高，互联网信息安全管理进一步加强。

信息安全问题的解决，既要依靠技术的发展，更要重视人的作用。随着科技的进步，信息安全的概念和内涵不断发生变化，今天我们所说的信息安全是一个涉及计算机科学、网络技术、通信技术、密码技术、信息安全技术、应用数学、数论、信息论等领域的交叉学科，各种保障信息安全的技术也不断推陈出新。我们应大力培养信息安全的专业人才，对从业人员进行技术、职业道德、法律等全方位的教育。同时，要普及信息安全教育，增强国民的信息安全意识，提高全民的信息化知识水平和防范意识。

面对社会对信息安全人才的迫切需求，国内已有几十所高校设立了信息安全专业，还有众多高校开设了信息安全相关的必修与选修课。为了有力地支持信息安全相关课程的教学，促进信息安全的科学研究，在机械工业出版社华章分社的精心策划与组织下，国内高校从事信息安全领域研究、教学的专家和教师共同编写了这套“高等院校信息安全专业规划教材”。这套丛书是各位作者多年教学、科研成果的结晶，其特点是理论与实践紧密结合、深入浅出、实例丰富，既包括基础知识，也反映最新科研成果与发展趋势。我深信，丛书的出版必将对信息安全知识的普及和推广、信息安全人才的培养、教学与科研产生积极影响并作出重要的贡献。

最后，作为本丛书的编委会主任，我对各位编委的努力工作、各位作者的辛勤劳动、机械工业出版社华章分社的大力支持表示衷心的感谢。

丛书编委会主任　卿斯汉

2009年6月

前言

在信息化高度发展的今天，网络应用层出不穷，技术日新月异。越来越多的应用运行在网络环境下，这就要求程序员能够在最普及的 Windows 操作系统上开发网络应用程序。目前，国内大批专门从事网络技术开发与技术服务的研究机构和高科技企业需要网络基础扎实、编程技术精湛的专业技术人才。作为计算机网络课程体系的重要组成部分，网络编程相关课程已在国内各大高校开设。

本书详细地介绍了网络编程的基本原理，剖析了网络应用程序实现与套接字实现和协议实现之间的关联，重点阐述了 Windows Sockets 编程和 WinPcap 编程的主要思想和程序设计方法，分析了不同编程方法的适用性和优缺点。通过本书内容的学习，读者可以熟悉 Windows 系统中网络编程的基本方法，系统掌握网络数据处理的原理和技术，提高网络实践能力，为将来从事网络技术研究、网络应用程序开发和网络管理等工作打下坚实的基础。

本书着眼于基本技能的训练和强化，以问题为牵引，由浅入深，辅以前后贯穿的范例实验，力求将编程方法的适用场合分析透彻，将网络编程的原理解释清楚，将网络通信中遇到的瓶颈问题优化改进。本书共分 9 章和 1 个附录。第 1 ～ 3 章阐述网络编程所涉及的相关基础知识，包括分布式网络应用程序的结构、TCP/IP 协议基础、网络程序通信模型和网络数据的内容与形态等；第 4 ～ 7 章重点介绍 Windows Sockets 编程的基本方法，包括协议软件接口、套接字的基本概念，Windows Sockets 中流式套接字、数据报套接字和原始套接字三种基本套接字的适用场合、通信功能、处理细节和优化策略等；第 8 章比较详尽地讲解了 Windows 系统中常用的 7 种 I/O 模型的基本概念、相关函数、编程框架和应用场合；第 9 章重点阐述了基于 WinPcap 的网络数据构造、捕获、过滤和分析技术；附录部分给出了 Windows Sockets 错误码和错误原因。

为了方便读者阅读和学习，编者根据本书内容另外提供了课后习题和解答、PPT 课件、使用 Visual Studio 2008 开发的 Visual C++ 应用程序源代码等辅助教学资源。读者可以登录机械工业出版社华章公司网站（http://www.hzbook.com/）免费下载。

本书由解放军信息工程大学网络空间安全学院组织编写，刘琰完成了本书全部章节的撰写和示例代码编码，王清贤教授参与部分章节的编写并审校全书，刘龙和陈熹完成了本书习题和教学资源的制作和整理。

本书是编者根据多年开发网络应用程序和研究相关课程教学的经验，并在多次编写的内部交流讲义的基础上修改而成的。由于网络技术的快速发展，加之作者水平有限，疏漏和错误之处在所难免，恳请读者和有关专家不吝赐教。

编者

2013 年 6 月

教学和阅读建议

本课程的先修课程为“程序设计”、“计算机网络”、“网络协议分析”。本课程强调技能训练，在授课内容上注重知识的实用性和连贯性，建议授课学时为40学时（22学时授课，18学时实践），各章的教学内容可做如下安排。

第1章　网络应用程序设计基础（课堂教学2学时）

教学内容：

- 协议层次和服务模型。
- 网络程序寻址方式。
- 分布式网络应用程序的特点及分类。
- 常用网络编程方法。

考核要求：

通过课堂讲解，学生应能比较全面地巩固网络程序设计中所涉及的计算机网络方面的基础知识，包括各种网络术语、网络协议、网络程序寻址方式等，了解基于计算机网络开发的分布式网络应用程序的特点，从层次化的角度了解网络应用程序设计的基本方法。

第2章　网络程序通信模型（课堂教学2学时，上机实践2学时）

教学内容：

- 网络应用程序与网络通信之间的关系。
- 客户/服务器模型。
- 浏览器/服务器模型。
- P2P模型。

考核要求：

通过课堂讲解，学生应能理解各种网络程序通信模型产生的原因，掌握客户/服务器模型的基本原理，了解浏览器/服务器模型和P2P模型的基本概念，能够根据实际问题需求选择合适的通信模型，搭建合理的程序架构。

通过上机实践，学生应能熟悉常用的网络编程辅助工具，掌握网络应用程序的调试和分析技能。

第3章　网络数据的内容与形态（课堂教学2学时）

教学内容：

- 整数的长度与符号。

- 字节顺序。
- 结构的对齐与填充。
- 网络数据传输形态。
- 字符编码。
- 数据校验。

考核要求：

通过课堂讲解，学生应能掌握网络数据在存储、传输过程中的基本概念，掌握正确的整数符号处理、字节顺序转换、结构对齐、字符编码转换和数据校验计算等方法。

第 4 章　协议软件接口（课堂教学 2 学时，上机实践 2 学时）

教学内容：

- TCP/IP 协议软件接口的位置和功能。
- 网络通信的基本方法。
- 套接字的基本概念和通信过程。
- Windows 套接字的基本概念和编程接口。

考核要求：

通过课堂讲解，学生应能了解套接字的起源和设计初衷，掌握套接字的基本概念，掌握 Windows 套接字的组成和特点，熟悉 Windows 套接字的基本函数功能，掌握套接字的初始化和释放、套接字控制以及地址的描述与转换等方法。

通过上机实践，学生应能掌握使用 Windows 套接字进行网络应用程序开发的基本方法，包括开发环境配置方法、常用数据结构和程序开发流程等。

第 5 章　流式套接字编程（课堂教学 4 学时，上机实践 4 学时）

教学内容：

- 流式套接字的适用场合、通信过程和交互模型。
- 流式套接字编程相关函数的使用方法。
- TCP 的流传输控制。
- 面向连接程序的可靠性保护和传输效率分析。

考核要求：

通过课堂讲解，学生应能明确流式套接字的应用场合，掌握流式套接字编程的基本模型、函数使用细节和开发流程，掌握 TCP 流的传输控制方法，了解使用 TCP 协议传输的应用程序可能出现的失败模式，掌握面向连接程序的可靠性保护和传输效率改进的基本方法。

通过上机实践，学生应能掌握流式套接字编程的基本方法，熟练使用辅助工具观察程序运行过程中的状态和通信细节，排除常见的套接字编程中的异常问题。

第 6 章　数据报套接字编程（课堂教学 2 学时，上机实践 2 学时）

教学内容：

- 数据报套接字的适用场合、通信过程和交互模型。
- 数据报套接字编程相关函数的使用方法。
- 无连接程序的可靠性维护方法。

- 无连接服务器的并发处理方法。

考核要求：

通过课堂讲解，学生应能明确数据报套接字的应用场合，掌握数据报套接字编程的基本模型、函数使用细节和开发流程，了解使用 UDP 协议传输的应用程序可能出现的不可靠性问题和维护方法，了解无连接服务器并发处理的基本思路。

通过上机实践，学生应能掌握数据报套接字编程的基本方法，熟练使用辅助工具观察程序运行过程中的状态和通信细节，排除常见的套接字编程中的异常问题。

第 7 章　原始套接字编程（课堂教学 2 学时，上机实践 2 学时）

教学内容：

- 原始套接字的功能、适用场合、通信过程和交互模型。
- 原始套接字的创建、数据发送和数据接收方法。

考核要求：

通过课堂讲解，学生应能明确原始套接字的功能和应用场合，掌握原始套接字编程的基本模型和开发流程，掌握原始套接字的创建、控制、发送和接收处理方法，了解 Windows 对原始套接字的限制。

通过上机实践，学生应能掌握原始套接字编程的基本方法，排除常见的套接字编程中的异常问题，提高对协议数据的操控能力。

第 8 章　网络通信中的 I/O 操作（课堂教学 4 学时，上机实践 4 学时）

教学内容：

- 套接字的 I/O 模式。
- 阻塞 I/O 模型。
- 非阻塞 I/O 模型。
- I/O 复用模型。
- 基于消息的 WSAAsyncSelect 模型。
- 基于事件的 WSAEventSelect 模型。
- 重叠 I/O 模型。
- 完成端口模型。

考核要求：

通过课堂讲解，学生应能掌握网络 I/O 操作的基本思想，掌握在 Windows 系统中常用的 7 种 I/O 模型的基本概念、相关函数、编程框架和应用场合。

通过上机实践，学生应能掌握基本网络 I/O 模型的编程方法，结合现实需求，选择合适的网络 I/O 模型，对网络应用程序的通信性能进行改进。

第 9 章　WinPcap 编程（课堂教学 2 学时，上机实践 2 学时）

教学内容：

- WinPcap 的起源与功能。
- WinPcap 的体系结构和编程接口。

- WinPcap 编程环境配置。
- wpcap.dll 的常用数据结构和编程方法。
- Packet.dll 的常用数据结构和编程方法。

考核要求：

通过课堂讲解，学生应能掌握 WinPcap 的功能、体系结构和编程接口，掌握利用 wpcap.dll 进行底层网络程序开发的基本方法，掌握利用 Packet.dll 进行底层网络程序开发的基本方法。

通过上机实践，学生应能掌握 WinPcap 编程环境的配置方法，掌握使用 WinPcap 进行底层网络通信程序开发的基本流程，排除常见的 WinPcap 编程中的异常问题，提高对底层协议数据的操控能力。

目录

Chapter 1

第1章 网络应用程序设计基础

网络编程的基础是计算机网络，本章简要讲述网络程序设计中涉及的计算机网络方面的基础知识，包括各种网络术语、网络拓扑结构、网络协议等。基于计算机网络开发的分布式网络应用程序种类多样，设计需求也千差万别，本章对常用的网络程序设计方法进行归纳，由高层至底层分别介绍了面向应用的网络编程方法、基于TCP/IP协议栈的网络编程方法和面向原始帧的网络编程方法。

1.1 计算机网络基础

1.1.1 协议层次和服务模型

计算机网络，是指将地理位置不同且具有独立功能的多台计算机及其外部设备，通过通信线路连接起来，在网络操作系统、网络管理软件及网络通信协议的管理和协调下，实现资源共享和信息传递的计算机系统。总的来说，计算机网络的组成基本上包括计算机、网络操作系统、传输媒体以及相应的应用软件四部分。

计算机网络是一个极为复杂的系统，网络中有许多部分：大量的应用程序和协议、各种类型的端系统，以及各种类型的链路级媒体。面对这种复杂的系统，如何简化管理是非常重要的。为了降低设计难度，网络设计者以分层的方式组织协议以及实现这些协议的网络硬件和软件。协议分层具有概念化和结构化的优点，每一层都建立在它的下层之上，使用它的下层提供的服务，下层对它的上层隐藏服务实现的细节。

一个机器上的第*n*层与另一个机器的第*n*层交流，所使用的规则和协定合起来被称为第*n*层协议。这里的协议，是指通信双方关于如何进行通信的一种约定，每个协议属于某个层次。特定系统所使用的一组协议被称为协议栈（protocol stack）。

1. OSI参考模型

在OSI出现之前，计算机网络中存在多种体系结构，其中以 IBM 公司的系统网络体系结构（System Network Architecture，SNA）和 DEC 公司的数字网络体系结构（Digital Network Architecture，DNA）最为著名。为了解决不同体系结构的网络互连问题，国际标准化组织 ISO 于 1981 年制定了开放系统互连参考模型（Open System Interconnection Reference Model，OSI/RM）。这个模型把网络通信的工作分为 7 层，它们由低到高分别是物理层（physical layer）、数据链路层（data link layer）、网络层（network layer）、传输层（transport layer）、会话层（session layer）、表示层（presentation layer）和应用层（application layer），如图 1-1a 所示。

OSI参考模型	
7	应用层
6	表示层
5	会话层
4	传输层
3	网络层
2	数据链路层
1	物理层

a）

TCP/IP 参考模型	
5	应用层
4	传输层
3	网络层
2	数据链路层
1	物理层

b）

图 1-1　OSI 参考模型与 TCP/IP 参考模型

第 1 层到第 3 层属于 OSI 参考模型的低三层，负责创建网络通信连接的链路；第 4 层到第 7 层为 OSI 参考模型的高四层，具体负责端到端的数据通信。每层完成一定的功能，每层都直接为其上层提供服务，并且所有层次都互相支持，而网络通信则可以自上而下（在发送端）或者自下而上（在接收端）双向进行。当然并不是每一通信都需要经过 OSI 的全部七层，有的甚至只需要双方对应的某一层即可。物理接口之间的转接，以及中继器与中继器之间的连接就只需在物理层中进行；而路由器与路由器之间的连接则只需经过网络层以下的三层。总的来说，双方的通信是在对等层次上进行的，不能在不对等层次上进行。

2. TCP/IP 参考模型

ISO 制定的 OSI 参考模型过于庞大、复杂，招致了许多批评。与此对照，由技术人员自己开发的 TCP/IP 协议栈获得了更为广泛的应用。

TCP/IP 协议栈是美国国防部高级研究规划局计算机网（Advanced Research Projects Agency Network，ARPANET）和其后继因特网使用的参考模型。TCP/IP 参考模型分为五个层次：应用层、传输层、网络层、链路层和物理层，如图 1-1b 所示。

在 TCP/IP 参考模型中，去掉了 OSI 参考模型中的会话层和表示层（这两层的功能被合并到应用层实现）。以下分别介绍各层的主要功能。

（1）应用层

应用层是网络应用程序及其应用层协议存留的层次。TCP/IP 协议簇的应用层协议包括 Finger（用户信息协议）、文件传输协议（File Transfer Protocol，FTP）、超文本传输协议（Hypertext Transfer Protocol，HTTP）、Telent（远程终端协议）、简单邮件传输协议（Simple

Mail Transfer Protocol，SMTP）、因特网中继聊天（Internet Relay Chat，IRC）、网络新闻传输协议（Network News Transfer Protocol，NNTP）等。

应用层之间交换的数据单位为消息流或报文（message）。

（2）传输层

在 TCP/IP 模型中，传输层的功能是使源端主机和目标端主机上的对等实体可以进行会话。在传输层定义了两种服务质量不同的协议，即传输控制协议（Transmission Control Protocol，TCP）和用户数据报协议（User Datagram Protocol，UDP）。

TCP 协议是一个面向连接的、可靠的协议，为应用程序提供了面向连接的服务。这种服务将一台主机发出的消息流无差错地发往互联网上的其他主机。在发送端，它负责把上层传送下来的消息流分成数据段并传递给下层；在接收端，它负责把收到的数据包进行重组后递交给上层。另外，TCP 协议还要处理网络拥塞控制，在网络拥塞时帮助发送源抑制其传输速度；提供端到端的流量控制，避免缓慢接收的接收方没有足够的缓冲区接收发送方发送的大量数据。TCP 的协议数据传输单元为 TCP 数据段（TCP segment）。

UDP 协议是一个不可靠的、无连接的协议，为应用程序提供无连接的服务。这种服务主要适用于广播数据发送和不需要对报文进行排序和流量控制的场合。UDP 的协议数据传输单元为 UDP 数据报（UDP datagram）。

（3）网络层

网络层是整个 TCP/IP 协议栈的核心。网络层的功能是通过路径选择把分组发往目标网络或主机，进行网络拥塞控制以及差错控制。

网际协议（Internet Protocol，IP）是网络层的重要协议，该协议定义了数据包中的各个字段以及端系统和路由器如何作用于这些字段。

网络层中的另一个协议 Internet 控制报文协议（Internet Control Message Protocol，ICMP）用于在 IP 主机、路由器之间传递控制消息。控制消息包括网络是否畅通、主机是否可达、路由是否可用等网络本身的消息。这些控制消息虽然并不传输用户数据，但是对于用户数据的传递起着重要的作用。

另外网络层也包括决定路由的选路协议（如 RIP、OSPF 等），数据包根据选定的路由从源传输到目的地。

网络层的协议数据传输单元为数据包（packet），或称为分组。

（4）数据链路层

数据链路层负责物理层和网络层之间的通信，将网络层接收到的数据分割成特定的、可被物理层传输的帧，并交付物理层进行实际的数据传送。

数据链路层提供的服务取决于应用于该链路层的协议，常用的协议包括以太网的 802.3 协议、Wi-Fi 的 802.11 协议和点对点协议（PPP）等。因为数据包从源到目的地传送通常需要经过几条链路，所以它可能被沿途不同链路上的不同链路层协议处理。

数据链路层的协议数据传输单元为帧（frame）。

（5）物理层

链路层的任务是将整个帧从一个网络元素移动到邻近的网络元素，而物理层的任务是将该帧中的一个一个比特从一个节点移动到下一个节点。该层中的协议仍然是链路相关的，并且进一步与链路（如双绞线、单模光纤）的实际传输媒体相关。对应于不同的传输媒体，跨越这些链路移动一个比特的方式也不同。

物理层的协议数据传输单元为比特（bit）。

1.1.2 网络程序寻址方式

在邮寄信件时，邮政业务需要提供收信人的地址；在电话交流时，电话系统需要拨号者提供通信对方的电话号码。与之类似，在一个网络程序与另一网络程序通信之前，必须告诉网络某些信息以标识另一个程序。在 TCP/IP 中，网络应用程序使用两个信息来唯一标识一个特定的应用程序：IP 地址和端口号。在具体的网络应用中，IP 地址和端口号的使用还会遇到一些更复杂的变化，比如名称解析、网络地址转换等。

1. IP 地址

互联网上的每个主机和路由器都有 IP 地址，它将网络号和主机号编码在一起。这个组合在全网范围内是唯一的（原则上，互联网上没有两个机器有相同的 IP 地址）。

IP 地址是二进制数字，具有 IPv4 和 IPv6 两种类型，分别对应于已经标准化的网际协议的两个版本。IPv4 地址的长度为 32 位，用于标识 40 亿个不同的地址。对于今天的 Internet 来说，这个地址范围并不能满足实际使用的需要。IPv6 地址的长度为 128 位。

在表示 IP 地址以便于人们使用方面，为 IP 的两个版本采用了不同的约定。按照惯例，将 IPv4 地址写为一组 4 个用句点隔开的十进制数字（例如 10.0.0.3），这被称为“点分十进制”表示法。点分十进制字符串中的 4 个数字表示 IP 地址的 4 个字节的内容，每个部分都是 0~255 之间的数字。

另一方面，根据约定，16 字节的 IPv6 地址被表示为用冒号隔开的十六进制数字的组合（例如 2000:fdb8:0000:0000:0000:0023:7865:28a1），每一组数字表示 2 字节的地址，可以省略前导 0 和只包含 0 的组序列。

就 IPv4 地址而言，最初对 IP 地址编址的方法是分类编址方法，如图 1-2 所示，IP 地址的网络部分被限制长度为 8、16 或 24 比特，分别称为 A、B 和 C 类网络，D 类网络用于多播，E 类网络保留供今后使用。

A类地址	0	网络地址	主机地址			
B类地址	1	0	网络地址	主机地址		
C类地址	1	1	0	网络地址	主机地址	
D类地址	1	1	1	0	组播地址	
E类地址	1	1	1	1	0	保留

图 1-2 IP 地址格式和分类

此外还有一些地址段有特殊的用法，比如：

- 10.0.0.0~10.255.255.255、172.16.0.0~172.31.255.255、192.168.0.0~192.168.255.255 是私有地址，这些地址被大量用于内部的局域网络中，以免以后接入公网时引起地址混乱。
- 127.0.0.0~127.255.255.255 是保留地址，用于本地回环测试，发送到这个地址的封包不会被传输到线路上，而是被当作到来的封包直接在本地处理，这允许发送者不需要知道网络号就可以完成封包的发送。

- 169.254.0.0~169.254.255.255 是保留地址。
- 0.0.0.0 表示所有不清楚的主机和目的网络，一般在网络配置中设置了缺省网关，那么 Windows 系统会自动产生一个目的地址为 0.0.0.0 的缺省路由。
- 255.255.255.255 表示限制广播地址，对本机来说，它指本网段内（同一广播域）的所有主机。

在域名系统出现之后的第一个十年里，基于分类编址进行地址分配和路由 IP 数据包的设计就已明显表现出可扩充性不足的问题（参见 RFC 1517）。为了解决这个问题，互联网工程工作小组在 1993 年发布了一系列的标准——RFC 1518 和 RFC 1519，以定义新的分配 IP 地址块和路由 IPv4 数据包的方法。无类别域间路由（Classless Inter-Domain Routing，CIDR）是一个 IP 地址归类方法，用于给用户分配 IP 地址以及在互联网上有效地路由 IP 数据包。CIDR 用 13 ~ 27 位长的前缀取代了原来地址结构对地址网络部分的限制，一个 IP 地址包含两部分：标识网络的前缀和紧接着的在这个网络内的主机地址。以地址 222.80.18.18/25 为例，其中“/25”表示其前面地址中的前 25 位代表网络部分，其余位代表主机部分。

在管理员能分配的地址块中，主机数量范围是 32 ~ 500 000，从而能更好地满足机构对地址的特殊需求。另外，将多个连续的前缀聚合起来，在总体上可以减少路由表的表项数目。

2. 端口号

网络层 IP 地址用来寻址指定的计算机或者网络设备，而传输层的端口号用来确定运行在目的设备上的应用程序。端口号是 16 位的，范围在 0 ~ 65 535 之间。在设备上寻址端口号时经常使用的形式是“ IP: 端口号”，通信的两端都要使用端口号来唯一标识其主机内运行的特定应用程序。

许多公共服务都使用固定的端口号，例如万维网（World Wide Web，WWW）服务器默认使用的端口号是 80，FTP 服务器使用的端口号是 21，SMTP 服务器使用的端口号是 25 等。自定义的服务一般使用高于 1024 的端口号。

3. 名称解析

在一个基于 TCP/IP 的网络中，IP 地址被用来唯一标识网络上的一台计算机。如果某台计算机想访问网络中的其他计算机，首先必须知道目标计算机的 IP 地址，然后使用该 IP 地址与其通信。

但在实际应用中，用户很少直接使用 IP 地址来访问网络中的资源，而是习惯使用便于记忆的计算机名或域名。比如当用户在浏览器地址栏中输入“ http://www.test.com”想要访问网络中的某台服务器时，客户计算机必须通过一个地址转换过程，将该域名转换成该服务器的 IP 地址，这个名称转换过程是通过名称解析服务完成的。

名称解析服务可以访问广泛来源的信息，两种主要的来源分别是：域名系统（Domain Name System，DNS）和本地配置数据库（一般是操作系统中用于本地名称与 IP 地址映射的特殊机制，如 Windows 系统中的 NetBIOS 解析）。

4. 网络地址转换

IP 地址是短缺的资源，对于整个 Internet 来说，长期的解决方案是迁移到 IPv6，这个转化正在慢慢进行，但是要想真正完成需要经过很多年的时间。这样，人们必须找到一个快速的、能够马上投入使用的解决方法。网络地址转换（Network Address Translation，NAT）是接入广域网（WAN）的一种技术，能够将私有（保留）地址转化为合法的IP地址，它被广泛应用于各种Internet接入方式和各种类型的网络中。NAT不仅完美地解决了IP地址不足的问题，而且还能够有效地避免来自网络外部的攻击，隐藏并保护网络内部的计算机。

NAT的实现方式有三种，即静态转换、动态转换和端口多路复用。

静态转换是指将内部网络的私有IP地址转换为公有IP地址时，IP地址对是一对一的，是一成不变的，某个私有IP地址只转换为某个公有IP地址。借助于静态转换，可以实现外部网络对内部网络中某些特定设备（如服务器）的访问。

动态转换是指将内部网络的私有IP地址转换为公用IP地址时，IP地址是不确定的，是随机的，所有被授权访问Internet的私有IP地址都可随机转换为任何指定的合法IP地址。也就是说，只要指定哪些内部地址可以进行转换，以及用哪些合法地址作为外部地址，就可以进行动态转换。动态转换可以使用多个合法外部地址集。当ISP提供的合法IP地址略少于网络内部的计算机数量，可以采用动态转换的方式。

端口多路复用是指改变外出数据包的源端口并进行端口地址转换（Port Address Translation，PAT）。内部网络的所有主机均可共享一个合法外部IP地址实现对Internet的访问，从而可以最大限度地节约IP地址资源。同时，又可隐藏网络内部的所有主机，有效避免来自Internet的攻击。因此，目前网络中应用最多的就是端口多路复用方式。

NAT有效解决了IP地址短缺的问题，但是它也带来了一些新的问题，使得开发点对点通信应用程序会有很多附加的考虑，主要体现在：

- 处于NAT后面的主机不能充当服务器直接接收外部主机的连接请求，必须对NAT设备进行相应的配置才能完成外部地址与内部服务器地址的映射。
- 处于不同NAT之后的两台主机无法建立直接的UDP或TCP连接，必须使用中介服务器来帮助它们完成初始化的工作。

1.2 分布式网络应用程序

随着计算机技术的发展和应用的深入，分布式网络应用程序在构建企业级的应用中更加流行。这类程序的主要特点是：

- 分布式网络应用程序将整个应用程序的处理分成几个部分，分别在不同的机器上运行，这里的“分布”包含两层含义：地理上的分布和数据处理的分布。
- 多台主机之间交互协作，共同完成一个任务。
- 就网络访问而言，分布式应用对用户来说是透明的，其目标在于提供一个环境，该环境隐藏了计算机和服务的地理位置，使它们看上去就像在本地一样。

从应用场合来看，分布式网络应用程序大致可分为以下五类：

1）远程控制类应用程序。远程控制类应用程序的目的是远程操作对方主机的行为。其主要工作过程是：程序与远程主机建立会话，根据控制需求，传送命令，使用统一的操作界面操控多台主机。典型的应用有远程协助、木马远程监控等。

2）网络探测类应用程序。网络探测类应用程序的目的是通过灵活的探测包构造能力获得期望的探测结果。其主要工作过程是：选择较低层的网络编程接口，根据探测需求，构造特殊请求，对探测目标进行各类请求的发送，接收并分析响应，给出探测结论。典型的应用有端口扫描、操作系统探测、网络爬虫等。

3）网络管理类应用程序。网络管理类应用程序的目的是对网络数据和网络设备进行监管，发现异常，限制应用等。其主要工作过程是：根据网络管理需求，选择合适的网络编程接口，使用特定的网络管理协议进行设备的状态监控，或通过强大的流量分析能力对网络进出流量进行监控。典型的应用有网络管理、上网监控、网络流量分析、入侵检测等。

4）远程通信类应用程序。远程通信类应用程序的目的在于提供用户间的各类通信渠道。其主要工作过程是：根据通信需求，选择合适的通信模型，为文字聊天、文件传输、语音视频等用户应用设计稳定可靠的传输通道。典型的应用有即时通信、电子邮件客户端、联机游戏等。

5）信息发布类应用程序。信息发布类应用程序的目的在于发布信息。其主要工作过程是：在公开知名的地址上开放服务，等待用户的信息查询和发布请求，提供有效的信息展示能力。典型的应用有 WWW 服务器、FTP 服务器、Whois 服务器等。

1.3 网络编程方法纵览

根据实际工作的具体需求，实现网络程序设计的方法很多，如套接字编程、基于 NDIS 的编程、Web 网站开发等等。每一种编程方法都可以实现数据的传输，但不同方法的工作机制差别很大，其实现能力也有很大差别。在实际运用中需要首先明确这些方法的工作层次和特点，然后选择适合的编程方法。从网络数据的内容来看，不同的编程方法可操控的数据可以是链路层上的帧、网络层上的数据包、传输层上的数据段或应用层上的消息流。以下参考操控网络数据的层次分别阐述常用的网络编程方法。

1.3.1 面向应用的网络编程方法

在应用层上有大量针对具体应用、特定协议的网络应用程序编程方法，这些方法屏蔽了大量网络操作的细节，提供简单的接口用于访问应用程序中的数据流。面向应用的网络编程方法主要有以下几种。

（1）WinInet 编程

WinInet 编程面向 Internet 常用协议中消息流的访问，这些协议包括 HTTP 协议、FTP 协议和 Gopher 文件传输协议。WinInet 函数的语法与常用的 Win32 API 函数的语法类似，这使得使用这些协议就像使用本地硬盘上的文件一样容易。

（2）基于 WWW 应用的网络编程

WWW 又称为万维网或 Web，WWW 应用是 Internet 上最广泛的应用。它用 HTML 来表达信息，用超链接将全世界的网站连成一个整体，用浏览器这种统一的形式来浏览，为人们提供了一个图文并茂的多媒体信息世界。WWW 已经深入应用到各行各业。无论是电子商务、电子政务、数字企业、数字校园，还是各种基于 WWW 的信息处理系统、信息发布系统和远程教育系统，都采用了网站的形式。这种巨大的需求催生了各种基于 WWW 应用的网络编程技术，主要包括网页制作工具（如 Frontpage、Dreamweaver、Flash 和 Firework 等）、动态服务器页面的制作技术（如 ASP、JSP 和 PHP 等）。

（3）面向 SOA 的 Web Service 网络编程

随着业务应用程序对业务需求的灵活性要求逐步提高，传统紧耦合的面向对象模型已不再适合，面向服务的体系架构（Service-Oriented Architecture，SOA）可以根据需求通过网络对松散耦合的粗粒度应用组件进行分布式部署、组合和使用。在 SOA 方式下，服务之间通过简单、精确定义的接口进行通信，不涉及底层编程接口和通信模型。SOA 可以看作是 B/S 模型、XML/Web Service 技术之后的自然延伸。

Web Service 是一种常见的 SOA 的实现方式，是松散耦合的可复用的软件模块。Web Service 完全基于 XML（可扩展标记语言）、XSD（XML Schema）等独立于平台和软件供应商的标准，是创建可互操作的、分布式应用程序的新平台。

在 Internet 上发布后，Web Service 能够通过标准协议在程序中访问。在谷歌、新浪微博等传统 WWW 应用平台下已发布了大量通过 Web Service 可远程访问的公共 API 访问接口，尤其是在云计算方兴未艾的趋势下，越来越多的程序需要跨平台交互，基于 Web Service 的网络程序设计将得到越来越广泛的应用。

1.3.2 基于 TCP/IP 协议栈的网络编程方法

基于 TCP/IP 协议栈的网络编程是最基本的网络编程方式，主要是使用各种编程语言，利用操作系统提供的套接字网络编程接口，直接开发各种网络应用程序。在套接字通信中，常用套接字类型包括三类：流式套接字（用于在传输层提供面向连接、可靠的数据传输服务）、数据报套接字（用于在传输层提供无连接的数据传输服务）和原始套接字（用于网络层上的数据包访问）。

这种编程方式由于直接利用网络协议栈提供的服务来实现网络应用，所以层次比较低，编程者有较大的自由度。这种编程要求程序设计者深入了解 TCP/IP 的相关知识，掌握套接字编程接口的主要功能和使用方法。

1.3.3 面向原始帧的网络编程方法

在网络上直接发送和接收数据帧是最原始的数据访问方式。在这个层面上，程序员能够控制网卡的工作模式，灵活地访问帧中的各个字段。然而，这种灵活性也增加了程序设计的复杂性，要求程序员深入掌握操作系统底层的驱动原理，并具备较强的编程能力。面向原始帧的网络编程方法主要有以下几种。

（1）直接网卡编程技术

在 OSI/RM 模型中，物理层和数据链路层的主要功能一般由硬件——网络适配器（网络接口卡或网卡）来完成，每个工作站都安装有一个或多个网卡，每个网卡上都有自己的控制器，用以确定何时发送数据，何时从网络上接收数据，并负责执行网络协议所规定的规程，如构成帧、计算帧检验序列、执行编码译码转换等。

对于不同的网络芯片，其编程方法略有区别，但原理相似，多使用汇编语言，通过操纵网卡寄存器实现对网卡微处理器的控制，完成数据帧的发送与接收。

直接网卡编程为用户提供了直接控制网卡工作的能力，速度很快。但是这种编程方法比较抽象，要求编程人员具有一定的汇编语言基础，且由于不同厂商的网卡之间有很大的差异，程序的通用性较差。

（2）基于 Packet Driver 的网络编程方法

为了屏蔽网络适配器的内部实现细节，使用户与网卡之间的通信更为方便，几乎所有的网卡生产厂家都提供相应的网卡驱动程序，其中包含了 Packet Driver 编程接口，由它来屏蔽网卡的具体工作细节，在上层应用软件和底层的网卡驱动程序之间提供一个接口。

使用 Packet Driver 不用针对网卡硬件编程，使用较为方便，且 Packet Driver 作为一个网络编程标准，适用于所有网卡。

（3）基于 NDIS 的网络编程

网络驱动程序接口规范（Network Driver Interface Specification，NDIS）是一个较为成熟的驱动接口标准，它包含局域网网卡驱动程序标准、广域网网卡驱动程序标准以及存在于协议和网络之间的中间驱动程序标准。它为网络驱动抽象了网络硬件，指定了分层网络驱动间的标准接口，因此，它为上层驱动（如网络传输）抽象了管理硬件的下层驱动。同时 NDIS 也维护了网络驱动的状态信息和参数，这包括到函数的指针、句柄等。

NDIS 在网络编程中占据着重要的地位，许多编程方法都是基于 NDIS 实现的。

（4）WinPcap 编程

WinPcap 是一个 Windows 平台下访问网络中数据链路层的开源库，能够用于捕获网络数据包并进行分析。

WinPcap 为程序员提供了一套标准的网络数据包捕获接口，包括了一个内核级的数据包过滤器，一个低层的动态链接库（Packet.dll），一个高层的依赖于系统的库（wpcap.dll）。它可以独立于 TCP/IP 协议栈进行原始数据包的发送和接收，主要提供了直接在网卡上捕获原始数据包、核心层数据包过滤、通过网卡直接发送原始数据包和网络流量统计等功能。

目前 WinPcap 已经达到了工业标准的应用要求，是非常成熟、实用的捕获与分析网络数据包的技术框架。

习题

1. TCP/IP 协议栈的五个层次是什么？在这些层次中，每层的主要任务是什么？
2. 请分析路由器、链路层交换机和主机分别处理 TCP/IP 协议栈中的哪些层次。
3. 请阐述 NAT 技术的主要实现方式，并思考 NAT 技术对网络应用程序的使用带来哪些影响。
4. 某业务要求实现一个局域网上网行为监控的软件，能够对局域网内用户的上网行为（包括访问站点、使用聊天工具、发布言论等）进行截获和分析，请选择一个合适的网络程序设计方法，并说明该软件设计的主要流程。

Chapter 2

第2章 网络程序通信模型

网络程序通信模型是网络应用程序设计的基础，决定了网络功能在每个通信节点的部署。本章首先探讨网络应用软件与网络通信之间的关系，从会聚点问题引出网络程序通信模型的重要性；重点介绍客户/服务器模型，从客户/服务器模型的基本概念入手，深入讨论客户端和服务器之间的数量、位置和角色关系，归纳服务器软件的特点，并从多个角度对服务器的类别进行分析；最后介绍了浏览器/服务器模型和P2P模型的基本概念和优缺点。

透彻地理解网络程序通信模型的相关概念在网络程序设计过程中是十分重要的，能够使设计者从过去所学的网络构造原理转移到网络应用设计的层面上来，并在网络应用设计中有目的地选择适合的通信模型，搭建合理的程序架构。

2.1 网络应用软件与网络通信之间的关系

网络通信是由底层物理网络和各层通信协议实现的，物理网络建立了相互连通的通信实体，通信协议在各个层次上以规范的消息格式和不同的服务能力保证了数据传输过程中的寻址、路由、转发、可靠性维护、流量控制、拥塞控制等一系列传输能力。网络硬件与协议实现相结合，形成了一个能使网络中任意一对计算机上的应用程序相互通信的基本通信结构。

在计算机网络环境中，运行于协议栈之上并借助协议栈实现通信的网络应用程序，为用户提供了使用网络的简单界面，主要承担三个方面的功能：

1）实现通信能力。在协议簇的不同层次上选择特定通信服务，调用相应的接口函数实现数据传输功能。比如在文件传输应用中，使用客户/服务器模型，选择TCP协议完成数据传输。

2）处理程序逻辑。根据程序功能，对网络交换的数据进行加工处理，从而满足用户的种种需求。以文件传输为例，网络应用程序应具备对文件的访问权限管理、断点续传等维护功能。

3）提供用户交互界面。接受用户的操作指示，将操作指示转换为机器可识别的命令进行处理，并将处理结果显示于用户界面。在文件传输应用中，需提供文件下载选项、文件传输进度的实时显示等界面指示功能。

网络通信为网络应用软件提供了强大的通信功能，应用软件为网络通信提供了灵活方便的操作平台。实际上，在网络通信层面，仅仅提供了一个通用的通信架构，只负责传送信息；而在网络应用软件层面，仅仅考虑通信接口的调用。两者之间还需要有一些策略，这些策略能够对通信次序、通信过程、通信角色等问题进行协调和约束，从而合理组织分布在网络不同位置的应用程序，使其能够有序、正确地处理实际业务。

以下从会聚点问题引出网络通信模型设计的必要性，重点介绍客户 / 服务器模型、浏览器 / 服务器模型和 P2P 模型。

2.2　会聚点问题

尽管 TCP/IP 指明了数据如何在一对正在进行通信的应用程序间传递，但它并没有规定对等的应用程序在什么时间，以及为什么要进行交互，也没有规定程序员在一个分布式环境下应如何组织这样的应用程序。如果没有通信模型，会发生什么情况？我们来看一个典型的会聚点问题。

设想操作员试图在分布于两个位置的机器上启动两个程序，并让它们通信，如图 2-1 所示。由于计算机的运行远比人的速度快得多，在某人启动第一个程序后，该程序开始执行并向其对等程序发送消息，在几个微妙内，它便发现对等程序不存在，于是就发出一条错误消息，然后退出。在这个过程中，某人启动了第二个程序，不幸的是，当第二个程序开始执行时，它发现对等程序已经终止，于是也退出了。这个过程可能会重复很多次，但由于每个程序的执行速度远快于用户的操作速度，因此它们在同一瞬间向对方发送消息并从此继续通信下去的概率是很低的。

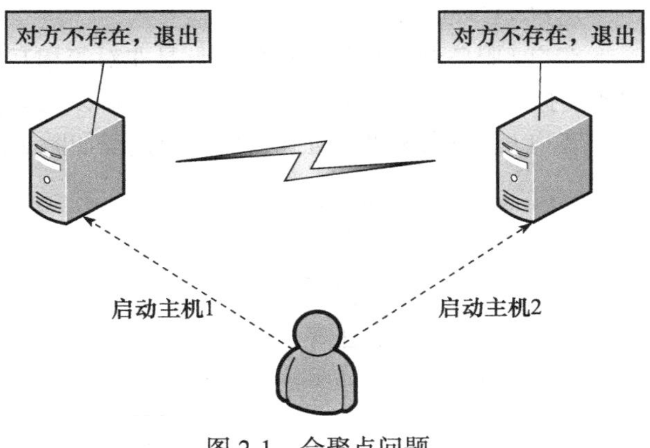

图 2-1　会聚点问题

由此看来，互联网仅仅提供了一个通用的通信架构，网络协议只是规定了应用程序在通信时所必须遵循的约定，并不解决用户的各种具体应用问题，而且它只负责传递数据，还有很多关于通信功能和通信实体的组织协调策略尚没有考虑，主要包括：

1）确定通信双方的角色，用以部署每个通信实体的具体功能。

2）确定通信双方的通信次序，用以安排不同角色的通信实体的启动和停止时机以及交互顺序。

3）确定通信的传送形式，用以指导应用程序对底层传输服务的选择。

为了保证网络中的分布式应用程序能够协同工作，不同网络模型对以上问题给出了不同的考虑。

2.3　客户 / 服务器模型

在网络应用进程通信时，最主要的进程间交互的模型是客户 / 服务器（Client/Server，C/S）模型。客户 / 服务器模型的建立基于以下两点：

首先，建立网络的起因是网络中软硬件资源、运算能力和信息不均等，需要共享，从而造就拥有众多资源的主机提供服务、资源较少的客户请求服务这一非对等关系。

其次，网络间进程通信完全是异步的，相互通信的进程既不存在父子关系，也不共享内存缓冲区，因此需要一种机制为希望通信的进程建立联系，为二者的数据交换提供同步。

客户 / 服务器模型开始流行于 20 世纪 90 年代，该模型将网络应用程序分为两部分，服务器负责数据管理，客户完成与用户的交互。该模型具有健壮的数据操纵和事务处理能力、数据安全性和完整性约束。

2.3.1　基本概念

在客户 / 服务器模型中，客户和服务器分别是两个独立的应用程序，即计算机软件。

客户（Client），请求的主动方，向服务器发出服务请求，接收服务器返回的应答。

服务器（Server），请求的被动方，开放服务，等待请求，收到请求后，提供服务，做出响应。

用户（User），使用计算机的人。

客户 / 服务器模型最重要的特点是非对等相互作用，即客户与服务器处于不平等的地位，服务器拥有客户所不具备的硬件和软件资源以及运算能力，服务器提供服务，客户请求服务。

客户 / 服务器模型相互作用的简单过程如图 2-2 所示。

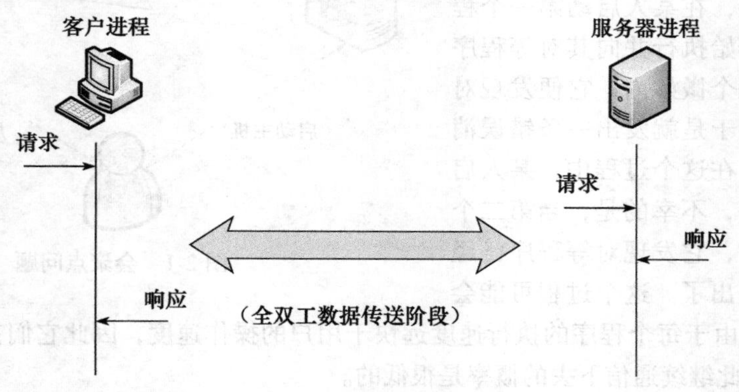

图 2-2　客户 / 服务器的基本交互过程

在这个过程中，服务器处于被动服务的地位。首先服务器要先启动，并根据客户请求提供相应的服务，服务器的工作过程如下：

1）打开一个通信通道，告知服务器进程所在主机将要在某一公认的端口（通常是 RFC 文档中分配的知名端口或双方协商的端口）上接收客户请求。

2）等待客户的请求到达该端口。

3）服务器接收到服务请求，处理该请求并发送应答。

4）返回第 2 步，等待并处理另一个客户的请求。

5）当特定条件满足时，关闭服务器。

注意，在步骤 3 服务器处理客户请求的过程中，服务器的设计可能会有很多策略。比如在处理简单客户请求时，服务器通常用单线程循环处理的方式工作；而在处理复杂不均等客户请求时，为了能够并发地接收多个客户的服务请求，服务器会创建一个新的进程或线程来处理每个客户的请求。另外，当使用不同的底层传输服务时，服务器在通信模块的调用上也会有所差别。

客户采取的是主动请求方式，其工作过程如下：

1）打开一个通信通道，告知客户进程所在主机将要向某一公认的端口（通常是 RFC 文档中分配的知名端口或双方协商的端口）上请求服务。

2）向服务器发送请求报文，等待并接收应答，然后继续提出请求。

3）请求结束后，关闭通信通道并终止进程。

注意：在步骤 1，当使用不同的底层传输服务时，客户在通信模块的调用上会有所差别，比如使用 TCP 的客户需要首先连接到服务器所在主机的特定监听端口后再请求服务，而使用 UDP 的客户只需要在指定服务器地址后直接发送服务请求。

2.3.2　客户 / 服务器关系

尽管我们经常说起客户和服务器，但在一般情况下，一个特定的程序到底是客户还是服务器并不总是很清晰，客户和服务器之间的交互是任意的。在实际的网络应用中，往往形成错综复杂的 C/S 交互局面。

1. 客户与服务器的数量关系

从客户和服务器的数量来看，存在两种关系：

1）多个客户进程同时访问一个服务器进程（n:1）。在 Internet 上的各种服务器都能同时为多个客户提供服务。例如 Web 服务器在提供 Web 服务时，往往同时有上万个用户通过各类浏览器（作为客户）访问网页，服务器在设计和开发时应具备快速响应能力，能够区分不同客户的请求，能够公平地为多个客户提供服务。

2）一个客户进程同时访问多个服务器提供的服务（1:n）。不同的服务器提供的服务各有不同，客户为了得到具体的服务器内容，需要向多个服务器提交请求。例如同时打开多个窗口的浏览器，每个窗口连接一个网站，当在一个窗口中浏览网页时，可能另一个窗口正在下载页面文件或图像。

2. 客户与服务器的位置关系

从客户和服务器所处的网络环境来看，存在三种情况，如图 2-3 所示。

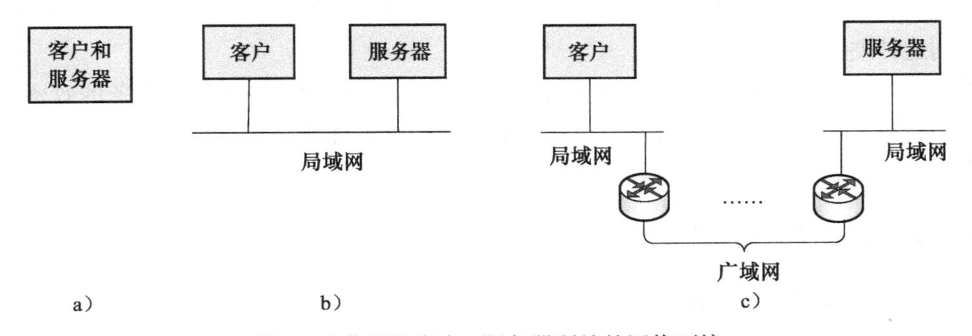

图 2-3　典型的客户 / 服务器所处的网络环境

1）客户和服务器运行在同一台机器上（参照图 2-3a）。因为没有涉及物理网络，这是最简单的一种部署，数据从客户或服务器发出，沿着 TCP/IP 协议栈下行，然后在内部返回，沿着 TCP/IP 协议栈上行作为输入。在网络应用程序开发时，这种设置有很多优点。首先这种方法提供了一种理想的实验环境，包不会丢失、延迟或不按顺序递交；其次由于没有网络延迟，所以可以很容易粗略地判断客户和服务器应用程序的性能；最后作为一种进程间通信的方法，可以方便地把两个本来独立的功能通过网络交互的形式组合起来。

2）客户和服务器运行在同一个局域网内的不同机器上（参照图 2-3 中 b）。这个环境涉及真正的网络，但是这个环境仍然还是近乎理想化的，数据包几乎不会丢失、乱序。网络打印机是一个常见的例子，一个局域网可能为几台主机只配置一个打印机，其中一个主机充当服务器，接收来自其他主机（客户）的打印请求，并把这些数据放到缓冲区中等候打印机打印。

3）客户和服务器运行于广域网不同网络内的机器上（参照图 2-3c）。广域网可以是 Internet 或是公司的内部网，两个应用程序不在同一个局域网内，从一个应用程序发出到另一个应用程序的 IP 数据包必须经过一个或若干个路由器转发。这种环境比前两种复杂得多，常常会由于网络拥塞、震荡等问题导致数据丢失、乱序。在网络应用程序开发时，这种情形要求程序设计者考虑很多因素，比如要考虑可靠性的问题，选择可靠的传输服务，或在应用程序设计中增加可靠性的维护功能。另外，经过网络地址转换后的内网地址是无法通过广域网直接访问的，在程序部署时也需要考虑这一机制带来的影响。

3. 客户与服务器的角色关系

从应用程序的角色来看，存在三种情况：

1）应用程序作为纯粹的客户运行。在这种情况下，客户软件只有主动发出请求和接收响应的能力，例如浏览器作为 Web 服务器的客户运行就是单纯的客户角色。

2）应用程序作为纯粹的服务器运行。在这种情况下，服务器软件单纯提供自身资源具备的服务，例如文件服务器提供文件的上传与下载。

3）应用程序同时具有客户和服务器两种角色。一个服务器在提供服务的过程中可能并不具备该服务所需的所有资源，例如文件服务器为了给文件标注准确的访问时间，需要获得当时的标准时间，但是该服务器没有日期时钟，那么为了获得这个时间，该服务器会作为客户向时间服务器发出请求，在这种情况下，文件服务器同时担当了客户和服务器两种角色。

以上从数量、位置和角色三个方面，分析了在真实的网络应用中客户和服务器的关系，我们观察到客户与服务器的关系并不是简单的 1 对 1，其传输路径可能跨越若干网络，其角色复杂多样，这要求我们在应用程序设计过程中，需要结合实际情况注意以下两点：

第一，不同形式的客户 / 服务器角色，其程序的设计方法各有不同，应在实际操作过程中考虑到这种差别。

第二，应用场景不同，客户和服务器关系也不同，应结合应用程序对服务的效率与公平性需求、对网络传输可靠性的需求、对资源的访问需求等综合决策，给出合理的网络程序设计方案。

2.3.3　服务器软件的特点与分类

1. 服务器的特权和复杂性

由于服务器软件往往需要访问操作系统保护的数据资源、计算资源以及协议端口，所以服务器软件常常具有一些特定的系统权限。服务器软件在提供服务的过程中，为了保证其服务功能不会粗心地将特权传递给访问它的客户，服务器的设计和开发要非常小心。除了基本的网络通信和服务功能，服务器还应具备处理以下问题的能力：

- 鉴别——验证客户的身份；
- 授权——确定某个给定的客户是否被允许访问服务器所提供的服务；
- 数据安全——确保数据不被无意泄露或损坏；
- 保密——防止对有关个人的信息进行未授权的访问；
- 保护——确保网络应用程序不能滥用系统资源。

另外，对于那些执行高强度计算或处理大量数据的服务器，还要考虑增加并发处理请求的能力，使其运行更加高效。

综合来看，相比客户，特权的保护和并发操作等使服务器的设计与实现更加复杂。

2. 无连接和面向连接的服务器

对于网络应用程序的设计，首要的决定是在传输层选择一种传输服务：无连接服务或面向连接服务。这两种服务直接对应于 TCP/IP 协议簇的两个主要的传输层协议：UDP 协议和 TCP 协议。如果客户和服务器使用 UDP 进行通信，那么交互就是无连接的；如果使用 TCP，那么交互就是面向连接的。

从应用程序设计者的角度看，无连接的交互和面向连接的交互之间有很大的区别，其服务能力决定了下层系统所提供的可靠性等级。TCP 提供了通过互联网络进行通信所需的可靠性维护能力：它验证数据的到达；对未到达的报文段自动重传；计算数据上的校验和以保证数据在传输过程中没有损坏；使用序号以确保数据按序到达并自动忽略重复的分组；提供了流量控制功能以确保发送方发送数据的速度不要超过接收方的承受能力；如果下层网络因任何原因变得无法运行，TCP 将通知客户和服务器。与 TCP 相比，UDP 并没有在可靠传输上做出任何保证，数据可能会丢失、重复、延迟或者传递失序。客户和服务器必须采取合适的措施检查并更正这样的差错。

使用 TCP 的服务器是面向连接的服务器。面向连接的服务器的主要优势是易于编程。这是由于传输层 TCP 协议已经自动处理了分组的丢失、交付失序等不可靠问题，面向连接的服务器只要管理和使用这些连接就可以保证数据传送功能的可靠运行。

面向连接的服务器也存在缺点。由于每个连接需要操作系统额外为其分配资源，而且 TCP 在一个空闲的连接上几乎不发送分组，假如一个服务器之前已经与很多个客户建立了连接，那么在某种极端的情况下，当这些客户所在的系统都同时崩溃或网络连接中断时，TCP 并不会发送任何通知报文，面向连接的服务器之前已经分配给这些连接的数据结构（包括缓冲区空间）等在一段较长的时间内会一直被占用，如果不断有客户崩溃，服务器可能会耗尽资源，进而终止运行。

使用 UDP 的服务器是无连接的服务器。无连接的服务器不需要在传输数据过程中维护连接，因此数据投递非常灵活高效。尽管无连接的服务器没有资源耗尽问题的困扰，但它们不能依赖下层传输协议提供可靠的投递，通信的一方或双方必须担当起可靠交付的责任。比如：如果没有响应到达，客户要承担超时重传请求的责任；如果服务器需要将其响应分为若干个分组，还需实现数据缓存和重组机制。对于网络应用程序的设计者来说，这些可靠性维护的工作可能十分困难，需要对协议设计具备相当的专业知识。

在选择无连接的服务器时的另一个考虑是该服务器是否需要广播或组播通信，由于 TCP 只能提供点到点通信，它不能提供广播或组播通信，这些服务需要使用 UDP。

总之，面向连接的服务器和无连接的服务器使用了不同的传输服务，在编程复杂性、数据传输代价等方面各有优缺点，两类服务器的选择，关键在于结合网络运行环境和应用程序的实际需求确定一种最适合的传输层协议。

3. 无状态和有状态的服务器

我们把状态信息理解为服务器所维护的、关于它与客户交互的信息。

无状态的服务器不保存任何状态信息，要求每次客户的请求是无二义性的，也就是说无论一个请求何时到达或重复到达，服务器都应给出相同的响应。在对可靠性要求较高的情况，尤其是使用无连接传输时，这类服务器设计会比较常见。数据在网络中传输很有可能出现重复、延迟、丢失或失序交付，如果传输协议不能保证可靠交付，那么可以通过设计可靠交付的应用协议来弥补这一缺陷。

有状态的服务器维护了与其存在交互历史的客户的状态信息，这些状态信息减少了客户和服务器间交换的报文内容，帮助服务器在接收到客户发来的请求时能够快速做出响应。尽管状态信息可以提高效率，但是状态的维护是一个复杂的问题。如果报文丢失、重复或交付失序，或者如果客户计算机崩溃或重启动，则一个服务器中的状态信息就会变得不正确，此后，在服务器计算响应时，如果使用了不正确的状态信息，就可能产生不正确的响应（错误的文件读取结果、混乱的用户标识、重复写文件等）。

一个服务器到底是无状态还是有状态，更多取决于应用协议而不是实现，如果应用协议规定了某个报文的含义在某种方式上依赖于先前的一些报文，那么它就不可能提供无状态的交互。

4. 循环服务器和并发服务器

一个服务器通常被设计为面向多个客户提供服务，那么服务器在一个时刻能够处理多少客户的请求呢？循环服务器描述了在一个时刻只处理一个请求的服务器实现方式，并发服务器描述了在一个时刻可以处理多个请求的服务器实现方式。

循环服务器通过在单线程内设置循环控制实现对多个客户请求的逐一响应。这种服务器的设计、编程、调试和修改是最容易的，因此，只要循环执行的服务器对预期的负载能提供足够快的响应速度，多数程序员会选择这种循环的设计。循环服务器往往在由无连接协议承载的简单服务中工作得很好。

将并发引入服务器中的主要原因是需要给多个客户提供快速响应时间。并发性可以在以下几种情况下缩短响应时间：

- 构造响应要求有相当的 I/O 时间。允许服务器并发地计算响应，意味着即使机器只有一个 CPU，它也可以部分重叠地使用处理器和外设，这样当处理器忙于计算一个响应时，I/O 设备可以将数据传送到存储器中，而这可能是其他响应所需要的，这使得服务器避免了无谓的 I/O 等待。
- 每个请求需要的响应处理时间变化很大。时间分片允许单个处理器处理那些只要求少量处理的请求，而不必等待处理完那些需要长处理时间的请求，这保证了服务器提供服务的公平性。
- 服务器运行在一个拥有多处理器的计算机上。可以允许不同处理器为不同的请求做出响应。

并发服务器通过使请求处理和 I/O 部分重叠而达到高性能。这种服务器的开发和调试代价较高，在面向连接的服务器设计中，用并发方式处理多个客户的请求是目前最广泛使用的服务器类型。常见的并发服务器的实现方法是多线程或单线程异步 I/O 机制。在多线程实现方法中，服务器主线程为每个到来的客户请求创建一个新的子服务线程。一般这类服务器的代码由两部分组成：第一部分代码负责监听并接收客户请求，为客户请求创建一个新的服务线程；另一部分代码负责处理单个客户的请求。在单线程异步 I/O 实现方法中，服务器主线程管理多个连接，通过使用异步 I/O 捕获最先满足 I/O 条件的连接并进行处理，以此在单个线程中及时处理 I/O 事件，达到表面上的并发性。

循环服务器和并发服务器的选择取决于对单个客户请求的处理时延。我们定义“服务器的请求处理时间”为服务器处理单个孤立的请求所花费的时间，定义“客户的观测响应时间”为客户发送一个请求至服务器响应之间的全部时延。

循环服务器在以下两种情况下是不能满足应用需求的：

1）客户的观测响应时间远大于服务器的请求处理时间。如果服务器正在处理一个已经存在的客户请求时另一个请求到达了，系统便将这个新的请求排队，那么第二个客户要等待服务器处理完之前的请求和当前客户的请求后才能收到响应。假如客户请求到达过于频繁，服务器来不及处理，会使得队列越来越长，对客户的响应时间也越来越长，此时循环服务器已不能满足需求。

2）服务器的请求处理时间大于单个请求要求的时间范围。如果一个服务器的设计能力为可处理 K 个客户，而每个客户每秒发送 N 个请求，则此服务器的请求处理时间必须小于每个请求 $1/(KN)$ 秒。如果服务器不能以所要求的速率处理完一个请求，那么等待其服务的客户请求队列最终将溢出。为了避免可能具有很长请求处理时间的客户请求队列溢出，设计者必须考虑服务器的并发实现。

2.3.4 客户 / 服务器模型的优缺点

客户 / 服务器模型的优点如下：

1）结构简单。系统中不同类型的任务分别由客户和服务器承担，有利于发挥不同机器平台的优势。

2）支持分布式、并发环境。特别是当客户和服务器之间的关系是多对多时，可以有效地提高资源的利用率和共享程度。

3）服务器集中管理资源，有利于权限控制和系统安全。

4）可扩展性较好。可有效地集成和扩展原有的软、硬件资源。以前在其他环境下积累的数据和软件均可在 C/S 中通过集成而继续使用，并且可以透明地访问多个异构的数据源，自由地选用不同厂家的数据应用开发工具，具有高度的灵活性，客户和服务器均可单独地升级。

客户 / 服务器模型存在以下局限：

1）缺乏有效的安全性。由于客户与服务器直接相连，当在客户上存取一些敏感数据时，由于用户能够直接访问中心数据库，就可能造成敏感数据的修改或丢失。

2）客户负荷过重。随着计算机处理的事务越来越复杂，客户程序也日渐冗长。同时由于事务处理规则的变化，也需要随时更新客户程序，这就相应地增加了维护困难和工作量。

3）服务器工作效率低。由于每个客户都要直接连接到服务器以访问数据资源，这就使得服务器不得不因为客户的访问而消耗大量原本就十分紧张的服务器资源，从而造成服务器工作效率不高。

4）容易造成网络阻塞。多个客户对服务器的同时访问可能会使得服务器所处的网络流量剧增，进而形成网络阻塞。

2.4 浏览器 / 服务器模型

2.4.1 基本概念

浏览器 / 服务器（Browser/Server，B/S）模型是随着 Internet 技术的兴起，对 C/S 模型的一种变化或者改进，它在 20 世纪 90 年代中期逐渐形成和发展。在这种 B/S 模型中，用户界面完全通过 WWW 浏览器实现，一部分事务逻辑在前端（浏览器）实现，但是主要事务逻辑在服务器端实现，通常以三层架构部署实施。主要包括以下三层：

- 客户端表示层。由 Web 浏览器组成，它不存放任何应用程序。
- 应用服务器层。由一台或多台服务器（Web 服务器也位于这一层）组成，处理应用中的所有业务逻辑、对数据库的访问等工作。该层具有良好的可扩展性，可以随着应用的需要任意增加服务器的数目。
- 数据中心层。由数据库系统组成，用于存放业务数据。

浏览器 / 服务器模型是一种特殊的客户 / 服务器模型，特殊之处在于这种模型的客户一般是某种流行的浏览器，使用 HTTP 协议通信。其实现机制是利用了不断成熟的 WWW 浏览器技术，结合浏览器的多种脚本语言 (VBScript、JavaScript 等) 和 ActiveX 技术，用通用浏览器实现原来需要复杂专用软件才能实现的客户功能，节约了开发成本。

2.4.2 浏览器 / 服务器工作的一般过程

浏览器 / 服务器工作的一般过程如图 2-4 所示。

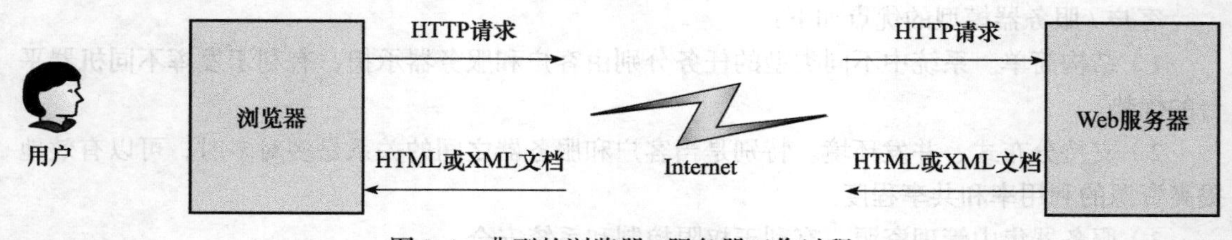

图 2-4　典型的浏览器 / 服务器工作过程

首先，用户通过浏览器向 Web 服务器提出 HTTP 请求。

然后，Web 服务器根据请求调出相应的 HTML、XML 文档或 ASP、JSP 文件。如果是 HTML 或 XML 文档，则直接返回给浏览器；如果是 ASP、JSP 等动态脚本文档，Web 服务器首先执行文档中的服务器脚本程序，然后把执行结果返回给浏览器。

最后，浏览器接收到 Web 服务器发回的页面内容，显示给用户。

2.4.3 浏览器 / 服务器模型的优缺点

浏览器 / 服务器模型的优点是：

1）具有分布性特点，可以随时随地进行查询、浏览等业务处理；

2）业务扩展简单方便，通过增加网页即可增加服务器功能；

3）维护简单方便，只需要改变网页，即可实现所有用户的同步更新；

4）开发简单，共享性强。

浏览器 / 服务器模型的缺点是：

1）操作是以鼠标为最基本的操作方式，无法满足快速操作的要求；

2）页面动态刷新，响应速度明显降低；

3）功能弱化，难以实现传统模式下的特殊功能要求。

2.5　P2P 模型

2.5.1　P2P 的基本概念

随着应用规模的不断扩大，软件复杂度不断提高，面对巨大的用户群，单服务器成为性能的瓶颈。尤其是出现了拒绝服务（Denial of Service，DoS）攻击后，更凸显了客户 / 服务器模型的问题，服务器是网络中最容易受到攻击的节点，只要海量地向服务器发出服务请求，就能导致服务器瘫痪，以致所有的客户都不能得到服务响应。

此外，客户的硬件性能不断提高，但在客户 / 服务器模型中，客户只做一些简单的工作，造成资源的巨大浪费。

由此看来，客户 / 服务器模型已不能满足有效利用客户系统资源的需求。为了解决这些问题，出现了 P2P 技术。

P2P 是 Peer-to-Peer 的简写，Peer 在英语里有“对等者”和“伙伴”的意义。因此，从字面上看，P2P 可以理解为对等互联网。国内的媒体一般将 P2P 翻译成“点对点”或者“端对端”，学术界则统一称为对等计算。P2P 可以定义为：网络的参与者共享它们所拥有的一部分资源（处理能力、存储能力、网络连接能力、打印机等），这些共享资源通过网络提供服务和内容，能被其他对等节点（Peer）直接访问而无需经过中间实体。在此，网络中的参与者既是资源（服务和内容）提供者（Server），又是资源获取者（Client）。

从计算模式上来说，P2P 打破了传统的 C/S 模型，在网络中的每个节点，其地位都是对等的。P2P 与 C/S 模型的对比如图 2-5 所示。图 2-5a 是典型的客户 / 服务器模型的交互形态，一个服务器面向多个客户提供服务，服务器集中管理资源，并负责资源的维护、共享等功能。图 2-5b 是典型的 P2P 模型的交互形态，每个节点既充当服务器，为其他节点提供服务，同时也享用其他节点提供的服务。

P2P 模型具有以下特征：

- 非中心化。P2P 是全分布式系统，网络中的资源和服务分散在所有的节点上，信息的传输和服务的实现都直接在节点之间进行，可以无需中间环节和服务器的介入，避免了可能的瓶颈。
- 可扩展性。用户可以随时加入该网络，服务器的需求增加，系统的资源和服务能力也同步扩充。
- 健壮性。P2P 架构天生具有耐攻击、高容错的优点。由于服务是分散在各个节点之间的，部分节点或网络遭到破坏对其他部分的影响很小。P2P 网络一般在部分节点失效时能够自动调整整体拓扑，保持其他节点的连通性。

- 自治性。节点来自不同的所有者，不存在全局的控制者，节点可以随时加入或退出P2P系统。
- 高性价比。性能优势是P2P被广泛关注的一个重要原因。采用P2P架构可以有效地利用互联网中散布的大量普通节点，将计算任务或存储资料分布到所有节点上。利用其中闲置的计算能力或存储空间，达到高性能计算和海量存储的目的。
- 隐私保护。在P2P网络中，由于信息的传输分散在各节点之间，无需经过某个集中环节，用户的隐私信息被窃听和泄露的可能性大大缩小。
- 负载均衡。P2P网络环境下由于每个节点既是服务器又是客户，减少了传统C/S结构中对服务器计算能力、存储能力的要求，同时因为资源分布在多个节点上，更好地实现了整个网络的负载均衡。

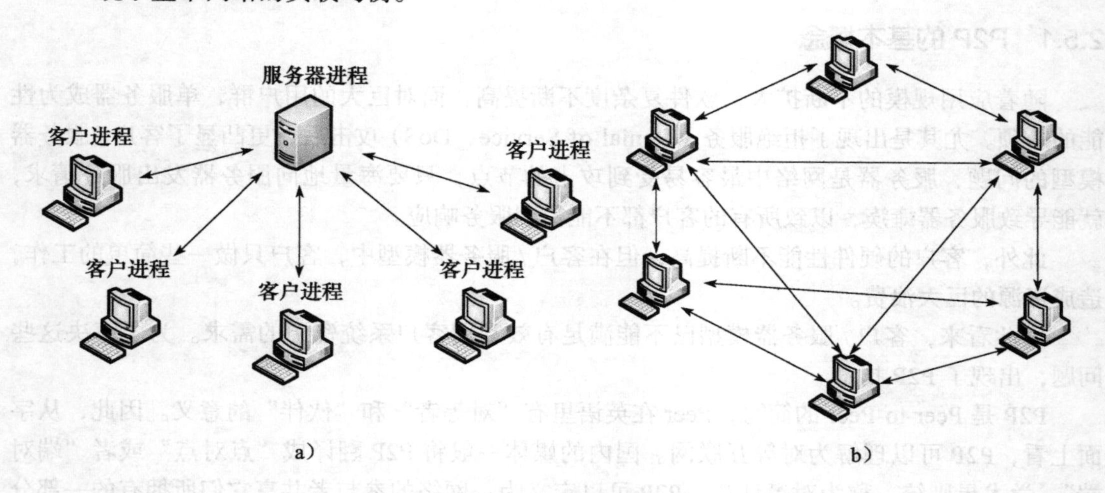

图 2-5 P2P和C/S模型的对比

2.5.2 P2P网络的拓扑结构

拓扑结构是指分布式系统中各个计算单元之间的物理或逻辑的互联关系，节点之间的拓扑结构一直是确定系统类型的重要依据。P2P系统主要采用非集中式的拓扑结构，根据结构关系可以将P2P系统细分为四种拓扑形式。

（1）中心化拓扑（Centralized Topology）

中心化拓扑的资源发现依赖中心化的目录系统，其优点是维护简单，资源发现效率高，缺点是与传统C/S结构类似，容易造成单点故障、访问的“热点”现象和版权纠纷等相关问题。这是第一代P2P网络采用的结构模式，经典案例是著名的MP3共享软件Napster。该软件通过一个中央索引服务器保存所有Napster用户上传的音乐文件索引和存放位置的信息。当某个用户需要某个音乐文件时，首先连接到Napster中央索引服务器，在服务器上进行检索，服务器返回存有该文件的用户信息，再由请求者直接连接到文件的所有者传输文件。

（2）全分布式非结构化拓扑（Decentralized Unstructured Topology）

全分布式非结构化拓扑在重叠网络（overlay network）上采用随机图的组织方式，节点度数服从Power-law规律（幂律法则），能够较快发现目的节点，面对网络的动态变化，体现了较好的容错能力，因此具有较好的可用性。采用这种拓扑结构最典型的案例是Gnutella。

Gnutella 没有中央索引服务器，是更加纯粹的 P2P 系统。每台机器在 Gnutella 网络中是真正的对等关系，既是客户又是服务器，被称为对等机（Servent，即 Server+Client 的组合）。当一台计算机要下载一个文件，它首先以文件名或者关键字生成一个查询，并把这个查询发送给与它相连的所有计算机，这些计算机上如果有这个文件，则与查询的机器建立连接，如果没有这个文件，则继续在自己相邻的计算机之间转发这个查询，直到找到文件为止。

（3）全分布式结构化拓扑（Decentralized Structured Topology）

全分布式结构化拓扑主要采用分布式散列表（Distributed Hash Table，DHT）技术来组织网络中的节点。DHT 是一个由广域范围大量节点共同维护的巨大散列表。散列表被分割成不连续的块，每个节点分配一个属于自己的散列块，并成为这个散列块的管理者。通过加密散列函数，一个对象的名字或关键词被映射为 128 位或 160 位的散列值。DHT 类结构能够自适应节点的动态加入 / 退出，有着良好的可扩展性、鲁棒性、节点 ID 分配的均匀性和自组织能力。由于重叠网络采用了确定性拓扑结构，DHT 可以精确地发现节点。经典的案例是 Tapestry、Pastry、Chord 和 CAN。

（4）半分布式拓扑（Partially Decentralized Topology）

半分布式拓扑吸取了中心化拓扑和全分布式非结构化拓扑的优点，选择性能较高（处理、存储、带宽等方面性能）的节点作为超级节点（supernode 或 hub），在各个超级节点上存储了系统中其他部分节点的信息，发现算法仅在超级节点之间转发，超级节点再将查询请求转发给适当的叶子节点。半分布式结构也是一个层次式结构，超级节点之间构成一个高速转发层，超级节点和所负责的普通节点构成若干层次。采用这种结构的最典型的案例就是 KaZaa。

每种拓扑结构的 P2P 网络都有其优缺点，在实际应用中，需要从可扩展性、可靠性、可维护性、发现算法的效率、复杂查询等方面综合权衡，选择适合的拓扑结构来组织 P2P 应用的节点功能。

习题

1. 面向少量客户持续请求的服务器和面向大量客户短期请求的服务器在设计中有哪些区别？
2. 某业务需要基于 C/S 模型设计一个文件服务器，请给出该文件服务器的设计要点。

实验

1. 结合 Wireshark 网络流量分析工具对网页邮件登录过程进行捕获和分析，说明其基本的工作流程。
2. 结合 Wireshark 网络流量分析工具对迅雷登录和文件下载过程进行捕获和分析，说明其基本的工作流程。

Chapter 3

第3章 网络数据的内容与形态

网络编程操纵的对象是存在于主机和网络中的数据。当TCP/IP协议在传输用户数据的字节时，并不会检查或修改它们，这使得应用程序在编码和控制这些数据方面具有巨大的灵活性。网络通信可以在TCP/IP的各个层次上实现，层次越低，数据操控的能力越强。正确传送数据并使得主机正确理解数据内容是网络应用程序得以正常工作的基础。本章重点讨论网络数据的内容和形态，涉及网络程序设计过程中的一些基本概念，如整数的长度与符号、字节顺序、结构对齐、字符编码和数据校验等。

3.1 整数的长度与符号

从某种意义上讲，所有类型的信息最终都将被编码为固定大小的整数。作为实际发送和接收的数据形态，整数会被填充进不同长度的数据类型，并在读取时被赋值和转换，因此对整数的填充长度和符号的理解是数据收发必不可少的知识。

3.1.1 整数的长度

我们看到的网络通信数据是以字节或位的形态传输的序列。这些字节或位的序列通常是有一定长度限制的，用以表示不同大小的整数。为了交换固定大小的多字节整数，发送者和接收者会提前定义报文的格式、字段的顺序和长度。

在各种编程语言中，定义了几种不同长度的整数类型，例如int、short、char和long，这些整数具有不同的大小，程序员可选择使用适合于应用程序的整数类型。不过整数的大小可能因平台而异，比如long类型，在32位机器中是4字节，但在64位机器中是8字节。

为了确切地获知在当前系统平台上整数类型的准确长度，可以使用sizeof()运算符，它返回当前平台上由其参数（类型或变量）占据的内存空间（以字节为单位）。

由于整数类型的大小并没有确切说明，当我们希望通过网络发送特定长度字段的数据时，可能会陷入赋值操作的困难，比如，如果想要给一个 4 字节的字段赋值，究竟应该选择 int 类型、long 类型，还是其他类型呢？在一些平台上，int 类型是 32 位，但在另一些平台上可能是 64 位。

对于 C 语言而言，C99 语言标准规范了一组可选类型来解决这一问题，这些类型包括 int8_t、int16_t、int32_t 和 int64_t，另外还定义了它们的无符号类型 uint8_t、uint16_t、uint32_t 和 uint64_t。在大多数平台上，这些类型都以显式声明的方式定义了 1、2、4、8 字节的整数。

3.1.2　整数的符号

计算机里的数是用二进制表示的。最左边的一位指示了该整数的符号性，无符号的整数使用该位表示数值，有符号的整数使用该位表示这个数是正数还是负数。

对于有符号的数值，2 的补码表示法是表示有符号数字的常用方法。以 k 位数字为例，负整数 $-n$（$1 \leqslant n \leqslant 2^{k-1}$）的 2 的补码表示法是 2^k-n，非负整数 p（$0 \leqslant p \leqslant 2^{k-1}-1$）通过 $k-1$ 位进行编码。因此，给定 k 位，我们可以使用 2 的补码表示 -2^{k-1} ~ $2^{k-1}-1$ 之间的值。此处，最高有效位指示值为正值还是负值：0 代表正值，1 代表负值。

对于无符号的数值，k 位的无符号整数可以直接在 0 ~ 2^{k-1} 之间进行编码。

对于给定长度的数值，用有符号和无符号两种类型赋值，可能具有不同含义。比如 32 位值 0xFFFFFFFF，在解释为有符号的数值时表示 –1，在解释为无符号的整数时，表示 4 294 967 295。

如果把有符号的值复制到任意更宽的类型，符号扩展将从符号位（即最高有效位）中复制额外的位，从而导致有符号和无符号的数值在向宽类型赋值时发生很大变化。举例来看，假设变量 int8_t 类型的值为 01001110（即十进制的 78）。如果将该变量赋值给一个 int16_t 类型的变量，则该变量的值为 00000000 01001110。但是如果变量 int8_t 类型的值为 11101101（即十进制的 –30），那么赋值后的两字节整型变量的值为 11111111 11101101，这是因为在加宽的两字节变量赋值，为了适应该类型，扩展了原数字的符号位。另一方面，对于无符号类型的变量，如果向更宽的类型赋值，不会涉及符号扩展，比如将 uint8_t 类型的二进制值 11100010 赋值给 uint16_t 类型，结果是 00000000 11100010。

对于相同长度类型的数据，进行有符号类型和无符号类型数据的转换时，由于不会发生符号扩展，因此其结果一般不会导致错误。

另外需要注意的一点是，在计算表达式的值时，在任何计算发生之前，会把变量的值加宽到“本机”（int）大小。比如，如果把两个 short 类型的变量值相加，则结果的类型将是 int 类型，而不是 short 类型。因此，如果存在有符号类型的数据运算，仍需注意符号扩展也存在于这种隐式加宽过程中。

由此看来，在发送者和接收者传输数据的过程中，符号性的协商是非常必要的。需要程序设计者根据传递数据的符号要求，选择使用正确的整数类型进行赋值和运算，而且这种约定应该是显式的，不能盲目地认为有符号类型和无符号类型在任何时候转换都不会发生错误。

3.2　字节顺序

根据体系结构的不同，现代计算机以不同的方式存储整数，这里就涉及一个存储顺序的问题。对于占内存多于一个字节类型的数据，我们用字节顺序来描述其在内存中的存放顺序。有两种常见的存储顺序：

大端（big-endian）顺序：高字节数据存放在内存低地址处，低字节数据存放在内存高地址处。

小端（little-endian）顺序：低字节数据存放在内存低地址处，高字节数据存放在内存高地址处。

例如，考虑一个 32 位的长整型 0x12345678，该整数跨越 4 个字节（每个字节 8 位），使用大端顺序存储的顺序是 0x12、0x34、0x56、0x78，而使用小端顺序存储的顺序则是 0x78、0x56、0x34、0x12，其存储形态如图 3-1 所示。

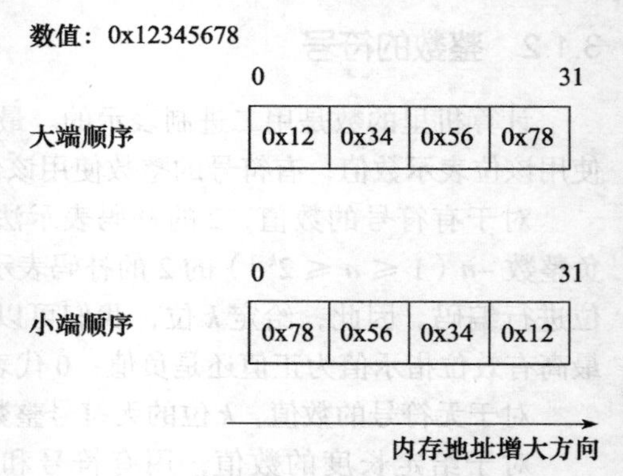

图 3-1 两种字节顺序的存储形态

不同的机器以系统相关的方式定义它们的字节顺序。这些字节顺序是指整数在内存中保存的顺序，被称为主机字节顺序，比如基于 x86 平台的 PC 机是小端顺序的，而有的嵌入式平台则是大端顺序的。为了避免互操作的问题，在网络通信过程中，用于在网络中发送和接收的数据都采用大端顺序，也称为网络字节顺序。因此在指明端口号、网络地址、数据报文长度、窗口大小等大于 1 字节的数据成员时，通信双方必须对整数的表示统一字节顺序。数据发送前，需要将主机字节顺序的数据转换为网络字节顺序再进行网络传输，而在接收到网络数据时，需要把数据从网络字节顺序转换为主机字节顺序后再进行处理。

WinSock 提供了一些函数来处理主机字节顺序和网络字节顺序的转换。这些函数的定义如下：

```
//将u_long类型变量从TCP/IP网络字节顺序转换为主机字节顺序
u_long WSAAPI ntohl(
    __in  u_long netlong
);
//将u_long类型变量从主机字节顺序转换为 TCP/IP 网络字节顺序
u_long WSAAPI htonl(
    __in  u_long hostlong
);
//将u_short 类型变量从 TCP/IP 网络字节顺序转换为主机字节顺序
u_short WSAAPI ntohs(
    __in  u_short netshort
);
//将u_short 类型变量从主机字节顺序转换为 TCP/IP 网络字节顺序
u_short WSAAPI htons(
    __in  u_short hostshort
);
```

在这里，名称以“l”结尾的函数用于处理 32 位整数，名称以“s”结尾的函数则用于处理 16 位的数字，“h”代表“host”(主机)，“n”代表“network”(网络)。

由于 IP、UDP、TCP 都把用户数据看作没有结构的字节集合，所以不关心用户数据中整数是否为网络字节顺序，因此用户数据的字节顺序必须由开发者达成一致，在发送前使用 hton*() 函数将主机字节顺序的数据转换为网络字节顺序，并在接收后使用 ntoh*() 函数将网络字节顺序的数据转换回主机字节顺序，以确保不同体系结构的机器之间数据交换的正确性。

那么什么时候需要使用字节顺序转换呢？总结来看，有以下几种场景需要注意：

1）发送数据前，用户定义的数据类型为大于 1 字节（如 2 字节或 4 字节）的整数时，需要将主机字节顺序转换为网络字节顺序；

2）接收数据后，当需要将以字节流形式表示的网络数据转换为大于 1 字节（如 2 字节或 4 字节）的整数时，需要将网络字节顺序转换为主机字节顺序；

3）当使用解析函数如 gethostbyname()、getserverbyname()、inet_addr() 等后，数值都是以网络字节顺序的方式返回，不需要在发送前调用 hton*() 函数转换，否则会发生错误。

3.3　结构的对齐与填充

构造包含二进制数据（即多字节整数）的消息，最常用的方法是设计一个结构体，然后把该结构体覆盖在一块内存区域上，该结构中的每个字段有明确的位置和含义。

计算机中内存空间是按照字节划分的，从理论上讲似乎对任何类型的变量的访问可以从任何地址开始。但是实际上计算机系统对于基本数据类型在内存中的存放位置都有限制，要求这些数据存储的首地址是某个数 K 的倍数，这样各种基本数据类型在内存中就是按照一定的规则排列的，而不是一个紧挨着一个排放，这就是“内存对齐”。内存对齐中指定的对齐数值 K 称为对齐模数（alignment modulus）。

内存对齐作为一种强制性要求，简化了处理器与内存之间传输系统的设计，并可以提升读取数据的速度。不过各个硬件平台对存储空间的处理有很大的不同，一些平台对某些特定类型的数据只能从某些特定地址开始存取，还有一些处理器则不管数据是否对齐都能正确工作。对于处于异构平台的网络数据通信，不同硬件平台的对齐方式使得对内存数据的理解并不相同，因此网络数据传输中的结构化定义必须考虑内存对齐会影响到变量的位置，以避免操作错误。

微软 C 编译器（cl.exe for 80x86）的对齐策略是：

1）结构体变量的首地址能够被其最宽基本类型成员的大小所整除。

编译器在给结构体分配空间时，首先找到结构体中最宽的基本数据类型，然后寻找内存地址能被该基本数据类型所整除的位置，作为结构体的首地址。将这个最宽的基本数据类型的大小作为上面介绍的对齐模数。

2）结构体每个成员相对于结构体首地址的偏移量（offset）都是成员大小的整数倍，如有需要，编译器会在成员之间加上填充字节。

为结构体的一个成员开辟空间之前，编译器首先检查预分配空间的首地址相对于结构体首地址的偏移是否是本成员的整数倍，若是，则存放本成员；反之，则在本成员和上一个成员之间填充一定的字节，以达到整数倍的要求，也就是将预分配空间的首地址后移几个字节。

3）结构体的总大小为结构体最宽基本类型成员大小的整数倍，如有需要，编译器会在最末一个成员之后加上填充字节。

结构体总大小包括填充字节，最后一个成员除满足上面两条对齐策略以外，还必须满足第三条，否则就必须在最后填充几个字节以达到要求。

基于以上原则，我们观察下面这个例子，假定定义待传输的二进制消息结构体 Message，该结构体包含一个 1 字节字段、两个 2 字节字段和一个 4 字节字段，以不同的顺序排列，它们在内存中的位置是有很大差别的。

排列 1 的　结构体 Message 定义如下：

```
struct Message {
    uint8_t onebyte;
    uint16_t twobyte1;
    uint16_t twobyte2;
    uint32_t fourbyte;
}
```

那么参考以上对齐策略，twobyte1 字段必须位于一个偶数地址上，fourbyte 字段必须位于一个可以被 4 除尽的地址上。由此，根据对齐策略 2 在 onebyte 字段和 twobyte1 字段之间插入 1 字节的填充，在 twobyte2 字段和 fourbyte 字段之间插入 2 字节的填充，则所有字段的位置都满足对齐约束，如图 3-2 所示。

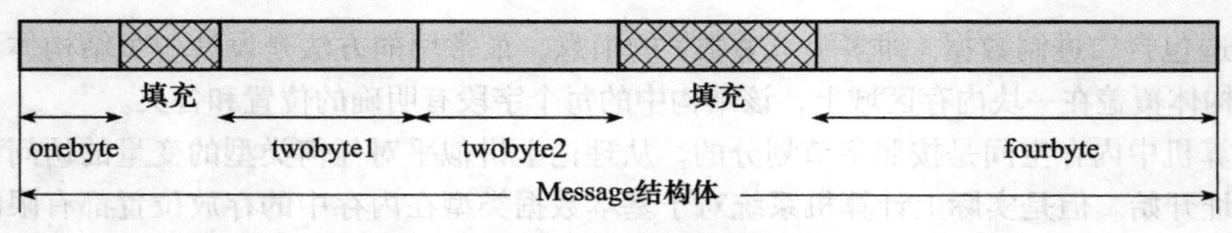

图 3-2　排列 1 的字节对齐与填充情况

使用 sizeof(Message) 计算整个结构体的长度为 12。

排列 2 的　结构体 Message 定义如下：

```
struct Message {
    uint16_t twobyte1;
    uint16_t twobyte2;
    uint32_t fourbyte;
    uint8_t onebyte;
}
```

那么根据对齐策略 2，twobyte1 字段必须位于一个偶数地址上，fourbyte 字段必须位于一个可以被 4 除尽的地址上。按照该排列顺序，字段之间将不需要填充，不过根据对齐策略 3，为了使结构体的首地址能够被 4 整除，以保证一个结构体的地址加上结构体的大小（利用 sizeof() 获得）将产生后续元素的地址，需要在 onebyte 字段结束后，结构体的实例之间（例如，在数组中）填充 3 字节的内容，如图 3-3 所示。

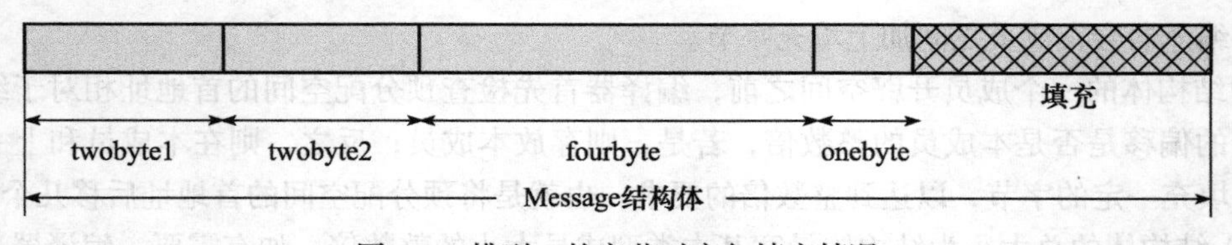

图 3-3　排列 2 的字节对齐与填充情况

使用 sizeof(Message) 计算整个结构体的长度为 12。

另外，在编程中伪指令“#pragma pack”能够改变 C 编译器默认的对齐方式，设定变量以 *n* 字节对齐方式对齐。

该指令的作用是指定结构体、联合以及类成员的对齐方式。语法如下：

```
#pragma pack( [show] | [push | pop] [, identifier], n )
```

pack提供数据声明级别的控制，对定义不起作用；调用pack时不指定参数，*n*将被设成默认值；一旦改变数据类型的对齐方式，会使得结构体占用的内存减少，但是性能会下降。

参数说明如下：

- show：可选参数，显示当前对齐的模数，以警告消息的形式显示。
- push：可选参数，将当前指定的对齐模数进行压栈操作，这里的栈是内部编译器堆栈，同时设置当前的对齐模数为n。如果n没有指定，则将当前的对齐模数压栈。
- pop：可选参数，从内部编译器堆栈中删除最顶端的记录。如果没有指定n，则当前栈顶记录即为新的对齐模数；如果指定了n，则n将成为新的对齐模数。如果指定了identifier，则内部编译器堆栈中的记录都将被出栈直到找到identifier，然后将identitier出栈，同时设置对齐模数为当前栈顶的记录；如果指定的identifier并不存在于内部编译器堆栈，则出栈操作被忽略。
- identifier：可选参数，当同push一起使用时，赋予当前被压入栈中的记录一个名称；当同pop一起使用时，从内部编译器堆栈中出栈所有的记录直到identifier出栈，如果没有找到identifier，则忽略pop操作。
- n：可选参数，指定对齐模数，以字节为单位。缺省数值是8，合法的数值分别是1、2、4、8、16。

具体用法如下：

```
#pragma pack(push,1);
struct Message {
    uint16_t twobyte1;
    uint16_t twobyte2;
    uint32_t fourbyte;
    uint8_t onebyte;
};
#pragma pack(pop);
```

增加了#pragma pack伪指令的声明后，结构体在内存中的对齐方式遵守该指令声明的对齐模数要求。比如上例声明了Message结构体按1字节对齐，那么该结构体在内存中不论以任何形式排列，都不会出现填充字段，使用sizeof (Message)计算整个结构体的长度为9。

为了避免数据构造和成帧在结构和字节对齐上的歧义，传输数据中结构化二进制数据的定义一般会考虑对齐问题，尽量把字段按照对齐策略进行排列，并显式增加填充字段。这一方面可以避免由于对齐处理歧义带来的数据理解错误，另一方面可以为协议将来的扩充预留空间，这种思路在一些知名协议设计中（如IP、TCP等多以4字节对齐）都可以得到印证。

3.4 网络数据传输形态

一般情况下，在通信两端进行数据交互的数据格式有文本串和二进制两种形态。

文本串是一类可打印的字符串，是表示信息的最常用方式，使用文本串比较有代表性的协议有HTTP协议、MSN通信协议等。这些协议通常以连续的ASCII字母作为命令组织数据。文本由符号或字符序列组成，对于大多数其他类型的数据而言，只要定义一种编码文本的方式，然后对其他类型的数据进行编码转换，转换为可打印字符串，就可以以文本的形态来传递它们。使用文本串进行消息传递时的一般做法是：

1）定义消息命令。定义一些固定含义的文本串作为消息的控制命令。以 MSN 通信协议为例，该协议在消息开头定义了一些字符序列，如“MSG”代表一类常见的 MSN 消息，这种文本表示的命令可以方便接收者快速识别通信协议的消息类型。

2）定义消息标识。定义一些固定含义的文本串来标识消息内容。仍以 MSN 通信协议为例，该协议的通信内容是半结构化的，用若干文本串来标识传递的通信内容，比如“Content-Type:”代表消息格式类型，“TypingUser:”代表发送方的账号名称等等。

3）选择文本表示方式。选择一种类型表示方式对传输内容进行转换，使得数字、布尔值等数据类型都可以表示为文本字符串，如“123456”、“6.02e23”、“true”、“false”等。

4）选择编码方式。选择一种编码方式对传输内容进行编码表示，将文本串进行二进制编码，构成实际传输的原始码字，常用的消息编码方式有 ASCII 编码、Unicode 编码等（在 3.5 节详细介绍）。

二进制格式的消息使用固定大小的数据区域存储消息，是表示信息的常用方式，比较有代表性的例子有 IP、TCP 等，这些协议通常以固定格式的协议首部存储协议控制命令。当传递二进制格式的消息时，需要对传递内容进行定义，规范该内容的字节长度、位置及含义，然后将这些内容直接作为协议数据进行传输。当使用二进制数据进行消息传递时需注意以下问题：

- 不同实现以不同的格式存储二进制数据。在 3.2 节探讨了字节顺序的问题，有的平台以大端顺序存储，而有的平台以小端顺序存储。
- 不同实现在存储相同数据类型时可能也不同。在 3.1 节探讨了整数的长度问题，比如对于 C 数据类型，大多数 32 位的 UNIX 系统用 32 位表示长整数，但 64 位系统却常常以 64 位来表示长整数。
- 不同实现为协议打包的方式也不同，这取决于所使用的数据类型的位数和顺序，机器的对齐策略增加了二进制结构在跨平台传递过程中的差错可能性。

为此，在二进制格式的消息传递中，为了避免以上问题，我们可以考虑将二进制数值的数据作为文本串的形式传递，或者显式定义二进制结构，包括其成员的位数、位置、字节顺序，并尽量显式做到字节对齐。

3.5 字符编码

计算机中的信息包括数据信息和控制信息，数据信息又可分为数值和非数值信息。非数值信息和控制信息涵盖了字母、各种控制符号、图形符号等，它们都以二进制编码方式存入计算机并得以处理，这种对字母和符号进行编码的二进制代码称为字符编码（character code）。

与字符编码相关的基本概念主要有：

字节：是计算机中存储数据的基本单元，一个 8 位的二进制数。比如以十六进制表示的 0x00，0x01，…，0xFF。

字符：抽象意义上的一个符号，是各种文字、标点符号、图形符号、数字等的总称。比如 '1'、'中'、'a'。

字符集：是一组抽象的字符集合。各个国家和地区制定了各自语言所需的字符集。比如英文字符集 ASCII、简体中文字符集 GB2312、繁体中文字符集 BIG5、日文字符集 JIS 等。

字符编码：规定了每个字符分别用一个字节还是多个字节表示，及用哪个字节值来存储。

3.5.1　字符集传输编码标准

现有的字符集传输编码有很多种，在计算系统中，字符编码的发展主要经过了三个阶段：

第一阶段：字符编码的产生。在这个阶段中，典型的编码标准是 ASCII 标准，该标准只支持英文字符集，其他语言不能够在计算机上存储和显示。ASCII 码一共规定了 128 个字符的编码，比如空格是 32（二进制 00100000），大写的字母 A 是 65（二进制 01000001）。这 128 个符号（包括 32 个不能打印出来的控制符号）只占用了一个字节的后面 7 位，最前面的 1 位统一规定为 0。

第二阶段：字符编码的本地化。在这个阶段中，典型的编码标准是 ANSI 编码。为使计算机支持更多语言，通常使用 0x80~0xFF 范围的 2 个字节来表示 1 个字符。比如汉字“中”在中文操作系统中使用 [0xD6，0xD0] 存储。不同的国家和地区制定了不同的标准，由此产生了 GB2312、BIG5、JIS 等各自的编码标准。这些使用 2 个字节来代表 1 个字符的各种汉字延伸编码方式，称为 ANSI 编码。在简体中文系统下，ANSI 编码代表 GB2312 编码，在日文操作系统下，ANSI 编码代表 JIS 编码。不同 ANSI 编码之间互不兼容，当信息在国际间交流时，无法将属于两种语言的文字存储在同一段 ANSI 编码的文本中。

第三阶段：字符编码的国际化。为了使国际间信息交流更加方便，国际组织制定了 Unicode 字符集，为各种语言中的每一个字符设定了统一并且唯一的数字编号，以满足跨语言、跨平台进行文本转换和处理的要求。Unicode（统一码）是一个很大的集合，现在的规模可以容纳 100 多万个符号。每个符号的编码都不一样，比如，U+0041 表示英语的大写字母“A”，U+4E25 表示汉字“严”。需要注意的是，Unicode 只是一个符号集，它只规定了符号的二进制代码，却没有规定这个二进制代码应该如何存储。

Unicode 编码系统可分为编码方式和实现方式两个层次。

Unicode 的**编码方式**与通用字符集（Universal Character Set，UCS）概念相对应。通用字符集是由 ISO 制定的 ISO 10646（或称 ISO/IEC 10646）标准所定义的标准字符集。目前实际应用的统一码版本对应于 UCS-2，使用 16 位的编码空间。也就是每个字符占用 2 个字节。这样理论上一共最多可以表示 2^{16}（即 65 536）个字符，基本满足各种语言的使用。实际上当前版本的统一码并未完全使用这 16 位编码，而是保留了大量空间作为特殊用途或将来扩展。为了能表示更多的文字，人们又提出了 UCS-4。UCS-4 是一个更大的尚未填充完全的 31 位字符集，加上恒为 0 的首位，共需占据 32 位，即 4 字节。理论上最多能表示 2^{31} 个字符，完全可以涵盖一切语言所用的符号。

Unicode 的**实现方式**不同于编码方式。一个字符的 Unicode 编码是确定的。但是在实际传输过程中，由于不同系统平台的设计不一定一致，以及出于节省空间的目的，对 Unicode 编码的实现方式可能有所不同。Unicode 的实现方式称为 Unicode 转换格式（Unicode Transformation Format，UTF）。它规定了如何对 UCS 对应的基本多语种码点（Basic Multilingual Plane，BMP）进行传输编码的策略。具体提供了三种对 BMP 码点进行传输编码的策略，分别为 UTF-8、UTF-16、UTF-32。

以 UTF-8 编码为例，UTF-8 是一种变长编码的标准，其编码序列长度最多可以到 6 个字节。UTF-8 的编码策略是：

首先，针对不同语言的字符集，使用不同数目的 8 位二进制元编码成变长的编码字节序列。例如，汉字的编码采用 3 个字节长度的编码序列。

其次，UTF-8 编码序列中的第一个 8 位二进制元中的换码位序列的特征指明了编码序列中 8 位二进制元的数目。若编码序列中的 8 位二进制元的个数超过两个，则每个 8 位二进制元都由一个换码位序列开始。在首字节中，换码位序列为 *n* 个值为 1 的二进制位加上 1 个值为 0 的二进制位（*n* 表示字符编码所需的字节数），后续字节的换码位序列均为二进制序列“10”。各字节除换码位序列后的剩余二进制位才是编码位。

对 Unicode 的 BMP 码点的 UCS-2 本地编码和 UTF-8 编码的比较如表 3-1 所示。

表 3-1 UCS-2 编码与 UTF-8 编码的比较

UCS-2 编码（十六进制表示）	UTF-8 编码字节序列（二进制表示）
0000 ~ 007F	0xxxxxxx
0080 ~ 07FF	110xxxxx 10xxxxxx
0800 ~ FFFF	1110xxxx 10xxxxxx 10xxxxxx
010000 ~ 10FFFF	11110xxx 10xxxxxx 10xxxxxx 10xxxxxx

在以 8 比特为单位的传输流中，较容易识别出字符编码的边界从哪里开始。在 UTF-8 编码的传输过程中，即使丢掉一个字节，根据编码规律也很容易定位丢掉的位置，不会影响到其他字符。

3.5.2 文本化传输编码标准

字符集传输编码标准虽然定义了规范的字符编码，但是难免网络的一些应用协议还有更苛刻的要求，例如对网络中的 SMTP 协议来说，底层邮件协议及邮件网关在只能处理 7 位 ASCII 编码字符的情况下，在传送过程中，非 ASCII 消息中的数据会因为这 7 位的限制而遭到拆解，如果要想用邮件传输多媒体信息，就要对非文字消息进行编码，将其转换为 7 位 ASCII 格式，然后再传送，这涉及文本化传输编码标准。文本化传输编码（Content Transfer Encoding）标准主要是指以下三种。

1. Base64 编码

Base64 是网络上最常见的用于传输 8 比特字节代码的编码方式之一，可用于在 HTTP 环境下传递较长的标识信息。例如，在 Java Persistence 系统 Hibernate 中，就采用了 Base64 来将一个较长的唯一标识符（一般为 128 位的 UUID）编码为一个字符串，用作 HTTP 表单和 HTTP GET URL 中的参数。在其他应用程序中，也常常需要把二进制数据编码为适合放在 URL（包括隐藏表单域）中的形式。此时，采用 Base64 编码不仅比较简短，同时也具有不可读性，即所编码的数据不会被人用肉眼直接看到。

Base64 的编码对象可以是任何已编码的数据。其文本化编码策略是：

- 对于要编码对象的最原始的二进制数据流，将三个字节的数据先后放入一个 24 位的缓冲区中，先放入的字节占高位。
- 每次取 6 位，用此 6 位的值 (0 ~ 63) 作为索引号，在 Base64 索引表中找到对应的字符。
- 用字符的 ACSII 编码作为要编码对象的输出。
- 为了保证资料还原的正确性，如果最后剩下两个输入数据，在编码结果后加 1 个“=”；如果最后剩下一个输入数据，编码结果后加 2 个“=”。
- 每隔 76 个字符加上一个回车换行。

举例见表 3-2。

表 3-2　Base64 编码举例

文　本	M								a								n							
ASCII 编码	77								97								110							
二进制位	0	1	0	0	1	1	0	1	0	1	1	0	0	0	0	1	0	1	1	0	1	1	1	0
索引	19						22						5						46					
Base64 编码	T						W						F						u					

2. UTF-7 编码

UTF-7 是一个修改的 Base64，主要是将 UTF-16 的数据用 Base64 的方法编码为可打印的 ASCII 字符序列，目的是传输 Unicode 数据。UTF-7 协议中定义的转换策略为：

- 对被编码成 UTF-16 的 ASCII 字符，可直接使用 ASCII 等价字节表示。
- 对被编码成 UTF-16 的非 ASCII 字符，先通过 Base64 编码输出后，再在前面加上字符“+”，并在结尾加上字符“-”，表示非 ASCII 字符编码结果的起始和结束。
- 可使用非字母表中的字符来表示起止字符。

以字符“£”为例，其编码过程见表 3-3。

表 3-3　UTF-7 编码举例

文　本	£																	
UTF-16 编码	0				0				A				3					
二进制位	0	0	0	0	0	0	0	0	1	0	1	0	0	0	1	1	0	0
索引	0						10						12					
Base64 编码	A						K						M					
UTF-7 编码	+AKM-（5 个字节）																	

3. QP（Quoted Printable）编码

QP 编码，通常缩写为 Q 编码，是使用可打印的 ASCII 字符（如字母、数字与“=”）表示各种编码格式下的字符，以便能在 7 位数据通路上传输 8 位数据，在 Email 系统中比较常用。其原理是把一个 8 位的字符用两个十六进制数值表示，然后在前面加“=”，其编码规则为：

- 对于 ASCII 字符，不进行转换，直接使用 ASCII 等价字节表示。
- 对于非 ASCII 字符，将一个 8 位的字符用两个对应的十六进制数值字符（0 ~ F）来表示，然后在前面加“=”。
- 原始数据中的等号“=”用“=3D”表示。

举例来说，字符串“If you believe that truth=beauty，then surely mathematics is the most beautiful branch of philosophy.”QP 编码后的一个结果是：

```
"If you believe that truth=3Dbeauty, then surely=20=
mathematics is the most beautiful branch of philosophy."
```

在上面这段原始字符串中，其中的“=”不能直接表示，“=”的十进制值为 61，必须表示为“=3D”，另外 QP 编码的数据的每行长度不能超过 76 个字符，为满足此要求且又不改变被编码文本，在 QP 编码结果的每行末尾加上软换行，即在每行末尾加上一个“=”，同时对换行符 QP 编码表示为“=20”（空格）。

在实际网络数据处理中，出于传输、存储和显示的不同考虑，数据可能以不同的编码方式编码并存储，需要根据实际需求，按照编码规则进行编码，并对编码后的数据进行解码和编码转换。

3.6 数据校验

在数据报文构造过程中，协议首部的校验和是构造中经常会涉及并可能出现错误的关键环节。

网络上的信号最终都是通过物理传输线路进行传输的，如果高层没有采用差错控制，那么物理层传输的数据信号可能出现差错。为了保证数据的正确性，现有的设计是在各个层次的发送和接收过程中增加数据的差错校验功能。

进行差错检测和差错控制的主要方法是：在需要传输的数据分组后面加上一定的冗余信息，这些冗余信息通常是通过对所发送的数据应用某种算法进行计算而得到的固定长度的数值。数据的接收方在接收到数据后进行同样的计算，与接收到的冗余信息进行比较。如果数据在传输过程中没有发生任何差错，那么接收方计算的结果应该与发送方计算的校验和相同，否则表明校验和错误。当发生校验和错误时，接收方丢弃收到的数据，由上层发现数据包丢失并进行重传，以此保证数据传递的可靠性。

目前广泛使用的网络协议中大都设置了校验和项以保存冗余信息，例如 IPv4、ICMPv4、IGMPv4、ICMPv6、UDP、TCP 等。这些协议都采用相同的校验和计算算法，即首先把校验和字段置为 0，然后对缓冲区中每个 16 位进行二进制反码求和（整个缓冲区看成是由一串 16 位的数字组成），然后把计算得到的结果存储在校验和字段中。

不同协议中校验和字段覆盖范围会有一些差异，在 TCP/IP 协议簇中，常用协议的校验范围如表 3-4 所示。

表 3-4 常用协议的校验和覆盖范围

协 议	校验和覆盖范围	协 议	校验和覆盖范围
IPv4	IPv4 首部	UDP	UDP 伪首部 +UDP 首部 +UDP 数据
ICMP	ICMP 首部 +ICMP 数据	TCP	TCP 伪首部 +TCP 首部 +TCP 数据
IGMP	IGMP 首部 +IGMP 数据		

总结来看，在手工构造协议首部和填充校验和的过程中，正确计算校验和的步骤如下：

1）将校验和字段置为 0；

2）填充校验和覆盖范围内所有的数据内容；

3）将校验和覆盖范围内的数据看成是以 16 位为单位的数字组成；

4）计算校验和，并拷贝到校验和字段。

在接收方进行差错检验的步骤如下：

1）将校验和覆盖范围内的数据（包括校验和在内）看成是以 16 位为单位的数字组成；

2）计算校验和；

3）检查计算出的校验和结果是否等于 0 或者 1（依赖于具体实现），接收报文或丢弃报文。

以下给出了校验和计算的示例代码：

```
USHORT CheckSum(USHORT *pchBuffer, int iSize)
{
    unsigned long ulCksum=0;
```

```
    //对16位字求和
    while (iSize > 1)
    {
        ulCksum += *pchBuffer++;
        iSize -= sizeof(USHORT);
    }
    if (iSize)
    {
        ulCksum += *(UCHAR*)pchBuffer;
    }
    ulCksum = (ulCksum >> 16) + (ulCksum & 0xffff);
    ulCksum += (ulCksum >>16);
    //取反返回
    return (USHORT)(~ulCksum);
}
```

习题

1. 假设应用程序使用有符号短整型给端口号赋值，当端口号大于32768时，端口号的具体值为多少？是否合理？
2. 大端顺序和小端顺序是CPU处理多字节数的不同方式。例如“汉”字的Unicode编码是0x6C49，那么存储在内存中时数据是如何存储呢？请在自己的系统平台下观察字节在内存中的具体存储方式。
3. 试考虑一个15字节的消息结构：

   struct integerMessage {
   uint8_t onebyte;
   uint16_t twobytes;
   uint32_t fourbytes;
   uint64_t eightbytes;
   }

   请问，该消息结构在内存中的实际布置如何？该结构的长度为多少？
4. 假设一个端口扫描应用程序被设计为递增IP地址和TCP端口，并手工构造和发送TCP扫描包给目标方，那么在每次发送数据前，TCP扫描包的哪些字段需要修改，如何修改？
5. 请设计一个远程投票系统的消息传送协议，具体内容包括：

   1）投票协议标识
   2）投票消息类型
   3）投票候选人标识
   4）投票结果

   请使用文本串和二进制两种方式设计投票消息以满足以上需求。

Chapter 4

第4章 协议软件接口

协议软件接口承担应用程序与操作系统协议实现之间的桥梁作用，Windows Sockets 是一种广泛使用的协议软件接口。本章从如何访问 TCP/IP 这个问题出发，探讨实现网间进程通信必须解决的问题，进而引入套接字的基本概念。Windows Sockets 是本章的重点，本章介绍了 Windows Sockets 的起源和组成，并针对 Windows Sockets 在使用过程中的一些重要环节进行了介绍，这些环节包括套接字的初始化和释放、套接字控制方法以及地址的描述与转换等。

4.1 TCP/IP 协议软件接口

4.1.1 协议软件接口的位置

TCP/IP 协议为网络通信设计了一系列提供各类能力的传输服务，使得应用程序的设计者可以根据实际需要选择这些服务，在分布于网络不同位置的应用程序之间实现数据交互。应用程序与协议实现之间的关系如图 4-1 所示。

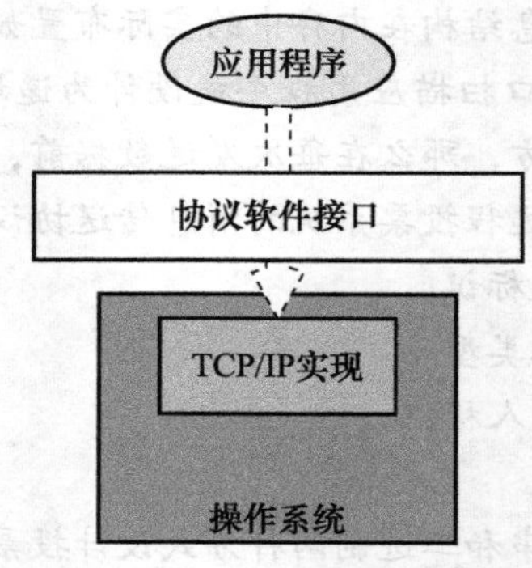

图 4-1 协议软件接口的位置

从操作系统层面来看，系统内核集成了对 TCP/IP 的具体实现，具有常用协议应用能力，协议实现在内核空间执行；从应用程序层面来看，各类涉及网络通信的应用程序都通过系统中的协议实现完成数据交互过程，应用程序在用户空间执行。那么对于两个不同层次上的实现，应用程序如何访问操作系统内核中协议实现的具体功能呢？

协议软件接口承担应用程序与操作系统协议实现之间的桥梁作用，它封装了协议实现的基本功能，开放系统调用接口以简化操作，使得应用程序可以用系统调用的方式方便地使用协议实现提供的数据传输功能。

4.1.2 协议软件接口的功能

TCP/IP 被设计成能运行于多个厂商环境之下。为了与各种不同的机器保持兼容，TCP/IP 的设计者们仔细地避免使用任何一个厂商的内部数据表示，另外 TCP/IP 标准还仔细地避免让接口使用那些只能在某一个厂商的操作系统中可用的特征。因此 TCP/IP 和使用它的应用之间的接口是不精确指明的。

尽管 TCP/IP 标准没有指明应用软件与 TCP/IP 协议软件的接口细节，但这些标准仍然建议了所要求的功能。接口必须支持如下概念性操作：

- 分配用于通信的本地资源。
- 指定本地和远程通信端点。
- （客户端）启动连接。
- （服务器端）等待连接到来。
- 发送或接收数据。
- 判断数据何时到达。
- 产生紧急数据。
- 处理到来的紧急数据。
- 从容终止连接。
- 处理来自远程端点的连接终止。
- 异常终止通信。
- 处理错误条件或连接异常终止。
- 连接结束后释放本地资源。

不精确指明的特点提供了灵活性和容错能力，它允许设计者使用各种操作系统实现 TCP/IP 和对 TCP/IP 的调用，可以用过程调用的方法也可以用消息传递的形式实现接口功能。但同时接口细节的不同使得不同操作系统之间程序的可移植性大大降低。

依赖于底层操作系统的不同，目前常用的协议软件接口有：

- Berkeley Socket：加州大学伯克利分校为 Berkeley UNIX 操作系统定义的套接字接口；
- Transport Layer Interface：AT&T 为其 System V 定义的传输层接口；
- Windows Sockets：Windows 系统下的套接字接口。

这里要特别注意协议软件接口的“接口”功能，即协议软件接口为网络应用程序和操作系统协议栈建立了调用的关联，其功能主要体现在关联的能力上，如创建用于关联的标识，为网络操作分配资源、拷贝数据、读取信息等，而真实的网络通信功能是由协议栈具体完成的，程序逻辑是由网络应用程序部署的。

以发送接口为例，数据的发送究竟是由发送接口完成还是由系统协议栈完成呢？实际上，发送接口函数仅仅完成了两个工作：第一，将数据从应用程序缓冲区拷贝到内核缓冲区；第二，向系统内核通知应用程序有新的数据要发送。真正负责发送数据的是协议栈。因此，发送接口函数成功返回并非意味着数据已经发送出去，此时数据有可能还保留在协议栈中等待发送，也有可能已经被发送到网络中，这依赖于协议的选择和当前的网络环境、系统环境等诸多因素。

4.2 网络通信的基本方法

4.2.1 如何访问 TCP/IP 协议

由上一节分析可知，网络中两个进程的通信实际上是借助网络协议栈实现的。应用进程把数据交给下层的传输层协议实体，调用传输层提供的传输服务，传输层及其下层协议将数据层层向下递交，最后由物理层将数据变为信号，发送到网上，经过各种网络设备的寻址和存储转发，才能到达目的端主机。目的端的网络协议栈再将数据层层上传，最终将数据送交接收端的应用进程，这个过程非常复杂。但对于网络编程来说，必须要有一种非常简单的方法与协议栈连接。

操作系统的设计者们把协议软件安装在操作系统中，并设计协议软件接口，定义一组精确的过程来访问 TCP/IP 协议。协议软件接口可以按照两种方法来实现：第一种方法是设计者发明一种新的系统调用，应用程序用它们来访问 TCP/IP，这要求设计者列举出所有的概念性操作，为每个操作指定一个名字和参数，将每个操作实现为一个系统调用；第二种方法是设计者沿用一般的 I/O 调用，对其进行扩充，使其既可以同网络协议又可以同一般的 I/O 设备一起工作。在实际运用中，许多设计者选择了这两种方法的混合，即尽可能使用基本的 I/O 功能，但对那些不能方便表达的操作则增加其他的函数。

接下来我们从一般 I/O 操作开始，讨论如何把网络操作作为一种新的 I/O 操作引入现有 I/O 体系。

4.2.2 UNIX 中的基本 I/O 功能

在基本的 UNIX I/O 功能中，UNIX（许多操作系统是由它变化派生而来的）提供了一组（6个）基本的系统函数用来对设备或文件进行输入 / 输出操作，见表 4-1。

表 4-1 UNIX 中所提供的基本 I/O 操作

操 作	含 义
open()	为输入或输出操作准备一个设备或文件
close()	终止使用以前已经打开的设备或文件
read()	从输入设备或文件中获得数据，将数据放到应用程序的存储器中
write()	将数据从应用程序的存储器传到输出设备或文件
lseek()	转到文件或设备中的某个指定位置
ioctl()	控制设备或用于访问该设备软件（如指明缓冲区的大小或改变字符集的映射）

当一个应用程序调用 open() 来启动输入或输出时，系统返回一个整数，称为文件描述符。此应用程序在以后的 I/O 操作中会以该描述符为标识进行文件的后续操作，最后，当一个应用进程结束使用一个文件时，调用 close() 撤销文件描述符，并释放相关的资源。

4.2.3 实现网间进程通信必须解决的问题

当设计者把 TCP/IP 协议通信加入到基本 I/O 时，尽管在操作序列上可以延续原有的打

开 – 操作 – 关闭的模式，但分布在网络上两台主机中的两个进程相互通信面临诸多问题：

1）网间进程的标识问题。在同一主机中，不同的进程可以用进程号唯一标识，但在网络环境下，各主机独立分配进程号，此时进程号的唯一性失去意义。

2）多重协议的识别问题。现行的网络体系结构有很多，如 TCP/IP、IPX/SPX 等，操作系统往往支持众多的网络协议，不同协议的工作方式不同，地址格式也不同，因此网络间进程通信还要解决多重协议的识别问题。

3）多种通信服务的选择问题。随着网络应用的不同，网络间进程通信所要求的通信服务会有不同的要求，有的要求传输效率高，有的要求传输可靠性高，还有的要求数据构造灵活，因此，要求网络应用程序能够有选择地使用网络协议栈提供的网络通信服务功能。

为此，在继承一般 I/O 操作的基础上，协议软件接口的设计扩展了以下若干环节：

- 扩展了文件描述符集。使应用程序可以创建能被网络通信所使用的描述符（称之为“套接字”）；
- 扩展了读和写这两个系统调用，使其支持网络数据的接收和发送（增加了新的数据收发函数）；
- 增加了对通信双方的标识（用 IP 地址和端口号标识唯一的网络地址上的唯一的应用程序）；
- 指明通信所采用的协议（用协议簇和服务类型对不同协议簇下的特定协议进行统一命名）；
- 确定通信方的角色（客户端或服务器）；
- 增加了对网络数据格式的识别和处理；
- 增加了对网络操作的控制等。

4.3 套接字

在 TCP/IP 网络环境中，可以使用套接字来建立网络连接，实现主机之间的数据传输。

4.3.1 套接字编程接口的起源与发展

在 20 世纪 80 年代早期，美国国防部高级研究计划署（Defense Advanced Research Projects Agency，ARPA）资助了加州大学伯克利分校开发并推广了一个包括 TCP/IP 协议的 UNIX，称为 BSD UNIX（Berkeley Software Distribution UNIX）操作系统，Socket 编程接口是这个操作系统的一部分，称为 Berkeley Sockets。后来许多计算机供应商将 BSD 系统移植到他们的硬件上，并将其作为商业操作系统产品的基础，广泛地应用于各种计算机上。由于 BSD UNIX 系统的广泛应用，大多数人已经接受了 Socket 编程接口，后来的许多操作系统并没有另外开发一套其他的编程接口，而是选择了支持 Socket 编程接口。例如 Windows 操作系统、各种 UNIX 系统（如 Sun 公司的 Solaris）以及各种 Linux 系统都实现了 BSD UNIX Socket 编程接口，并结合自己的特点有所发展。各种编程语言也纷纷支持 Socket 编程接口，使它广泛应用在各种网络编程中，这样就使得 Socket 编程接口成为工业界事实上的标准，成为开发网络应用软件的有力工具。

4.3.2 套接字的抽象概念

Socket，字面意思是凹槽、插座的意思，它很形象地把网络操作比喻成生活中的电话插座、电线插座等简单且具有连通能力的设备。

套接字（Socket），在网络通信中是支持 TCP/IP 网络通信的基本操作单元，可以看作是一个接口，该接口在操作系统控制下帮助本地主机建立或拥有的应用程序与其他（远程）应用进程相互发送和接收数据。这意味着 Socket 用来让一个进程和其他进程互通信息，就像用电话和其他人交流一样，通过 Socket 为客户和服务器建立了一个双向的连接管道。

作为连接应用程序和协议实现的桥梁，Socket 在应用程序中创建，通过绑定应用程序所在的 IP 地址和端口号，与系统的协议实现建立关系。此后，应用程序送给 Socket 的数据，由 Socket 交给协议实现向网络上发送出去，计算机从网络上收到与该 Socket 绑定 IP 地址和端口号相关的数据后，由系统协议实现交给 Socket，应用程序便可从该 Socket 中提取接收到的数据，网络应用程序就是这样通过 Socket 进行数据的发送与接收的。

套接字接口并没有直接使用协议类型来标识通信时的协议，而是采用一种更灵活的方式——协议簇 + 套接字类型，以方便网络应用程序在多协议簇的同类套接字程序中移植。

在 Socket 通信中，常用的协议簇有：

- PF_INET：IPv4 协议簇。
- PF_INET6：IPv6 协议簇。
- PF_IPX：IPX/SPX 协议簇。
- PF_NETBIOS：NetBIOS 协议簇。

在 Socket 通信中，常用套接字类型包括三类：

- 流式套接字（SOCK_STREAM）。流式套接字用于提供面向连接、可靠的数据传输服务。该服务将保证数据能够实现无差错、无重复发送，并按顺序接收，数据传输可以是双向的字节流。
- 数据报套接字（SOCK_DGRAM）。数据报套接字用于提供无连接的数据传输服务。该服务并不能保证数据传输的可靠性，数据有可能在传输过程中丢失或重复，且无法保证顺序地接收到数据。由于数据报套接字不能保证数据传输的可靠性，对于有可能出现的数据丢失情况，需要在程序中做相应的处理。
- 原始套接字（SOCK_RAW）。当使用前两种套接字无法完成数据收发任务时，原始套接字提供了更加灵活的数据访问接口，使用它可以在网络层上对 Socket 进行编程，发送和接收网络层上的原始数据包。

4.3.3 套接字接口层的位置与内容

图 4-2 描绘了单个主机内的应用程序、套接字、协议和端口号之间的逻辑关系。关于这些关系要注意四点：

1）一个程序可以同时使用多个套接字，不同套接字完成不同的传输任务。

2）多个应用程序可以同时使用同一个套接字，不过这种情况并不常见。

3）每个套接字都有一个关联的本地 TCP 或 UDP 端口，它用于把传入的分组指引到应该接收它们的应用程序。端口，标识了主机上的套接字，进而标识了主机上的特定应用程序。

4）TCP 和 UDP 的端口号是独立使用的，有时候一个 TCP 的端口号也会关联多个套接字，因此不能仅仅用端口来标识套接字，不过尽管如此，TCP 仍然有能力清晰地区分开关联在一个端口上的多个套接字。

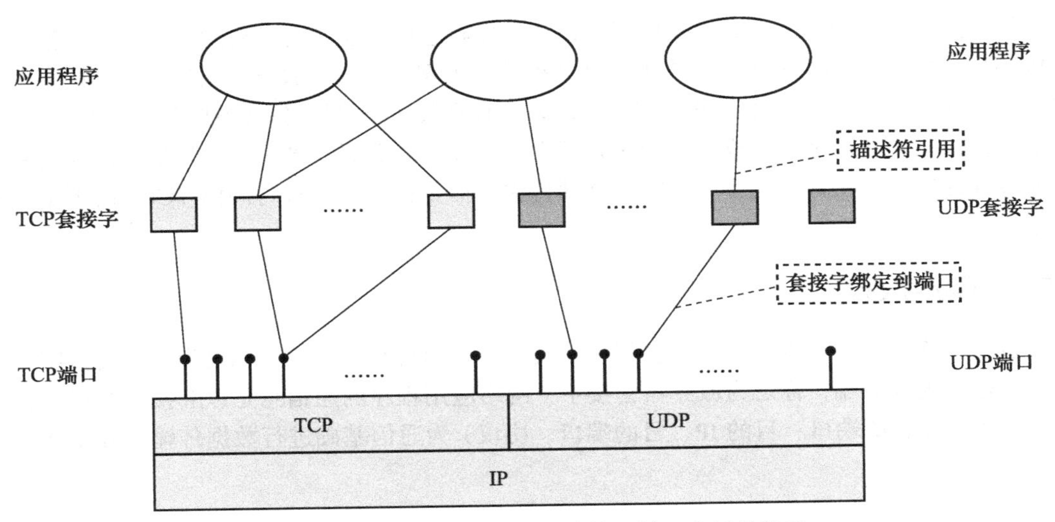

图 4-2　套接字与应用程序、协议和端口之间的关系

在具体实现时，与文件描述符类似，套接字表现为系统中的一个整型标识符，用于标识操作系统为该套接字分配的套接字结构，该结构保存了一个通信端点的数据集合，如图 4-3 所示。这里的“数据结构”是一个抽象意义的结构，意指套接字抽象层和 TCP/IP 协议实现中与套接字描述符相关的所有数据结构和变量，主要包括以下方面：

- 套接字创建时所声明的通信协议类型。
- 与套接字关联的本地和远端 IP 地址和端口号。这些端点信息将在套接字操作过程中由不同的函数为套接字描述符逐步确定。
- 一个等待向应用程序递送数据的接收队列和一个等待向协议栈传输数据的发送队列。
- 对于流式套接字，还包含与打开和关闭 TCP 连接相关的协议状态信息。

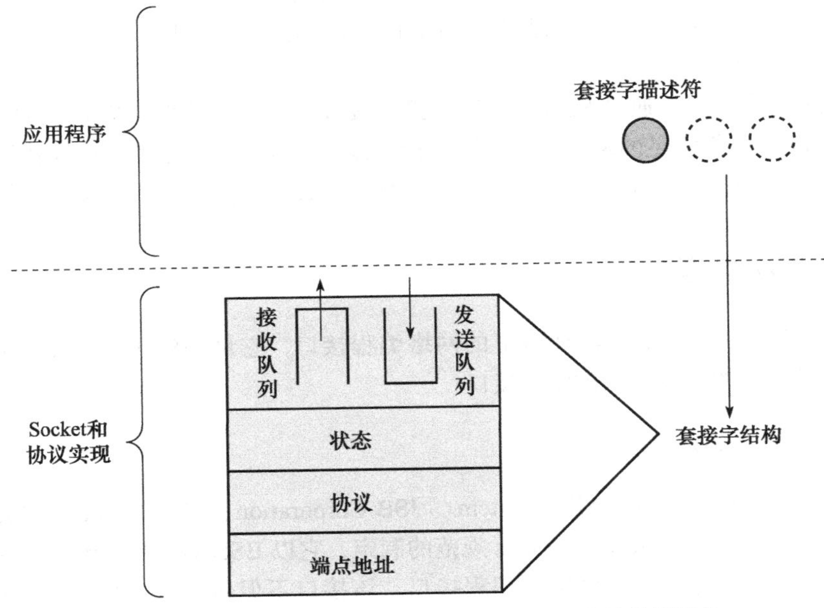

图 4-3　与套接字关联的 Socket 和协议实现中的数据结构

了解这些数据结构的内容以及底层协议如何影响它们是非常有必要的，因为它们控制着套接字行为的多个不同方面。例如由于 TCP 提供了可靠的字节流服务，通过流式套接字发送的任何数据的副本都必须由 TCP 实现保存起来，直到其在连接的另一端被成功接收为止。一般来讲，在流式套接字上完成发送操作并不意味着实际的数据传输，而只是把它们复制到了本地缓冲区中。在正常情况下，它将被立即传输，但是精确的传输时间由 TCP（而不是应用程序）控制。

4.3.4 套接字通信

进行网络通信时至少需要一对套接字，其中一个运行在客户端，称之为客户套接字，另一个运行于服务器端，称之为服务器套接字。网络应用程序的通信总是以套接字为线索，以五元组（源 IP、源端口、目的 IP、目的端口、协议）为通信基础进行数据传输，其基本过程如下：

1）建立一个 Socket。
2）配置 Socket。
3）连接 Socket（可选）。
4）通过 Socket 发送数据。
5）通过 Socket 接收数据。
6）关闭 Socket。

由此可见，与文件操作类似，作为一类特殊的文件操作，网络操作以 Socket 为网络描述符，通过其指向的数据结构存储了与当前通信相关的五元组信息，并在数据发送和接收时对该数据结构的内容进行读写访问，当结束网络操作后，通过 Socket 释放已分配的资源。

使用套接字进行数据处理有两种基本模式：同步和异步。

同步模式的特点是在通过 Socket 进行连接、接收、发送数据时，客户和服务器在接收到对方响应前会处于阻塞状态，即一直等到 I/O 条件满足才继续执行下面的操作。同步模式只适用于数据处理不太多的场合。当程序执行的任务很多时，长时间的等待可能会让用户无法忍受。

异步模式的特点是在通过 Socket 进行连接、接收、发送操作时，客户或服务器会利用多种机制获知 I/O 条件满足的事件，然后再进行连接、接收、发送处理，这样就可以更灵活、高效地处理网络通信。异步套接字更加适用于进行大量数据处理、复杂网络 I/O 的场合。

4.4 Windows 套接字

Windows 套接字是 Windows 环境下的网络编程接口，它最初源于 UNIX 环境下的 BSD Socket，是一个与网络协议无关的编程接口。

4.4.1 Windows Sockets 规范

20 世纪 90 年代初，Sun Microsystems、JSB Corporation、FTP Software、Microdyne 和微软等公司共同参与了 Windows Sockets 规范的制定，它以 BSD UNIX 中流行的 Socket 接口为模板，为 Windows 定义了一套网络编程接口。该接口不但包含了人们所熟知的 Berkeley Socket 风格的函数，而且还包含了一组针对 Windows 的扩展库函数，以便程序员能够充分地利用 Windows 消息驱动机制进行编程。

Windows Sockets 规范的目的在于为应用程序开发者提供一套简单的 API，并让各家网络软件供应商共同遵守。除此之外，在 Windows 的特定版本上，还定义了一个二进制接口（ABI），以此来确保各网络软件供应商使用 Windows Sockets API 开发且符合 Windows Sockets 协议实现的应用程序能够正常工作。因此，可以说 Windows Sockets 定义了应用程序开发者能够使用，并且网络软件供应商能够实现的一套库函数调用和相关语义。

对于符合 Windows Sockets 规范的网络软件，一般将其视为与 Windows Sockets 兼容，而将 Windows Sockets 兼容实现的提供者称为 Windows Sockets 提供者。一个网络软件供应商必须完全实现 Windows Sockets 规范才能做到与 Windows Sockets 兼容。通常，只要应用程序能够与 Windows Sockets 兼容，并且能与之实现协同工作，就认为它具有 Windows Sockets 接口，进而将其称为 Windows Sockets 应用程序。

4.4.2 Windows Sockets 的版本

1. Windows Sockets 1.0

Windows Sockets 1.0 是网络软件供应商和用户社区共同努力的结果，Windows Sockets 1.0 规范的发布是为了让网络软件供应商和应用程序开发者能够创建符合 Windows Sockets 规范的实现和应用程序。

2. Windows Sockets 1.1

Windows Sockets 1.1 沿袭了 Windows Sockets 1.0 的指导思想和结构，包含了更加清晰的说明，以及对 Windows Sockets 1.0 所做的小改动。除此之外，它还包含了一些重要变更，其中部分变更如下：

- 增加了 gethostname() 调用，以便简化主机名字和地址的获取。
- 将 DLL 中小于 1000 的序数定义为 Windows Sockets 保留，而对大于 1000 的序数则没有限制。这可以使 Windows Sockets 供应商在自己的 DLL 中包含私有接口，而不用担心所选择的序数会和未来的 Windows Sockets 版本冲突。
- 为 WSAStartup() 和 WSACleanup() 函数增加了引用计数，并要求两个函数调用时成对出现，在所有 Windows Sockets 函数之前先调用 WSAStartup() 函数，最后调用 WSACleanup() 函数。这使得应用程序和第三方 DLL 在使用 Windows Sockets 实现时不需要考虑其他程序对这套 API 的调用。

3. Windows Sockets 2

Windows Sockets 2（简称 WinSock 2）是对 Windows Sockets 1.1（简称 WinSock 1.1）的扩展，通过 WinSock 2，程序员可以创建高级的 Internet、Intranet 以及其他网络应用程序，利用这些应用程序，可以在不依赖网络协议的情况下在网上传输应用数据。

创建 Windows Sockets 2 的动机主要在于提供一个协议无关的传输接口，并且该接口完全具有支持应急网络的处理能力，包括实时多媒体通信。Windows Sockets 2 在维持向后完全兼容能力的同时还在很多领域扩展了 Windows Sockets 接口，其中包括以下方面。

（1）体系结构的改变

为了提供同时访问多个传输协议的能力，Windows Sockets 结构在该版本下发生了改变，WinSock 2 通过在 WinSock DLL 和协议栈之间定义一个标准的服务提供者接口（Service Provider Interface，SPI)，改变了原 WinSock 1.1 和底层协议栈之间的私有接口模式，这使得从单个 WinSock DLL 中同时访问来自多个厂商的多个协议栈成为可能。Windows Sockets 2 体系结构如图 4-4 所示。

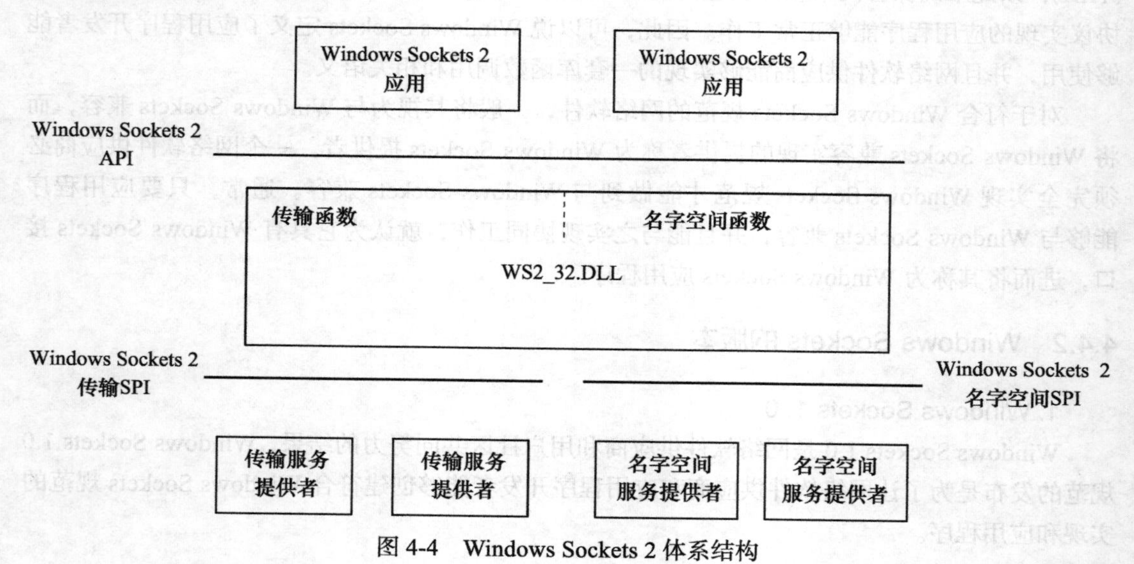

图 4-4 Windows Sockets 2 体系结构

（2）套接字句柄的改变

在 Windows Sockets 2 中，套接字句柄可以是文件句柄，这意味着可以将套接字句柄用于 Windows 文件 I/O 函数，如 ReadFile()、WriteFile()、ReadFileEx()、WriteFileEx()、DuplicateHandle() 等。当然并非所有的传输服务提供者都支持这个选项，这一点必须注意。

（3）对多协议簇的支持

Windows Sockets 2 可以使应用程序利用熟悉的套接字接口同时访问其他已安装的传输协议，这是最重要的特征之一，而 Windows Sockets 1.1 则是与 TCP/IP 协议簇绑定在一起，仅仅支持 TCP/IP 协议簇。

（4）协议独立的名字解析能力

Windows Sockets 2 包含了一套标准 API 以用于现有的大量名字解析域名系统，如 DNS、SAP、X.500 等。

（5）分散 / 聚集 I/O 支持

按照在 Win32 环境中建立的模型，WinSock 2 为套接字 I/O 包含了重叠范例，此外还包含了分散 / 聚集的能力。WSASend()、WSASendto()、WSARecv()、WSARecvFrom() 都以应用程序缓冲区数组作为输入参数，可以用于执行分散 / 聚集方式的 I/O 操作。当应用程序传送的信息除了信息体外还包含一个或多个固定长度的首部时，这种操作非常有用，发送之前不需要由应用程序将这些首部和数据连接到一个连续的缓冲区中，就可以直接将分散的多个缓冲区的数据发送出去，接收数据时与此类似。

（6）服务质量控制

WinSock 2 为应用程序提供了协商所需服务等级的能力，如带宽、延迟等。其他相关的 QoS 增强功能包括套接字分组、优先级、特定网络的 QoS 扩展机制等。

（7）与 WinSock 1.1 的兼容性

WinSock 2 与 WinSock 1.1 在两个级别上保持兼容：源代码级和二进制级。这最大化地便利了任意版本的 WinSock 程序与任意版本的 WinSock 实现之间的交互操作，同时还将 WinSock 程序的用户、网络协议栈以及服务的提供者因版本升级所带来的复杂性操作降到最低。

（8）协议独立的多播和多点

应用程序可以发现传输层提供的多播或多点能力的类型，并以一般的方式使用它。

（9）其他经常需要的扩展

如共享套接字、附条件接收、在连接建立 / 拆除时的数据交换、协议相关的扩展机制等。

4.4.3 Windows Sockets 的组成

Windows Sockets 一般由两部分组成：开发组件和运行组件。

开发组件是供程序员开发 Windows Sockets 应用程序使用的，它包括介绍 Windows Sockets 实现的文档、Windows Sockets 应用程序接口（API）引入库和一些头文件。头文件 winsock.h、winsock2.h 对应于 WinSock 1 和 WinSock 2，是 Windows Sockets 最重要的头文件，它们包括了 Windows Sockets 实现所定义的宏、常数值、数据结构和函数调用接口原型。

运行组件是 Windows Sockets 应用程序接口的动态链接库（DLL），应用程序在执行时通过装入它实现网络通信功能。两个版本的动态链接库以及与其对应的接口引入库和头文件如表 4-2 所示。

表 4-2　Windows Sockets 版本中相应的动态链接库

版　　本	头　文　件	静态链接库文件	动态链接库文件
WinSock 1	winsock.h	winsock.lib	winsock.dll
WinSock 2	winsock2.h	ws2_32.lib	ws2_32.dll

4.5 WinSock 编程接口

4.5.1 WinSock API

WinSock API 是 Windows 提供给基于套接字的网络应用程序开发的接口，一方面继承了 Berkeley UNIX 套接字的基本函数定义，另一方面在 WinSock 1.1 和 WinSock 2 两个版本上进一步扩展了 Windows Sockets 特有的功能。表 4-3 列出了继承 Berkeley UNIX 套接字的基本函数的名称及功能。表 4-4 列出了 WinSock 1.1 库函数的名称及功能，表 4-5 列出了 WinSock 2 库函数的名称及功能，具体函数的使用细节将在之后的章节中深入介绍。

表 4-3　WinSock 继承的 Berkeley Socket API

函 数 名 称	简 要 描 述
accept()	在一个套接字上接受连接请求
bind()	将本地地址与套接字绑定
closesocket()	关闭现有的套接字
connect()	在指定的套接字与远端主机之间建立连接

（续）

函数名称	简要描述
gethostbyaddr()	根据网络地址获得主机信息
gethostbyname()	根据主机名获得主机信息
getpeername()	获取与套接字相连的端地址信息
getprotobyname()	获取对应于协议名的协议信息
getprotobynumber()	获取对应于协议号的协议信息
getservbyname()	获取对应于服务名以及协议的服务信息
getservbyport()	获取对应于端口号以及协议的服务信息
getsockname()	获取一个套接字的本地名称
getsockopt()	获取套接字的选项
htonl()	将主机字节顺序从 u_long 转换为 TCP/IP 的网络字节顺序
htons()	将主机字节顺序从 u_short 转换为 TCP/IP 的网络字节顺序
inet_addr()	将 IPv4 字符形式的点分十进制地址转换为无符号的 4 字节整数形式地址
inet_ntoa()	将 IPv4 的无符号 4 字节整数形式地址转换为字符形式的点分十进制地址
ioctlsocket()	控制套接字的 I/O 模式
listen()	将套接字设置为监听状态，并分配监听队列
ntohl()	将 u_long 从 TCP/IP 网络字节顺序转换为主机字节顺序
ntohs()	将 u_short 从 TCP/IP 网络字节顺序转换为主机字节顺序
recv()	从已连接或已绑定的套接字上接收数据
recvfrom()	接收数据包，获取其源地址
select()	确定一个或多个套接字的状态，等待或执行同步 I/O
send()	在已连接套接字上发送数据
sendto()	指定地址发送数据
setsockopt()	设置套接字选项
shutdown()	在套接字上禁用数据的发送或接收
socket()	创建套接字

表 4-4　WinSock 1.1 扩展的 API

函数名称	简要描述
gethostname()	从本地计算机获取标准的主机名
WSAAsyncGetHostByAddr()	根据地址异步获取主机信息
WSAAsyncGetHostByName()	根据主机名异步获取主机信息
WSAAsyncGetProtoByName()	根据协议名异步获取协议信息
WSAAsyncGetProtoByNumber()	根据协议号异步获取协议信息
WSAAsyncGetServByName()	根据服务名和端口号异步获取服务信息
WSAAsyncGetServByPort()	根据协议和端口号异步获取服务信息
WSAAsyncSelect()	通知套接字有基于 Windows 消息的网络事件发生
WSACancelAsyncRequest()	取消未完成的异步操作
WSACancelBlockingCall()	取消正在进行中的阻塞调用
WSACleanup()	终止 Windows Sockets DLL 的使用

（续）

函数名称	简要描述
WSAGetLastError()	获得上次失败操作的错误号
WSAIsBlocking()	判断是否有阻塞调用正在进行
WSASetBlockingHook()	建立一个应用程序指定的阻塞钩子函数
WSASetLastError()	设置错误号
WSAStartup()	初始化 Windows Sockets DLL
WSAUnhookBlockingHook()	回复缺省的阻塞钩子函数

表 4-5　WinSock 2 扩展的 API

函数名称	简要描述
AcceptEx()	接受连接请求，并返回本地和远程地址，同时接收客户端发送的第一个数据块
ConnectEx()	在指定的套接字与远程主机之间建立连接，如果成功发送数据
DisconnectEx()	关闭套接字的连接，此后可以重用套接字句柄
freeaddrinfo()	释放 getaddrinfo() 函数在 addrinfo 结构中动态分配的地址信息
gai_strerror()	辅助打印机基于 getaddrinfo() 函数返回的 EAI_* 错误信息
GetAcceptExSockaddrs()	解析从 AcceptEx() 函数中获取的数据
GetAddressByName()	查询名字空间或默认的名字空间集合，以便获取特定网络服务的网络地址信息，即服务名字解析
getaddrinfo()	提供协议无关的名字转换，具体是从 ANSI 主机名到地址
getnameinfo()	提供从 IPv4 或 IPv6 地址到 ANSI 主机名以及从端口号到 ANSI 服务名的解析
TransmitFile()	在已连接套接字上传输文件数据
TransmitPackets()	在已连接套接字上传送内存或文件数据
WSAAccept()	基于条件函数的返回值有条件地接受连接请求
WSAAddressToString()	将 sockaddr 结构的所有元素转换为可读的字符串
WSACloseEvent()	关闭已打开的事件对象句柄
WSAConnect()	与另一个套接字应用程序建立连接，交换连接数据
WSACreateEvent()	新建事件对象
WSADuplicateSocket()	返回可以用来为共享套接字新建套接字描述符的结构
WSAEnumNameSpaceProviders()	返回可用名字空间的相关信息
WSAEnumNetworkEvents()	检测指定套接字上网络事件的发生，清除网络事件记录，复位事件对象等
WSAEnumProtocols()	获取可用传输协议的有关信息
WSAEventSelect()	确定与所提供的 FD_XXX 网络事件集合相关的事件对象
WSAFDIsSet()	确定套接字是否还在套接字描述符集合中
WSAGetOverlappedResult()	获取指定套接字上重叠操作的结果
WSAGetQoSByName()	初始化基于命名模板的 QoS 结构，或者提供缓冲区则可以列举出可用模板的名字
WSAGetServiceClassInfo()	从指定的名字空间服务提供者中获取指定服务类的有关信息
WSAGetServiceClassNameByClassId()	获取与指定类型相关联的服务名
WSAHtonl()	将主机字节顺序从 u_long 转换为网络字节顺序
WSAHtons()	将主机字节顺序从 u_short 转换为网络字节顺序

（续）

函数名称	简要描述
WSAInstallServiceClass()	在名字空间中注册服务类模式
WSAIoctl()	控制套接字的 I/O 模式
WSAJoinLeaf()	将叶节点加入多点会话，交换连接数据，指定基于特定结构所需的服务质量
WSALookupServiceBegin()	发起一个客户查询，具体内容由包含在 WSAQUERYSET 结构中的信息指定
WSALookupServiceEnd()	释放前一个 WSALookupServiceBegin() 和 WSALookupServiceNext() 调用使用的句柄资源
WSALookupServiceNext()	获取请求的服务信息
WSANSPIoctl()	用于设置或获取与名字空间查询句柄相联系的操作参数
WSANtohl()	将 u_long 从网络字节顺序转换为主机字节顺序
WSANtohs()	将 u_short 从网络字节顺序转换为主机字节顺序
WSAProviderConfigChange()	当提供者配置改变时通知应用程序
WSARecv()	从已连接的套接字上接收数据
WSARecvDisconnect()	结束套接字上数据的接收，如果是面向连接的套接字，则还接收断开连接数据
WSARecvEx()	从已连接的套接字上接收数据
WSARecvFrom()	接收数据包并获得其源地址
WSARecvMsg()	从已连接或未连接的套接字上接收数据与可选的控制信息
WSARemoveServiceClass()	从注册表中永久性删除服务类模式
WSAResetEvent()	将指定事件对象的状态设置为非信号态
WSASend()	在已连接的套接字上发送数据
WSASendDisconnect()	发起结束连接并发送断开连接数据
WSASendTo()	将数据发送到指定的地址，可以根据环境使用重叠 I/O
WSASetEvent()	将指定的事件对象设置为信号态
WSASetService()	在一个或多个名字空间中注册或删除服务实例
WSASocket()	新建套接字
WSAStringToAddress()	将数值字符串转换为 sockaddr 结构
WSAWaitForMultipleEvents()	等待一个或多个事件的发生，当所等待的事件对象转换为信号态或超时后返回

4.5.2 Windows Sockets DLL 的初始化和释放

Windows Sockets 在继承 Berkeley Socket 的基础上进行了若干扩展，其中包括 Windows Sockets DLL 的初始化和释放。对于所有在 Windows Sockets 上开发的应用程序，在它使用任何 Windows Sockets API 调用之前，必须先调用启动函数 WSAStartup() 来完成 Windows Sockets DLL 的初始化，协商版本支持，分配必要的资源。在应用程序完成了对 Windows Sockets DLL 的使用之后，必须调用函数 WSACleanup() 从 Windows Sockets 实现中注销自己，并允许实现释放为自己分配的任何资源。

1. Windows Sockets DLL 的初始化

所有进程（包括应用程序或动态链接库）在调用 WinSock 函数之前必须对 Windows Sockets DLL 的使用进行初始化操作，这个过程也是确认在该操作系统上是否支持将要使用的

WinSock 版本的一个基本步骤。

（1）WSAStartup() 函数

初始化 Windows Sockets DLL 需要使用函数 WSAStartup()。该函数是网络程序中最先使用的套接字函数，其他套接字函数都要在 WSAStartup() 被成功调用后才能正常工作。

WSAStartup() 函数定义为：

```
int WSAStartup(
  __in   WORD wVersionRequested,
  __out  LPWSADATA lpWSAData
);
```

参数说明如下：

wVersionRequested[in]：Windows Sockets API 提供的调用方可使用的最高版本号。高位字节指出副版本（修正）号，低位字节指明主版本号。

lpWSAData[out]：指向 WSADATA 数据结构的指针，用来接收 Windows Sockets 实现细节。

如果函数成功，则返回 0；否则，返回错误码。

（2）Windows Sockets DLL 初始化的具体操作

使用 WSAStartup() 对 Windows Sockets DLL 进行初始化的具体步骤为：

1）创建类型为 WSADATA 的对象：

```
WSADATA wsaData;
```

2）调用函数 WSAStartup()，并根据返回值判断错误信息。

```
int iResult;
//初始化 WinSock，声明使用 WinSock 2.2 版本
iResult = WSAStartup(MAKEWORD(2,2), &wsaData);
if (iResult != 0) {
    printf("WSAStartup failed: %d\n", iResult);
    return -1;
}
```

2. Windows Sockets DLL 的释放

当应用程序完成了 Windows Sockets 的使用后，应用程序或 DLL 必须调用 WSACleanup() 将其从 Windows Sockets 的实现中注销，并且该实现释放为应用程序或 DLL 分配的任何资源。

每一次 WSAStartup() 调用，必须有一个与之对应的 WSACleanup() 调用。只有最后的 WSACleanup() 做实际的清除工作，前面的调用仅仅将 Windows Sockets DLL 中的内置引用计数递减。为确保 WSACleanup() 调用了足够的次数，应用程序也可以在一个循环中不断调用 WSACleanup() 直至返回 WSANOTINITIALISED 错误，并以此作为调用结束的条件。

（1）WSACleanup() 函数

```
int WSACleanup(void);
```

该函数没有参数，如果成功，则返回 0；否则，返回错误码。

（2）Windows Sockets DLL 释放的具体操作

使用 WSACleanup() 对 Windows Sockets DLL 进行释放的具体步骤为：

```
int iResult;
```

```
//释放 Windows Sockets DLL
iResult = WSACleanup();
if (iResult != 0) {
    printf("WSACleanup failed: %d\n", iResult);
    return -1;
}
```

4.5.3 WinSock 的地址描述

编写网络程序，需要有一种机制来标识通信的双方。在 Internet 各个协议层次上存在不同的寻址方式，当选择不同层次上的网络程序设计时，会使用多种地址标识。

1. 地址的种类

（1）物理地址

网络中的节点（主机或路由器）都有链路层地址，通常称之为物理地址或 MAC 地址，该地址是网络节点中适配器的唯一标识，存在于每个数据包的帧首部。在不同类型的物理网络中，物理地址的长度和内容可能会有差别。物理地址仅应用在局域网中，一旦数据包离开局域网，其链路层的源和目的物理地址都会发生改变。

（2）IP 地址

互联网上每个主机和路由器都有 IP 地址，它将网络号和主机号编码在一起。在 IPv4 环境下，IP 地址长度为 32 位；在 IPv6 环境下，IP 地址长度为 128 位。IP 地址存在于 IP 数据包的首部，在全网范围内唯一标识该数据包的发送端和目的端。

（3）端口号

网络层的 IP 地址用来寻址指定的计算机或者网络设备，而传输层的端口号用来确定发送给目的设备上的哪个应用程序接收该数据包。端口号存在于传输层的 TCP 或 UDP 的报文首部，范围在 0 ~ 65 535 之间。许多公共服务都使用固定的端口号，例如 WWW 服务默认使用 80 号端口，FTP 服务默认使用 21 号端口。

2. 端点地址

TCP/IP 协议定义了通信端点，它包括一个 IP 地址和一个协议端口号。其他协议簇按照其各自的方式定义端点地址。由于套接字适用于多种协议簇，它既没有指明如何定义端点地址，也没有定义一种特定的协议地址格式，而是改为允许每个协议簇自由定义。为了允许这种自由选择地址表示方式，套接字为每种类型的地址定义了一个地址族。一个协议簇可以使用一种或多种地址族来定义地址表示方式。常见的地址族有以下几种：

- AF_INET：IPv4 地址族。
- AF_INET6：IPv6 地址族。
- AF_IPX：IPX/SPX 地址族。
- AF_NETBIOS：NetBIOS 地址族。

3. 地址结构

为了适应各种不同地址族对地址的描述，套接字接口定义了一个一般化的格式，可以为所有端点地址使用。这种一般化的格式为：

{ 地址族，端点地址 }

在这里，“地址族”字段包含了一个常量，它表示一个预定义的地址类型。“端点地址”

字段含有一个该族中的端点地址，它使用地址族所指明的那种地址类型标准来表示地址。

最一般的地址结构定义为 sockaddr 结构，它包含了一个 2 字节的地址族标识符和一个 14 字节的数组以存储地址，其精确形式依赖于地址族，该结构的定义如下：

```
struct sockaddr {
    ushort  sa_family;
    char    sa_data[14];
};
```

使用套接字的每个协议簇不会用数组形式描述地址，用于 TCP/IP 套接字地址的 sockaddr 结构的特定形式依赖于 IP 版本，对于 IPv4，每个 IPv4 端点地址由下列字段构成：

- 地址类型：2 字节。
- 端口号：2 字节。
- IP 地址：4 字节。

常用的 IPv4 地址结构是 sockaddr_in，该结构定义如下：

```
typedef struct in_addr {
  union {
    struct {
      u_char s_b1,s_b2,s_b3,s_b4;
    } S_un_b;
    struct {
      u_short s_w1,s_w2;
    } S_un_w;
    u_long S_addr;
  } S_un;
} IN_ADDR, *PIN_ADDR, FAR *LPIN_ADDR;

struct sockaddr_in {
       short   sin_family;
       u_short sin_port;
       struct  in_addr sin_addr;
       char    sin_zero[8];
};
```

可以看到 sockaddr_in 结构包括端口号、Internet 地址和地址族字段，为了与 sockaddr 结构的长度保持一致，增加了 8 字节的保留字段。该结构是 sockaddr 结构中的数据更详细的视图，是为使用 IPv4 的套接字而定制的，因此我们可以填写 sockaddr_in 结构中的字段，然后把它强制类型转换为 sockaddr，并把它传递给套接字函数，它们将会检查 sa_family 字段以获悉实际的类型，然后强制转换回合适的类型。

对于 IPv6，每个 IPv6 端点地址由下列字段构成：

- 地址类型：2 字节。
- 端口号：2 字节。
- 流信息：4 字节。
- IPv6 地址：16 字节。
- Scope 标识：4 字节。

在实际编程时，常用的 IPv6 地址结构是 sockaddr_in6，该结构定义如下：

```
typedef struct in6_addr {
```

```
    union {
      u_char  Byte[16];
      u_short Word[8];
    } u;
} IN6_ADDR, *PIN6_ADDR, FAR *LPIN6_ADDR;

struct sockaddr_in6 {
        short   sin6_family;
        u_short sin6_port;
        u_long  sin6_flowinfo;
        struct  in6_addr sin6_addr;
        u_long  sin6_scope_id;
};
```

除了 sockaddr_in 的相同字段之外，sockaddr_in6 结构还具有一些额外的字段。这些字段用于 IPv6 协议的一些不太常用的能力。

与 sockaddr_in 类似，必须把 sockaddr_in6 强制类型转换为 sockaddr（事实上是把指向 sockaddr_in6 的指针强制类型转换为指向 sockaddr 的指针），以便把它传递给多个不同的套接字函数。之后，在具体代码实现中使用地址族字段来确定参数的实际类型。

除了以上两个常用的地址结构外，WinSock 2 增加了 addrinfo 结构用于描述地址信息，该结构在 getaddrinfo() 函数中使用，提供了一个以链表形式保存的地址信息。

addrinfo 结构的定义如下：

```
typedef struct addrinfo {
  int              ai_flags;
  int              ai_family;
  int              ai_socktype;
  int              ai_protocol;
  size_t           ai_addrlen;
  char             *ai_canonname;
  struct sockaddr  *ai_addr;
  struct addrinfo  *ai_next;
} ADDRINFOA, *PADDRINFOA;
```

其中：

- ai_flags：getaddrinfo 函数的调用选项；
- ai_family：地址族；
- ai_socktype：套接字类型；
- ai_protocol：协议；
- ai_addrlen：ai_addr 指向的 sockaddr 结构的缓冲区字节长度；
- ai_canonname：主机的正规名称；
- ai_addr：以 sockaddr 结构描述的地址信息；
- ai_next：指向下一个 addrinfo 结构。

该结构在 getaddrinfo() 函数中使用，提供了一种协议无关的地址获取和表示方式。值得注意的是，地址结构中的内容都以网络字节顺序表示。

4. 地址的转换

为了使套接字函数理解地址，在填充和比较时 IPv4 地址通常是以无符号 4 字节整数的形式存储，而当用户输入和读取这些 IP 地址时，习惯用点分十进制形式的字符串来记录地址，如此以来，IP 地址的数字和字符形式的转换在程序操作过程中频繁出现。

inet_addr() 函数能够将 IPv4 字符形式的点分十进制地址转换为无符号 4 字节整数形式的地址。该函数的定义如下：

```
unsigned long inet_addr(
  __in    const char* cp
);
```

其中 cp 指向了以点分十进制形式描述的 IP 地址。

如果转换成功，则返回以网络字节顺序存储的 32 位二进制 IPv4 地址，否则为 INADDR_NONE。

另一个与之对应的函数 inet_ntoa() 将 IPv4 的因特网地址转换为因特网标准的点分十进制地址形式。该函数的定义如下：

```
char* FAR inet_ntoa(
  __in  struct   in_addr in
);
```

其中，in 存储了 in_addr 结构体中的 32 位二进制网络字节顺序的 IPv4 地址。

如果正确，返回一个字符指针，指向一块存储着点分十进制格式 IP 地址的静态缓冲区，否则返回 NULL。

为了扩展对 IPv6 地址转换的支持，对应于 inet_addr() 和 inet_ntoa() 函数的功能，WinSock 2 分别提供了 WSAStringToAddress() 和 WSAAddressToString() 两个函数，以方便 IPv6 地址的字符串形式与二进制形式的互相转换。

4.5.4　套接字选项和 I/O 控制命令

TCP/IP 协议的开发者考虑了可以满足大多数应用程序的默认行为。对于大多数应用程序，这种默认行为简化了开发者的工作，但很少有一种万能的设计适用于各种应用。比如每个套接字都有与之关联的缓冲区用于数据发送和接收，那么它应该多大合适呢？默认设置的大小是否适合于真实的网络通信状况呢？实际上，套接字的默认行为是可以被改变的。通过设置套接字选项或 I/O 控制命令可以操作套接字的属性。有些套接字选项仅仅是返回信息，还有些选项可以影响套接字的默认行为。

1. 套接字选项

选项影响套接字的操作。获取和设置套接字的函数分别是 getsockopt() 和 setsockopt()，这两个函数的定义如下：

```
int getsockopt(
  __in          SOCKET s,
  __in          int level,
  __in          int optname,
  __out         char* optval,
  ___inout      int* optlen
);

int setsockopt(
```

```
    __in    SOCKET s,
    __in    int level,
    __in    int optname,
    __in    const char *optval,
    __in    int optlen
);
```

其中：

- s：指示套接字句柄；
- level：指定此选项被定义在哪个级别，如 SOL_SOCKET、IPPROTO_TCP、IPPROTO_IP 等；
- optname：声明套接字选项的名称；
- optval：指定一个缓冲区，存储所请求或定义的选项的值；
- optlen：指定参数 optval 所指缓冲区的大小。

如果函数成功，则返回 0；否则返回 SOCKET_ERROR。

我们知道，协议是分层的，而每层又有多个协议，这就造成了选项有不同的级别（level）。最高层是应用层，这一层的属性对应着 SOL_SOCKET 级别，是对套接字自身的一些参数的配置；再下一层是传输层，有 TCP 和 UDP 协议，分别对应 IPPROTO_TCP 和 IPPROTO_UDP 级别；再往下是网络层，有 IP 协议，在套接字选项上对应 IPPROTO_IP 级别。各个级别的属性不同，同一级别的不同协议的属性可能也不同，所以在套接字选项设定上，一定要根据具体情况指定恰当的级别，并设置正确的选项参数。

表 4-6 分别列出了一些选项级别下常用选项的名称、选项值的类型以及含义。

表 4-6 套接字选项

选项级别	选项名称	类型	值	选项含义
SOL_SOCKET	SO_BROADCAST	BOOL	0，1	设置套接字传输和接收广播消息，此选项对于非 SOCK_STREAM 类型的套接字有效
	SO_DONTROUTE	BOOL	0，1	告诉下层网络堆栈忽略路由表，直接发送数据到此套接字绑定的接口。在 Windows 平台上调用这个选项将返回成功，但是系统忽略了此请求，总是使用路由表来确定外出数据的合适接口
	SO_KEEPALIVE	BOOL	0，1	设置该选项对面向连接的套接字允许发送 Keep-Alive 探测包
	SO_LINGER	LINGER	LINGER 结构体	设置该选项指示如果存在尚未发送的数据，延迟 close 返回
	SO_REUSEADDR	BOOL	0，1	设置该选项指定套接字可以绑定到一个已经被另一个套接字使用的地址，或是绑定到一个处于 TIME_WAIT 状态的地址。但是两个不同的套接字不能绑定到相同的本地地址去监听到来的连接
	SO_EXCLUSIVEADDRUSE	BOOL	0，1	设置该选项指定套接字绑定到的本地端口不能被其他进程重用。该选项是 SO_REUSEADDR 的补充，它阻止其他进程在应用程序使用的地址上使用 SO_REUSEADDR 选项

（续）

选项级别	选项名称	类　型	值	选项含义
SOL_SOCKET	SO_RCVBUF	int	字节数	设置或获取套接字内部为接收操作分配的缓冲区的大小
	SO_SNDBUF	int	字节数	设置或获取套接字内部为发送操作分配的缓冲区的大小
	SO_RCVTIMEO	DWORD	时间	设置或获取套接字上接收数据段的超时时间（以毫秒为单位）。超时值指定了接收数据时接收函数应该阻塞的时间
	SO_SNDTIMEO	DWORD	时间	设置或获取套接字上发送数据段的超时时间（以毫秒为单位）。超时值指定了发送数据时发送函数应该阻塞的时间
IPPROTO_IP	IP_OPTIONS	char[]	字符串	设置或获取 IP 首部中的 IP 选项
	IP_HDRINCL	BOOL	0，1	设置该选项，声明发送函数在数据构造时包含 IP 首部，要求发送程序能够正确填充 IP 首部的每个字段。该选项仅对 SOCK_RAW 类型的套接字有效
	IP_TTL	int	0~255	设置或获取 IP 首部中的 TTL 参数
	IP_MULTICAST_LOOP	BOOL	0，1	设置或禁止多播套接字接收它发送的分组
IPPROTO_TCP	TCP_NODELAY	BOOL	0，1	设置该选项禁止用于数据合并的 Nagle 算法中的延迟
IPPROTO_IPv6	IPv6_V6ONLY	BOOL	0，1	限制 IPv6 套接字只进行 IPv6 通信
	IPv6_UNICAST_HOPS	int	-1~255	设置或获取单播 IP 分组的生存期
	IPv6_MULTICAST_HOPS	int	-1~255	设置或获取多播 IP 分组的生存期
	IPv6_MULTICAST_LOOP	BOOL	0，1	允许多播套接字接收它发送的分组

2. I/O 控制命令

I/O 控制命令（缩写为 ioctl）用来控制套接字上 I/O 的行为，也可以用来获取套接字上未决的 I/O 信息。向套接字发送 I/O 控制命令的函数有两个：一个是源于 WinSock 1.1 的 ioctlsocket()，另一个是 WinSock 2 新引进的 WSAIoctl()。

ioctlsocket() 函数可以控制套接字的 I/O 模式，该函数的定义如下：

```
int ioctlsocket(
  __in      SOCKET s,
  __in      long cmd,
  __in_out  u_long *argp
);
```

其中：

- s：是一个套接字句柄；
- cmd：指示在套接字上要执行的命令；
- argp：指向 cmd 参数的指针。

WinSock 2 新引进的 I/O 控制命令函数 WSAIoctl() 添加了一些新的选项，首先，它增加了一些输入参数，同时还增加了一些输出参数用来从调用中返回数据。另外，该函数的调用可以使用重叠 I/O。该函数的定义如下：

```
int WSAIoctl(
```

```
    __in    SOCKET s,
    __in    DWORD dwIoControlCode,
    __in    LPVOID lpvInBuffer,
    __in    DWORD cbInBuffer,
    __out   LPVOID lpvOutBuffer,
    __in    DWORD cbOutBuffer,
    __out   LPDWORD lpcbBytesReturned,
    __in    LPWSAOVERLAPPED lpOverlapped,
    __in    LPWSAOVERLAPPED_COMPLETION_ROUTINE lpCompletionRoutine
);
```

WSAIoctl() 函数是一个 WinSock 2 的函数，提供了对套接字的控制能力。其中：

- s：是一个套接字的句柄；
- dwIoControlCode：描述将进行的操作的控制代码，在设置接收全部选项时使用 SIO_RCVALL；
- lpvInBuffer：指向输入缓冲区的地址；
- cbInBuffer：描述输入缓冲区的大小；
- lpvOutBuffer：指向输出缓冲区的地址；
- cbOutBuffer：描述输出缓冲区的大小；
- lpcbBytesReturned：是一个输出参数，返回输出实际字节数的地址；
- lpOverlapped：指向 WSAOVERLAPPED 结构的地址；
- lpCompletionRoutine：指向操作结束后调用的例程指针。

最后两个参数在使用重叠 I/O 时才有用。

表 4-7 列出了一些常用的 I/O 控制命令，其中需要向调用者返回数据的 I/O 控制命令只有 WSAIoctl() 函数支持。

表 4-7 I/O 控制命令

I/O 控制命令	含 义
FIONBIO	将套接字置于非阻塞模式，这个命令启动或者关闭套接字 s 上的非阻塞模式。默认情况下，所有的套接字在创建时都处于阻塞模式，如果要打开非阻塞模式，调用 I/O 控制函数时，设置 *argp 为非 0，如果要关闭非阻塞模式，则设置 *argp 为 0 另外 WSAAsyncSelect() 或 WSAEventSelect() 函数自动设置套接字为非阻塞模式。在这些函数调用后，任何试图将套接字设置为阻塞模式的调用都将以 WSAEINVAL 错误失败。为了将套接字设置回阻塞模式，应用程序必须首先通过让网络事件 lEvent 参数等于 0 使得调用 WSAAsyncSelect() 无效，或者通过设置 NetworkEvents 参数等于 0 使得调用 WSAEventSelect() 无效
FIONREAD	返回在套接字上要读的数据的大小。这个命令用来确定可以从套接字上读多少数据。对于 ioctlsocket() 函数，argp 参数使用长整型来返回可读的字节数，当使用 WSAIoctl() 函数时，长整型在 lpvOutBuffer 参数中返回。如果是流式套接字，返回接收操作可以接收数据的数量，如果是数据报套接字，返回排队在套接字上的第一个消息的大小
SIOCATMARK	确定带外数据是否可读
SIO_RCVALL	接收网络上所有的封包，使用该命令允许在套接字上接收网络上的所有 IP 包。套接字必须绑定到一个明确的本地接口上

4.5.5 处理 WinSock 的错误

大部分 Windows Sockets 的函数并不会返回调用失败的原因，通常情况下，一些套接字函数返回 0 指示操作成功，否则函数返回错误。

Windows Sockets 函数的错误可能有以下几种情况：

- 返回 SOCKET_ERROR（-1）指示发生了错误；
- 返回 INVALID_SOCKET（0xffff）指示发生了错误；
- 返回 NULL 指示发生了错误。

为了能够清楚地了解这些函数调用的错误原因，Windows Sockets 增加了 WSAGetLastError() 函数来获得最近一次错误的错误号。该函数的定义如下：

```
int WSAGetLastError(void);
```

Windows Sockets 在头文件 winsock.h 中定义了所有的错误码，它们包括以 WSA 打头的 Windows Sockets 实现返回的错误码和 Berkeley Socket 定义的错误码全集。

一些常见的错误码对应的网络操作错误见附录。

习题

1. 阐述使用 Windows Sockets 编程的环境配置过程。
2. 考虑一种提供消息传递的操作系统，阐述如何扩展应用程序接口使其适用于网络通信。
3. 阐述程序、套接字、端口和协议之间的关系。

实验

调用 Windows Sockets 的 API 函数获得本地主机和远端域名的 IP 地址，如果一个主机名称对应了多个 IP 地址，请依次打印。

Chapter 5

第5章 流式套接字编程

TCP 协议为网络应用程序提供了可靠的数据传输服务，适合于大多数应用场景，也是初学者使用套接字编程的主要方法。本章从 TCP 协议的原理出发，阐明流式套接字编程的适用场合，介绍流式套接字编程的基本模型、函数使用细节等，并举例说明流式套接字编程的具体过程。

网络编程是一个与协议原理关系密切的实现过程，本章在基本流式套接字编程的基础上，进一步探讨了在面对复杂网络环境时程序设计人员使用流式套接字编程常常会困惑的一些问题，比如：分析了 TCP 的流传输特点并给出了常用的流控制方法；分析了面向连接程序的可靠性保护问题，指出尽管 TCP 是可靠的协议，但 TCP 在数据交付过程中也可能出错，并从失败模式判断、死连接检测及顺序释放连接等方面给出了一些可靠性保护的方法；另外，讨论了 TCP 传输控制对性能的影响，从数据发送方法、缓冲区设置等方面给出了一些提高 TCP 传输效率的具体措施。

5.1 TCP：传输控制协议要点

5.1.1 TCP 协议的传输特点

TCP 协议是一个面向连接的传输层协议，提供高可靠性字节流传输服务，主要用于一次传输要交换大量报文的情形。

为了维护传输的可靠性，TCP 增加了许多开销，如：确认、流量控制、计时器以及连接管理等。

TCP 协议的传输特点是：

端到端通信：TCP 提供给应用面向连接的接口。TCP 连接是端到端的，客户应用程序在一端，服务器在另一端。

建立可靠连接：TCP 要求客户应用程序在与服务器交换数据前，先要连接服务器，保证连接可靠建立，建立连接测试了网络的连通性。如果有故障发生，阻碍分组到达远端系统，或者服务器不接受连接，那么企图连接就会失败，客户就会得到通知。

可靠交付：一旦建立连接，TCP 保证数据将按发送时的顺序交付，没有丢失，也没有重复，如果因为故障而不能可靠交付，发送方会得到通知。

具有流控的传输：TCP 控制数据传输的速率，防止发送方传送数据的速率快于接收方的接收速率，因此 TCP 可以用于从快速计算机向慢速计算机传送数据。

双工传输：在任何时候，单个 TCP 连接都允许同时双向传送数据，而且不会相互影响，因此客户可以向服务器发送请求，而服务器可以通过同一个连接发送应答。

流模式：TCP 从发送方向接收方发送没有报文边界的字节流。

5.1.2　TCP 的首部

TCP 数据被封装在一个 IP 数据包中，如图 5-1 所示。

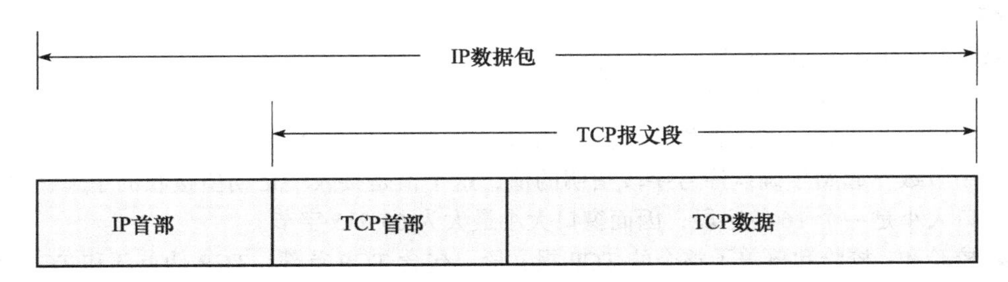

图 5-1　TCP 数据在 IP 数据包中的封装

图 5-2 显示了 TCP 首部的数据格式，如果不计选项字段，它通常是 20 个字节。

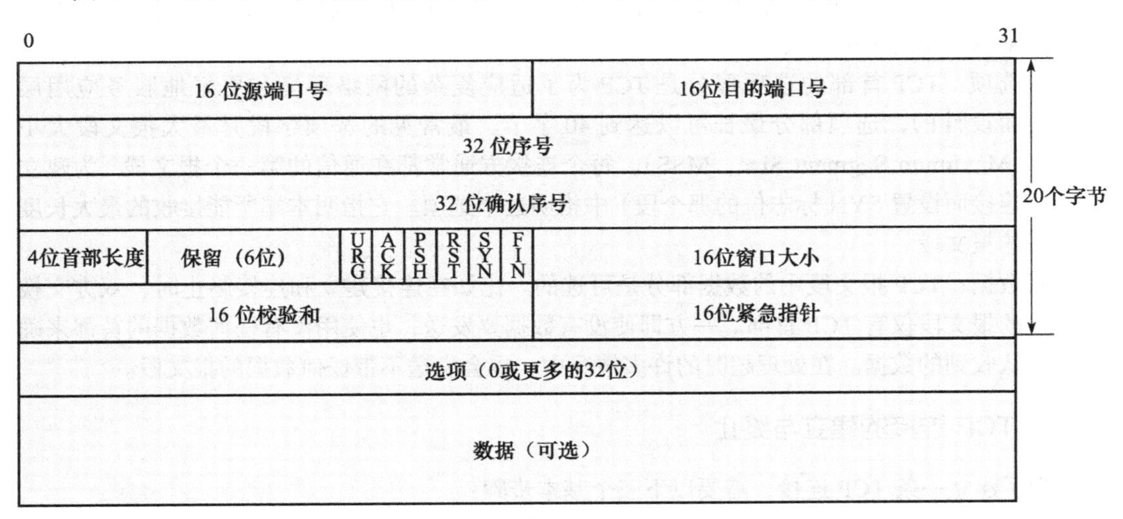

图 5-2　TCP 首部

TCP 首部各字段的含义如下：

- 源、目的端口号：每个 TCP 报文段都包含源端口号和目的端口号，用于寻找发送端和接收端的应用进程。
- 序号和确认序号：序号用来标识从 TCP 发送端向 TCP 接收端发送的数据字节流，它表示在这个报文段中的第一个数据字节。如果将字节流看作在两个应用程序间的单向流动，则 TCP 用序号对每个字节进行计数。序号是 32 位的无符号数。确认序号是发送确认的一端所期望收到的下一个序号。因此，确认序号应当是上次已成功收到数据字节序号加 1。只有 ACK 标志为 1 时确认序号字段才有效。

- 首部长度：首部长度给出首部中 32 位字的数目。需要这个值是因为选项字段的长度是可变的。这个字段占 4 位，因此 TCP 最多有 60 字节的首部。如果没有选项字段，正常的长度是 20 字节。
- 标志位：在 TCP 首部中有 6 个标志位。

它们中的多个可同时被设置为 1，其含义分别为：

URG：紧急指针有效；

ACK：确认序号有效；

PSH：接收方应该尽快将这个报文段交给应用层；

RST：重置连接；

SYN：同步序号用来发起一个连接；

FIN：发送端完成发送任务。

- 窗口大小：TCP 的流量控制由连接的每一端通过声明的窗口大小来提供。窗口大小为字节数，起始于确认序号字段指明的值，这个值是接收端正期望接收的字节编号。窗口大小是一个 16 位字段，因而窗口大小最大为 65 535 字节。
- 校验和：校验和覆盖了整个的 TCP 报文段，包含 TCP 首部、TCP 伪首部和 TCP 数据。这是一个强制性的字段，一定是由发送端计算和存储，并由接收端进行验证。
- 紧急指针：只有当 URG 标志位置 1 时紧急指针才有效。紧急指针是一个正的偏移量，与序号字段中的值相加表示紧急数据最后一个字节的序号。这是发送端向另一端发送紧急数据的一种方式。
- 选项：TCP 首部的选项部分是 TCP 为了适应复杂的网络环境和更好地服务应用层而设计的，选项部分最长可以达到 40 字节。最常见的选项字段是最大报文段大小（Maximum Segment Size，MSS）。每个连接方通常都在通信的第一个报文段（为建立连接而设置 SYN 标志位的那个段）中指明这个选项。它指明本端所能接收的最大长度的报文段。
- 数据：TCP 报文段中的数据部分是可选的。比如在连接建立和连接终止时，双方交换的报文段仅有 TCP 首部。一方即使没有数据要发送，也使用没有任何数据的首部来确认收到的数据。在处理超时的许多情况中，也会发送不带任何数据的报文段。

5.1.3 TCP 连接的建立与终止

为了建立一条 TCP 连接，需要以下三个基本步骤：

1）请求端（通常称为客户）发送一个 SYN 报文段指明客户打算连接的服务器端口号，以及初始序号（Initial Sequence Number，ISN），SYN 请求发送后，客户进入 SYN_SENT 状态。

2）服务器启动后首先进入 LISTEN 状态，当它收到客户发来的 SYN 请求后，进入 SYN_RCV 状态，发回包含服务器的初始序号的 SYN 报文段作为应答，同时将确认序号设置为客户的初始序号加 1，对客户的 SYN 报文段进行确认。一个 SYN 将占用一个序号。

3）客户接收到服务器的确认报文后进入 ESTABLISHED 状态，表明本方连接已成功建立，客户将确认序号设置为服务器的 ISN 加 1，对服务器的 SYN 报文段进行确认，当服务器接收到该确认报文后，也进入 ESTABLISHED 状态。

这三个报文段完成连接的建立，这个过程称为“三次握手”，如图 5-3 所示。

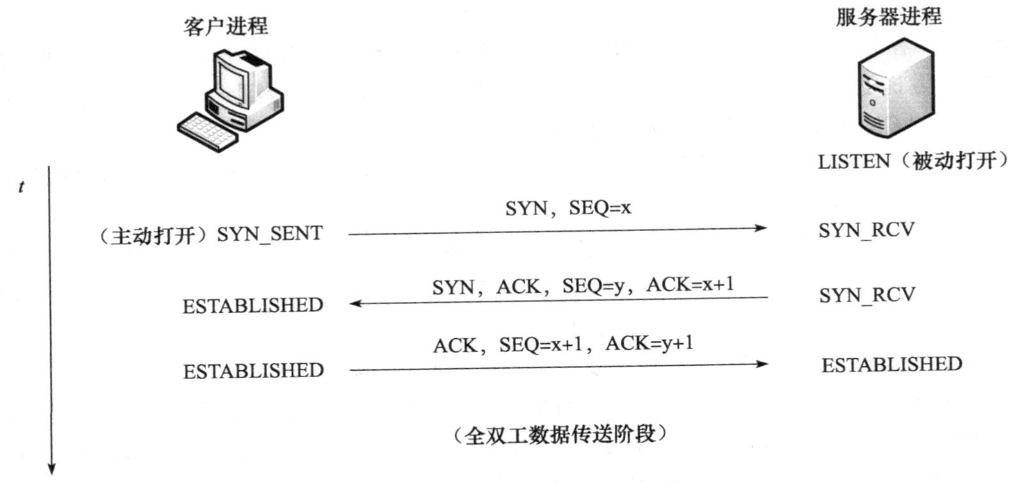

图 5-3　TCP 三次握手建立连接

一般由客户决定何时终止连接，因为客户进程通常由用户交互控制，比如 Telnet 的用户会键入 quit 命令来终止进程。既然一个 TCP 连接是全双工的（即数据在两个方向上能同时传递），那么每个方向必须单独关闭。终止一个连接要经过四次交互，当一方完成它的数据发送任务后，发送一个 FIN 报文段来终止这个方向的连接。当一端收到 FIN，它必须通知应用层另一端已经终止了那个方向的数据传送。发送 FIN 通常是应用层进行关闭的结果。图 5-4 显示了终止一个连接的典型握手顺序。首先进行关闭的一方（即发送第一个 FIN）将执行主动关闭，而另一方（收到这个 FIN）执行被动关闭，具体步骤如下：

1）客户的应用进程主动发起关闭连接请求，它将导致 TCP 客户发送一个 FIN 报文段，用来关闭从客户到服务器的数据传送，此时客户进入 FIN_WAIT_1 状态。

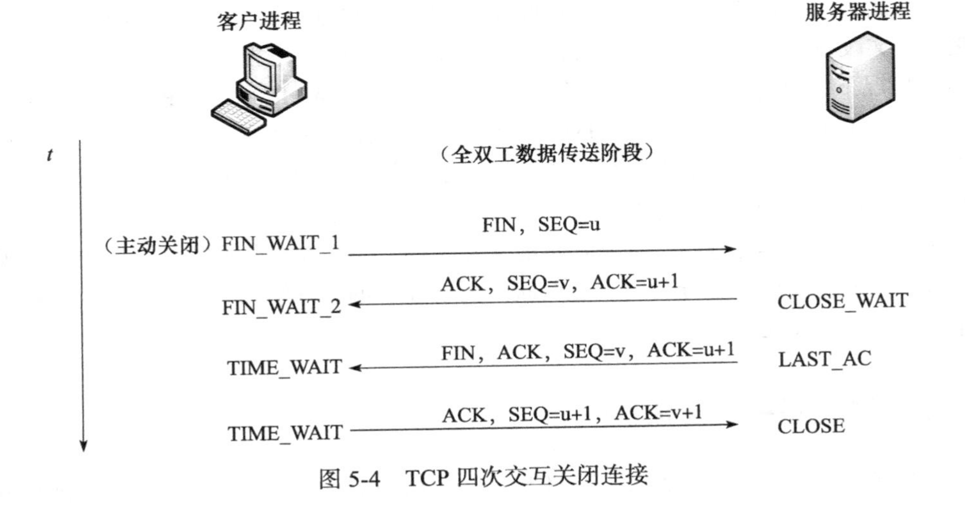

图 5-4　TCP 四次交互关闭连接

2）当服务器收到这个 FIN，它发回一个 ACK，进入 CLOSE_WAIT 状态，确认序号为收到的序号加 1。与 SYN 一样，一个 FIN 将占用一个序号。客户收到该确认后进入 FIN_WAIT_2 状态，表明本方连接已关闭，但仍可以接收服务器发来的数据。

3）接着服务器程序关闭本方连接，其 TCP 端发送一个 FIN 报文段，进入 LAST_AC 状态，当客户接收到该报文段后进入 TIME_WAIT 状态。

4）客户在收到服务器发来的 FIN 请求后，发回一个确认，并将确认序号设置为收到的序号加 1。发送 FIN 将导致应用程序关闭它们的连接，服务器接收到该确认后，连接关闭。这些 FIN 的 ACK 是由 TCP 软件自动产生的。

在实际应用中，服务器也可以作为主动发起关闭连接的一方，如果交换图 5-4 中的服务器和客户位置，其通信过程不变。

我们注意到在如图所示的连接关闭过程中，当四次交互完成后，客户并没有直接关闭连接，而是进入 TIME_WAIT 状态，且此状态会保留两个最大段生存时间（2MSL），等待 2MSL 时间之后，客户也关闭连接并释放它的资源。

为什么需要 TIME_WAIT 状态呢？设立 TIME_WAIT 有两个目的：

1）当由主动关闭方发送的最后的 ACK 丢失并导致另一方重新发送 FIN 时，TIME_WAIT 维护连接状态。当最后的 ACK 发生丢失时，由于执行被动关闭的一方没有接收到最后序号的 ACK，则会运行超时并重新传输 FIN。假如执行主动关闭的一方不进入 TIME_WAIT 状态就关闭了连接，那么此时重传的 FIN 到达时，由于 TCP 已经不再有连接的信息了，所以它就用 RST（重置连接）报文段应答，导致对等方进入错误状态而不是有序终止状态。由此看来，TIME_WAIT 状态延长了 TCP 对当前连接的维护信息，对于正确处理连接的正常关闭过程中确认报文丢失是很有必要的。

2）TIME_WAIT 为连接中“离群的段”提供从网络中消失的时间。IP 数据包在广域网传输中不仅可能会丢失，还可能延迟。如果延迟或重传报文段在连接关闭之后到达，通常情况下，因为 TCP 仅仅丢弃该数据并响应 RST，当该报文段到达发出延时报文段的主机时，因为该主机也没有记录该连接的任何信息，所以它也丢弃该报文段。然而如果两个相同主机之间又建立了一个具有相同端口号的新连接，那么离群的段就可能被看成是属于新连接的，如果离群的段中数据的任何序号恰好处在新连接的当前接收窗口中，数据就会被新连接接收，其结果是破坏新连接，使 TCP 不能保证以顺序的方式递交数据。因此 TIME_WAIT 状态确保了旧连接的报文段在网络上消失之前不会被重用，从而防止其在上述情况下扰乱新连接。

通常情况下，仅有主动关闭连接的一方会进入 TIME_WAIT 状态。RFC793 中定义 MSL 为 2 分钟，在这个定义下，连接在 TIME_WAIT 状态下保持 4 分钟，而实际中，MSL 的值在不同的 TCP 协议实现中的定义并不相同。如果连接处于 TIME_WAIT 状态期间有报文段到达，则重新启动一个 2MSL 计时器。

在客户和服务器建立连接和断开连接的交互过程中，双方端点所经历的 TCP 状态发生了多次转换，当发生网络环境异常时，这些状态的变迁有助于理解和解释基于流式套接字的应用程序在运行中的表现。

5.2 流式套接字编程模型

流式套接字依托传输控制协议（在 TCP/IP 协议簇中对应 TCP 协议）提供面向连接的、可靠的数据传输服务，该服务将保证数据能够实现无差错、无重复发送，并按顺序接收。基于流的特点，使用流式套接字传输的数据形态是没有记录边界的有序数据流。

5.2.1 流式套接字编程的适用场合

流式套接字基于可靠的数据流传输服务，这种服务的特点是面向连接、可靠。面向连接的特点决定了流式套接字的传输代价大，且只适合于一对一的数据传输；而可靠的特点意味着上层应用程序在设计开发时不需要过多地考虑数据传输过程中的丢失、乱序、重复问题。总结来看，流式套接字适合在以下场合使用：

1）大数据量的数据传输应用。流式套接字适合文件传输这类大数据量传输的应用，传输的内容可以是任意大的数据，其类型可以是 ASCII 文本，也可以是二进制文件。在这种应用场景下，数据传输量大，对数据传输的可靠性要求比较高，且与数据传输的代价相比，连接维护的代价微乎其微。

2）可靠性要求高的传输应用。流式套接字适合应用在可靠性要求高的传输应用中，在这种情况下，可靠性是传输过程首先要满足的要求，如果应用程序选择使用 UDP 协议或其他不可靠的传输服务承载数据，那么为了避免数据丢失、乱序、重复等问题，程序员必须要考虑以上诸多问题带来的应用程序的错误，由此带来复杂的编码代价。

5.2.2 流式套接字的通信过程

流式套接字的网络通信过程是在连接成功建立的基础上完成的。

（1）基于流式套接字的服务器进程的通信过程

在通信过程中，服务器进程作为服务提供方，被动接受连接请求，决定接受或拒绝该请求，并在已建立好的连接上完成数据通信。其基本通信过程如下：

1）Windows Sockets DLL 初始化，协商版本号；

2）创建套接字，指定使用 TCP（可靠的传输服务）进行通信；

3）指定本地地址和通信端口；

4）等待客户的连接请求；

5）进行数据传输；

6）关闭套接字；

7）结束对 Windows Sockets DLL 的使用，释放资源。

（2）基于流式套接字的客户进程的通信过程

在通信过程中，客户进程作为服务请求方，主动请求建立连接，等待服务器的连接确认，并在已建立好的连接上完成数据通信。其基本通信过程如下：

1）Windows Sockets DLL 初始化，协商版本号；

2）创建套接字，指定使用 TCP（可靠的传输服务）进行通信；

3）指定服务器地址和通信端口；

4）向服务器发送连接请求；

5）进行数据传输；

6）关闭套接字；

7）结束对 Windows Sockets DLL 的使用，释放资源。

5.2.3　流式套接字编程的交互模型

基于以上对流式套接字通信过程的分析，我们给出通信双方在实际通信中的交互时序以及对应函数。

在通常情况下，首先服务器处于监听状态，它随时等待客户连接请求的到来，而客户的连接请求则由客户根据需要随时发出；连接建立后，双方在连接通道上进行数据交互；在会话结束后，双方关闭连接。由于服务器端的服务对象通常不限于单个，因此在服务器的函数设置上考虑了多个客户同时连接服务器的情形，流式套接字的编程模型如图 5-5 所示。

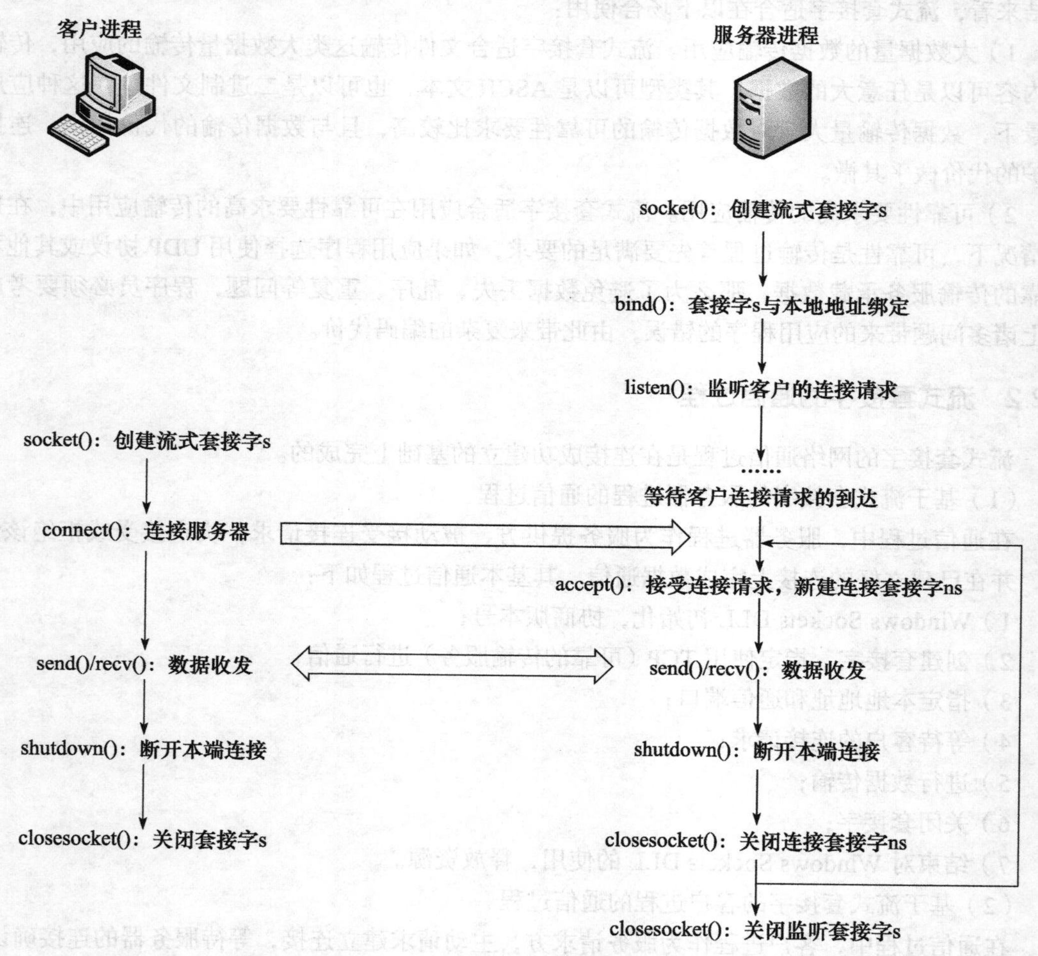

图 5-5　基于流式套接字的客户与服务器交互通信过程

服务器进程要先于客户进程启动，每个步骤中调用的套接字函数如下：

1）调用 WSAStartup() 函数加载 Windows Sockets DLL，然后调用 socket() 函数创建一个流式套接字，返回套接字 s。

2）调用 bind() 函数将套接字 s 绑定到一个本地的端点地址上。

3）调用 listen() 函数将套接字 s 设置为监听模式，准备好接受来自各个客户的连接请求。

4）调用 accept() 函数等待接受客户的连接请求。

5）如果接收到客户的连接请求，则 accept() 函数返回，得到新的套接字 ns。

6）调用 recv() 函数在套接字 ns 上接收来自客户的数据。

7）处理客户的服务器请求。

8）调用 send() 函数在套接字 ns 上向客户发送数据。

9）与客户的通信结束后，服务器进程可以调用 shutdown() 函数通知对方不再发送或接收数据，也可以由客户进程断开连接。断开连接后，服务器进程调用 closesocket() 函数关闭套接字 ns。此后服务器进程继续等待客户进程的连接，回到第 4 步。

10）如果要退出服务器进程，则调用 closesocket() 函数关闭最初的套接字。

客户进程中每一步骤中使用的套接字函数如下：

1）调用 WSAStartup() 函数加载 Windows Sockets DLL，然后调用 socket() 函数创建一个流式套接字，返回套接字 s。

2）调用 connect() 函数将套接字 s 连接到服务器。

3）调用 send() 函数向服务器发送数据，调用 recv() 函数接收来自服务器的数据。

4）与服务器的通信结束后，客户进程可以调用 shutdown() 函数通知对方不再发送或接收数据，也可以由服务器进程断开连接。断开连接后，客户进程调用 closesocket() 函数关闭套接字 s。

由图 5-5 中客户与服务器的交互通信过程来看，服务器和客户在通信过程中的角色是有差别的，对应的操作也不同。请读者进一步思考以下问题：

1）为什么服务器需要绑定操作，而在客户没有进行绑定操作？客户如何使用唯一的端点地址与服务器通信？

2）在服务器和客户的通信过程中，面向连接服务器是如何处理多个客户服务请求的呢？

5.2.4　流式套接字服务器的工作原理

由于服务器的服务对象通常不限于单个，因此 TCP 服务器在工作过程中将监听与传输划分开来。从图 5-5 的交互过程来看，服务器使用 accept() 函数为客户连接请求分配了一个新的套接字 ns，我们称之为连接套接字。实际的连接就是建立在新的连接套接字和客户的套接字之间的，作为服务器与该客户之间的专一通道。而原本处于监听的套接字仍处于监听状态，等待其他客户的连接请求。

假设有两个客户都在请求服务器的服务，则客户与服务器之间建立连接的情形如图 5-6 所示。

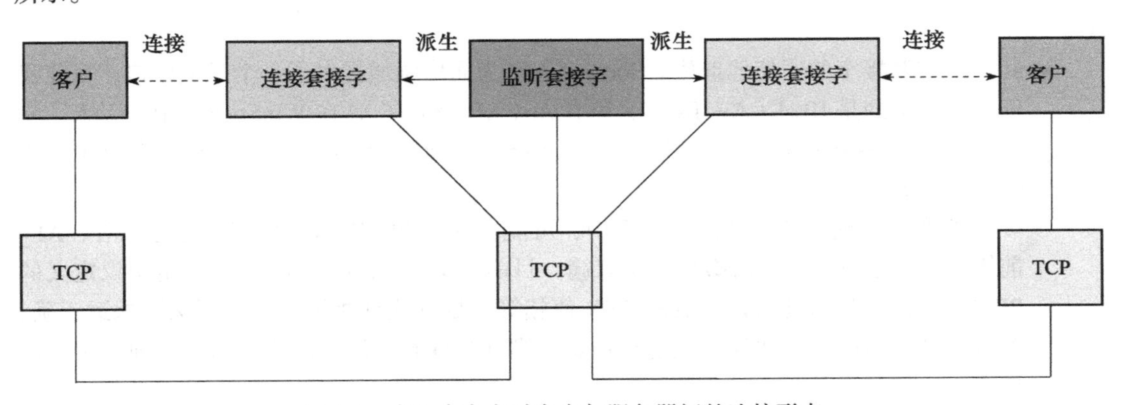

图 5-6　有两个客户时客户与服务器间的连接形态

结合流式套接字服务器的工作原理，我们进一步思考在服务器和客户的通信过程中，服务器是如何处理多个客户服务请求的呢?

从服务器的并发方式上看，根据实际应用的需求，服务器可以设计为一次只服务于单个客户的循环服务器，也可以设计为同时为多个客户服务的并发服务器：

1）如果是循环服务器，则服务器在与一个客户建立连接后，其他客户只能等待；当一个客户服务完之后，服务器才会处理另一个客户的服务请求。在循环服务器的通信流程中，步骤4 ~ 9是循环进行的。

2）如果是并发服务器，则当服务器与一个客户进行通信的过程中，可以同时接收其他客户的服务请求，并且服务器要为每一个客户创建一个单独的子进程或线程，用新创建的连接套接字与每个客户进行独立连接上的数据交互。在并发服务器的通信流程中，通过第4步返回了多个连接套接字，这些连接套接字在步骤5 ~ 9与多个客户通信时是并发执行的。

5.3 基本函数与操作

Sockets API是一套编程接口，接口函数为调用者与TCP/IP协议实现搭起了一座直观的桥梁，帮助应用程序读取或改变底层套接字结构中的内容，触发底层TCP/IP协议实现的具体工作，写入或读取协议交互的具体数据。本节围绕流式套接字编程的几个基本操作具体介绍相关函数的使用，重点介绍套接字的具体实现所关联的数据结构和底层协议的工作细节。

5.3.1 创建和关闭套接字

要使用TCP通信，程序首先要求操作系统创建套接字抽象层的实例。在WinSock 2中，完成这个任务的函数是socket()和WSASocket()，它们的参数指定了程序所需的套接字类型。socket()函数主要实现同步传输套接字的创建，在应用于网络操作时会阻塞，WSASocket()函数增加了套接字组的声明，可用于异步传输。

socket()函数的定义如下：

```
SOCKET WSAAPI socket(
    __in  int af,
    __in  int type,
    __in  int protocol
);
```

其中：

- af：确定套接字的通信地址族。Sockets API为通信领域提供了一个泛型接口，目前我们最感兴趣的是IPv4（AF_INET）和IPv6（AF_INET6），在WinSock 2中，引入了一些新的套接字类型，可以使用WSAEnumProtocols()函数来动态发现每一个可用的传输协议的属性。

  注意，在现有的一些网络程序中，可能会使用PF_XXX。从字面意思来看，AF_前缀表示地址族，PF_前缀表示协议簇。目前头文件（socket.h）中为给定协议定义的PF_XXX值总是与此协议的AF_XXX值相等。尽管这种相等关系并不保证永远正确，若有人试图给已有的协议改变这种约定，则许多现有代码可能会崩溃，目前两个值混用现象比较多。

- type：指定套接字类型。类型决定了利用套接字进行的数据传输的底层网络传输服务，在流式套接字中，我们使用常量 SOCK_STREAM 指明使用可靠的字节流服务，在数据报套接字中，我们使用常量 SOCK_DGRAM 指明使用数据报传输服务。

- protocol：指定要使用的特定的传输协议，确保通信程序使用相同的传输协议。对于 IPv4 和 IPv6，我们希望把 TCP（由常量 IPPROTO_TCP 标识）用于流式套接字，如果把常量 0 作为第三个参数，则系统默认选择对应于指定协议簇和套接字类型对应的默认协议。由于在 TCP/IP 协议簇中，目前对于流式套接字只有一种选择，我们可以指定 0 允许系统默认选择协议。

WSASocket() 函数的定义如下：

```
SOCKET WSASocket(
  __in  int af,
  __in  int type,
  __in  int protocol,
  __in  LPWSAPROTOCOL_INFO lpProtocolInfo,
  __in  GROUP g,
  __in  DWORD dwFlags
);
```

WSASocket() 的前三个参数与 socket() 的参数含义相同，除此之外，它还另外增加了三个参数：

- lpProtocolInfo：与前三个参数互斥使用，是一个指向 PROTOCOL_INFO 结构的指针，该结构定义所创建套接字的特性。
- g：标识一个已存在的套接字组 ID 或指明创建一个新的套接字组。
- dwFlags：声明一组对套接字属性的描述。

socket() 函数和 WSASocket() 函数的返回值是通信实例的句柄（handle），类似于文件描述符。

在之后的 API 函数调用过程中，这种句柄（我们称之为套接字描述符）作为输入参数被传递给调用函数，以标识要在其上执行操作的套接字抽象层。在源于 UNIX 的系统上，该句柄是一个整数：非负值表示成功，-1 表示失败。

当利用套接字完成应用程序的网络操作时，调用 closesocket() 完成套接字的关闭操作。该函数的定义如下：

```
int closesocket(
  __in  SOCKET s
);
```

closesocket() 告诉底层协议栈关闭通信，释放与套接字关联的任何资源。如果成功，返回 0；否则返回 -1。一旦调用了 closesocket()，之后再进行套接字操作，会导致错误的产生。

5.3.2　指定地址

使用套接字的应用程序需要明确它们将要用于通信的本地和远程端点地址才能进行确定的数据传递，当套接字创建后，仅仅明确了该套接字即将使用的地址族，但尚未关联具体的端点地址。在 4.5.3 节我们讨论了套接字地址的存储结构和转换方法，本节探讨如何将套接字与本地和远端的端点地址相关联，以及应用程序如何从套接字层次获得实际通信的端点地址。

bind() 函数通过将一本地名字赋予一个未命名的套接字，实现将套接字与本地地址相关联。该函数的定义如下：

```
int bind(
  __in SOCKET s,
  __in const struct sockaddr *name,
  __in int namelen
);
```

其中：

- s：调用 socket() 返回的描述符。
- name：地址参数，被声明为一个指向 sockaddr 结构的指针。对于 TCP/IP 应用程序，通常使用 sockaddr_in（用于 IPv4）或 sockaddr_in6（用于 IPv6）对地址进行赋值，然后将指针强制类型转换为指向 sockaddr 结构的指针进行 bind() 函数的参数输入。
- namelen：地址结构的大小。

如果成功，bind() 函数返回 0；否则返回 –1。

针对 bind() 函数，我们讨论几个在编程过程中常见的问题。

（1）具有多个 Internet 地址的主机上的服务器进程如何为客户提供服务

sockaddr 结构或 sockaddr_in 结构指定的地址类型可以是两种：

1）常规地址，包括一个特定主机的地址和一个端口号。

2）通配地址。当应用程序不关心赋予它的本地地址时，可以将 sockaddr 设定为任意地址，即一个等于常数 INADDR_ANY 的主机地址或一个编号为 0 的端口。如果为 socket 指定的地址为 INADDR_ANY，则本地主机上的任何一个可用的网络接口都将与这个套接字联系起来。

从地址类型来看，多宿主服务器可以有两种工作状态：一种是服务器绑定到一个特定的地址，只接收到达该地址的连接请求；另一种是服务器绑定到通配地址，接收进入每个地址的连接请求，不管来自哪一个网卡的数据，只要其协议和目标端口号信息与该套接字一致，那么就可以在此套接字上接收到该数据，然后在接受连接后，获得本次连接的入口 IP，以明确在后续通信过程中实际使用的服务器的端点地址，这可以简化在多宿主机上的应用程序的设计。

（2）客户是否需要 bind() 操作

服务器进程提供服务的端口通常是与这个熟知服务对应的知名端口，是设计人员为该服务预留的端口，因此服务器进程通过 bind() 函数可以准确无误地将一个套接字与本地的主机地址和这个知名端口关联起来。

那么客户是否也要指定一个端点地址呢？

由于客户进程是请求服务的一方，设计人员没有必要为其指定固定的端口。如果客户进程通过 bind() 函数强行将套接字与某一个端口绑定的话，有可能这个端口已经为其他套接字使用了，则此时就会发生冲突，使通信无法正常进行。因此，对于客户进程，不鼓励将套接字绑定到一个确定的端口上，实际上，在客户调用 connect() 或 sendto() 发送数据前，系统会从当前未使用的端口号中随机选择一个，隐式调用一次 bind() 来实现客户套接字与本地地址的关联。

通过上述分析，我们明确在客户和服务器进行真正的数据通信前，双方的端点地址已经明确，且与套接字关联在一起了。不过，关联操作可能是由用户通过显式的 bind() 函数调用指明的，也可能是由系统在程序运行过程中选择并关联的，其关系如表 5-1 所示。

表 5-1　进程指定端点地址的四种情况

进程对 bind() 函数的调用情况		结　果
IP 地址	端　口	
通配地址（0）	通配地址（0）	操作系统选择 IP 和端口
通配地址（0）	非 0	操作系统选择 IP，进程指定端口
本地 IP 地址	通配地址（0）	进程指定 IP，操作系统选择端口
本地 IP 地址	非 0	进程指定 IP 和端口

（3）如何获取套接字的关联地址

由表 5-1 可知，当应用程序用通配地址来声明本地端点地址或没有显式调用 bind() 函数时，系统为每个套接字选择并关联了本地地址。另外，当流式套接字建立好连接时，其远端的端点地址也相应地与套接字关联起来，这些信息存储于为该套接字的分配内存结构中，但程序设计人员可能并不知道确切的地址。

使用 getsockname() 函数能够获得套接字关联的本地端点地址，该函数的定义如下：

```
int getsockname(
    __in    SOCKET s,
    __out   struct sockaddr *name,
    __inout  int *namelen
);
```

该函数用于在对本地套接字进行了 bind() 调用或 connect() 调用之后，获取这个套接字的名字信息，即这个套接字所绑定的本地主机地址和端口号，将其保存在参数 name 中返回。

使用 getpeername() 能够获得套接字关联的远端端点地址，该函数的定义如下：

```
int getpeername(
    __in      SOCKET s,
    __out     struct sockaddr *name,
    __inout   int *namelen
);
```

该函数用于获得已连接套接字的对等方端点地址，获得的端点地址保存在参数 name 中返回。与其他使用 sockaddr 的套接字调用一样，namelen 是一个输入 / 输出型参数，它以字节为单位指定了缓冲区的长度（输入）和返回的地址结构（输出）。

5.3.3　连接套接字

在通过一个流式套接字发送数据之前，必须将其连接到另一个套接字。在这种意义上，使用流式套接字类似于使用电话网络，在可以通话前，必须指定通话的电话号码，并建立连接，否则不能成功通话。在连接建立过程中，客户和服务器对连接的操作角色不同，作为被动接受连接的一方，服务器需要为连接准备接收缓冲区，获得客户的连接请求，并为客户建立独立的传输通道；而作为主动发起连接的一方，客户主动请求，等待响应。

1. 请求连接

客户通过调用函数 connect() 请求与服务器连接，该函数的定义如下：

```
int connect(
    __in SOCKET s,
    __in const struct sockaddr *name,
    __in int namelen
);
```

其中：

- s：由函数 socket() 创建的描述符。
- name：被声明为一个指向 sockaddr 结构的指针。对于 TCP/IP 应用程序，该指针通常先被转换为以 sockaddr_in 或 sockaddr_in6 结构保存的服务器的 IP 地址和端口号，然后在调用时进行指针的强制类型转换。
- namelen：指明地址结构的长度，通常为 sizeof(struct sockaddr_in) 或 sizeof(struct sockaddr_in6)。当 connect() 函数成功返回时，客户连接套接字成功，可以进行后续的数据通信。

在流式套接字中，connect() 函数的调用会触发操作系统完成一系列客户准备建立连接的过程，该过程主要包括：

1）对于一个未绑定的套接字，请求操作系统分配尚未使用的本地端口号，分配本地 Internet 地址，形成唯一的端点地址与套接字绑定。

2）向套接字注册 name 参数中声明的服务器地址。

3）触发协议栈向函数指明的目标地址发送 SYN 请求，完成 TCP 的三次握手。在正常情况下这个过程很快，不过，Internet 是一种“尽力而为”的网络，客户的初始消息或服务的响应都有可能会丢失。出于这个原因，系统的 TCP 实现会逐渐增大时间间隔并多次重传握手消息，如果客户 TCP 在一段时间后还没有接收到来自服务器的响应，它就会超时并放弃。

4）等待服务器的响应，由于网络传输时延和服务器处理过程中的延迟，connect() 函数要等待协议栈的操作，可能不能立刻返回。在等待服务器响应的过程中，工作在阻塞模式下的套接字会一直等待，直到返回连接建立成功与否；而工作在非阻塞模式下的套接字，无论连接是否建立好都会立即返回，此时需要通过 WSAGetLastError() 函数判断当前的连接状态。

从以上分析来看，在流式套接字的编程过程中，connect() 函数成功返回意味着已确认服务器是存在的，且从客户到达服务器的路径是可达的。注意，在数据报套接字编程中，connect() 函数也可以被调用，但是调用后的结果与流式套接字并不相同。

2. 处理进入的连接

在服务器端，服务器绑定后需要执行的另一个步骤是指示底层协议实现监听来自客户的连接，这是通过在套接字上调用 listen() 函数完成的，该函数的定义如下：

```
int listen(
    __in SOCKET s,
    __in int backlog
);
```

listen() 函数的调用使得服务器进入监听状态，使其对进入的 TCP 连接请求进行排队，以便程序可以接受它们。参数 backlog 指明了可以等待进入连接的数量的上限。backlog 的具体含义与系统关系密切。当客户端 SYN 请求到达时，如果队列已满，则 TCP 的实现会忽略该 TCP 数据段，这么做是因为这种情况是暂时的，客户 TCP 将重发 SYN 请求，期望不久就能在服务器的连接请求队列中找到可用的空间。

accept() 函数由 TCP 服务器调用，用于从已完成连接的连接请求队列中返回一个已完成连接的客户请求，该函数定义如下：

```
SOCKET accept(
  __in     SOCKET s,
  __out    struct sockaddr *addr,
  __inout  int *addrlen
);
```

其中：

- s：已绑定并设置为“监听”状态的套接字，我们称它为监听套接字，该套接字只是负责监听连接请求，实际上不会用于发送和接收数据。
- addr：被声明为一个指向 sockaddr 结构的指针，当 accept() 函数成功返回后，将连接对等方的端点地址写入 addr 指针指向的结构中返回。
- addrlen：指明地址结构的长度。

accept() 函数的返回值是另一个用于数据传输的套接字，被称为已连接套接字，负责与本次连接的客户通信。区分这两个套接字非常重要，一个服务器通常仅仅创建一个监听套接字，它在该服务器的生命期中一直存在。操作系统为每个由服务器进程接受的客户连接创建一个已连接套接字，当服务器完成对某个给定客户的服务时，相应的已连接套接字就被关闭。

accept() 函数的调用实际上是一个出队的操作，如果此时没有客户连接请求，则客户连接请求队列为空，在阻塞模式下该函数会持续等待，直到一个连接请求到达。当成功返回时，由 addr 指向的 sockaddr 结构中填充了连接另一端客户的地址和端口号，如果调用者对此不关心，可以将参数 addr 和 addrlen 设置为 NULL。

5.3.4　数据传输

套接字连接成功后，就可以开始发送和接收数据，这种操作对于服务器和客户是没有区别的。

1. 发送数据

流式套接字通常使用 send() 函数进行数据的发送，该函数的定义如下：

```
int send(
  __in  SOCKET s,
  __in  const char *buf,
  __in  int len,
  __in  int flags
);
```

其中：

- s：已连接套接字的描述符，数据的发送将会通过它参考其指向的套接字结构，获得数据通信的对方地址，然后把数据发送出去。
- buf：指向要发送的字节序列。
- len：发送的字节数。
- flags：提供了一种改变套接字调用默认行为的方式，把 flags 设置为 0 用于指定默认的行为，另外数据传输还能以 MSG_DONTROUTE（不经过本地的路由机制）和 MSG_OOB（带外数据）两种方式进行。

send() 函数的返回值指示了实际发送的字节总数，在默认情况下，send() 函数的调用会一直阻塞到发送了所有数据为止。针对该函数，我们思考以下问题：在该函数中仅指出了使用的套接字、要发送的数据地址及数据大小，但没有指出数据接收方的地址，那么协议栈如何获知通信的对方地址呢？

在流式套接字中，服务器进程已经通过调用 accept() 函数获得了在该套接字上通信的客户的地址；同时，客户进程也已经通过调用 connect() 函数注册了在该套接字上通信的服务器地址，这些地址信息在连接建立完成时保存在连接套接字指向的套接字结构中，协议栈在数据发送时可以通过套接字描述符查找到与之对应的远端地址。

2. 接收数据

流式套接字通常使用 recv() 函数进行数据的接收，该函数的定义如下：

```
int recv(
  __in    SOCKET s,
  __out   char *buf,
  __in    int len,
  __in    int flags
);
```

其中：

- s：已连接套接字的描述符，通过套接字指向的套接字结构所标识的端点地址，TCP 协议实现会将发送给本地端点地址的数据提交到该套接字的接收缓冲区中。
- buf：指向要保存接收数据的应用程序缓冲区。
- len：接收缓冲区的字节长度。
- flags：提供了一种改变套接字调用默认行为的方式，把 flags 设置为 0 用于指定默认的行为，另外数据传输还能以 MSG_DONTROUTE（不经过本地的路由机制）和 MSG_OOB（带外数据）两种方式进行。

recv() 函数的返回值指示了实际接收的字节总数。

与 send() 函数类似，在该函数中仅指出了使用的套接字、要接收的数据存储地址及缓冲区长度，并不需要专门声明通信的对方地址。在连接建立过程中，服务器进程已经通过调用 accept() 函数获得了在该套接字上通信的客户的地址；同时，客户端进程也已经通过调用 connect() 函数注册了在该套接字上通信的服务器地址。这些地址信息在连接建立完成时保存在连接套接字指向的套接字结构中，协议栈在数据接收时可以通过套接字描述符查找到与之对应的远端地址，并将特定远端地址发送来的数据提交给应用程序。

5.4 编程举例

本节通过一个 Windows 控制台应用程序实现基于流式套接字的回射功能。所谓回射是指服务器接收客户发来的字符，并将接收到的内容再次发送回客户端，以此作为检测网络和主机运行状态的一种途径。客户发送的字符可以是用户输入的字符串，也可以是程序生成的序号、随机数等。本节设计客户和服务器两个独立的网络应用程序，结合网络操作的基本步骤讲述流式套接字编程中各函数的使用方法。

5.4.1　基于流式套接字的回射客户端编程操作

客户程序完成界面交互和网络数据传输，下面具体介绍其实现过程。

1. 创建客户套接字

初始化 Windows Sockets DLL 后，为了进行网络操作，首先需要创建一个客户套接字，用于标识网络操作，同时将其与特定的传输服务提供者关联起来，具体步骤如下：

1）声明一个类型为 addrinfo 的对象，该对象包含 sockaddr 地址结构，对该对象进行初始化。在本程序中，地址族声明为 AF_INET，指示使用 IPv4。如果互联网地址族并没有确定，声明为 AF_UNSPEC，此时 IPv6 和 IPv4 的地址都可以返回。如果应用程序确切使用 IPv6，则地址族声明为 AF_INET6。应用程序声明套接字类型为流式套接字，使用 TCP 协议进行网络传输，代码如下：

```
struct addrinfo *result = NULL, *ptr = NULL, hints;
ZeroMemory( &hints, sizeof(hints) );
hints.ai_family = AF_INET;
hints.ai_socktype = SOCK_STREAM;
hints.ai_protocol = IPPROTO_TCP;
```

2）调用 getaddrinfo() 函数，获得服务器的 IP 地址，将其存放在 result 指向的 addrinfo 对象中。在本示例中服务器端的端口号被宏 DEFAULT_PORT 设置为 27105，服务器的 IP 地址由输入参数 argv[1] 指明，同时程序对 getaddrinfo() 函数的返回值进行判断以处理错误，代码如下：

```
iResult = getaddrinfo(argv[1], DEFAULT_PORT, &hints, &result);
if (iResult != 0)
{
    printf("getaddrinfo failed: %d\n", iResult);
    WSACleanup();
    return 1;
}
```

3）创建套接字对象，命名为 ConnectSocket，调用 socket() 函数，并将返回值赋予对象 ConnectSocket，对调用结果进行检查和错误处理。代码如下：

```
SOCKET ConnectSocket = INVALID_SOCKET;
//获得 getaddrinfo() 得到的服务器地址信息
ptr=result;
//创建流式套接字
ConnectSocket = socket(ptr->ai_family, ptr->ai_socktype, ptr->ai_protocol);
if (ConnectSocket == INVALID_SOCKET) {
    printf("Error at socket(): %ld\n", WSAGetLastError());
    freeaddrinfo(result);
    WSACleanup();
    return 1;
}
```

以上示例使用 getaddrinfo() 函数对地址进行初始化操作，该函数是 Windows XP 及之后系统在 WinSock 2 版本上新增加的，它能够处理名字到地址以及服务到端口这两种转换，返回的是一个 sockaddr 结构的链表而不是一个地址清单。这些 sockaddr 结构随后可由套接字函数直接使用。这样，getaddrinfo() 函数把协议相关性安全隐藏在这个库函数内部。

另一种常用的对地址进行获取和配置的方法是使用 gethostbyname() 和 gethostbyaddr()，这种方法是在 Berkeley Socket 和 Windows Sockets 1.1 版本中常用的方法。代码如下：

```
LPHOSTENT lpHost;
struct    sockaddr_in saDest;
//获得存储主机信息的 HOSTENT 结构
lpHost = gethostbyname(pstrHost);
if (lpHost == NULL)
{
    printf("Host not found.\n");
    WSACleanup();
    Return 1;
}
//获得目的 IP 地址
memset(&saDest, 0, sizeof(saDest));
saDest.sin_addr.s_addr = *((u_long FAR *) (lpHost->h_addr));
saDest.sin_family = AF_INET;
saDest.sin_port = DEFAULT_PORT;
```

在这种情况下，套接字的创建需要显式声明套接字的类型和相关协议类型：

```
SOCKET ConnectSocket = INVALID_SOCKET;
ConnectSocket = socket(AF_INET, SOCK_STREAM, 0);
if (ConnectSocket == INVALID_SOCKET) {
    printf("Error at socket(): %ld\n", WSAGetLastError());
    WSACleanup();
    return 1;
}
```

以上代码示例显式指明 AF_INET，使用 IPv4 地址族，创建流式套接字 SOCK_STREAM，此时 socket() 函数的第三个参数协议字段默认为 TCP 协议。

2. 连接到服务器

将已创建的套接字和 sockaddr 结构中存储的服务器地址作为输入参数，调用 connect() 函数，请求与服务器建立连接。代码如下：

```
//调用 connect() 函数请求向服务器建立连接
iResult = connect( ConnectSocket, result->ai_addr, (int) result->ai_addrlen);
if (iResult == SOCKET_ERROR) {
    printf("connect failed: %d\n", WSAGetLastError());
    closesocket(ConnectSocket);
    WSACleanup();
    return 1;
}
//释放 result 指向的地址结构
freeaddrinfo(result);
```

在 connect() 函数的调用参数中，使用了 getaddrinfo() 函数返回的以 addrinfo 链表指向的 sockaddr 结构描述的服务器地址。在本例中，使用 addrinfo 链表的第一个 IP 地址作为服务器地址，在实际的应用中，如果对第一个 IP 地址的 connect() 调用失败，还应该尝试与 addrinfo 链表的后续地址建立连接。

3. 发送和接收数据

连接建立好后，为了测试与服务器端的通信，客户端调用 send() 函数发送测试数据，并调用 recv() 函数接收服务器的响应。代码如下：

```
#define DEFAULT_BUFLEN 512
int recvbuflen = DEFAULT_BUFLEN;
char *sendbuf = "this is a test";
char recvbuf[DEFAULT_BUFLEN];
int iResult;
//发送数据
iResult = send(ConnectSocket, sendbuf, (int) strlen(sendbuf), 0);
if (iResult == SOCKET_ERROR) {
    printf("send failed: %d\n", WSAGetLastError());
    closesocket(ConnectSocket);
    WSACleanup();
    return 1;
}
//打印已发送的字节数
printf("Bytes Sent: %ld\n", iResult);
//数据发送结束，调用 shutdown() 函数声明不再发送数据，此时客户端仍可以接收数据
iResult = shutdown(ConnectSocket, SD_SEND);
if (iResult == SOCKET_ERROR) {
    printf("shutdown failed: %d\n", WSAGetLastError());
    closesocket(ConnectSocket);
    WSACleanup();
    return 1;
}
//持续接收数据，直到服务器方关闭连接
do {
    iResult = recv(ConnectSocket, recvbuf, recvbuflen, 0);
    if (iResult > 0)
        printf("Bytes received: %d\n", iResult);
    else if (iResult == 0)
        printf("Connection closed\n");
    else
        printf("recv failed: %d\n", WSAGetLastError());
} while (iResult > 0);
```

在本例中，客户端只发送了一串字符就结束了本方的数据发送，考虑到 TCP 是一个字节流服务，数据接收有可能一次接收不全，因此使用循环接收的方式保证数据接收完整，在接收过程中通过返回值 iResult 的不同取值来判断数据接收状态。

4. 断开连接，释放资源

可以使用两种方式断开连接。

当客户端发送完数据时，调用 shutdown() 函数，使用 SD_SEND 参数声明本方不再发送数据，shutdown() 函数的调用关闭了客户端单方向的连接，声明不再发送数据，服务器端会根据客户端的声明释放掉一部分不再使用的资源，但并不影响客户端之后的数据接收。代码如下：

```
//数据发送结束，调用 shutdown() 函数声明不再发送数据，此时客户端仍可以接收数据
iResult = shutdown(ConnectSocket, SD_SEND);
if (iResult == SOCKET_ERROR) {
    printf("shutdown failed: %d\n", WSAGetLastError());
```

```
    closesocket(ConnectSocket);
    WSACleanup();
    return 1;
}
```

当客户端接收完数据后，调用 closesocket() 关闭连接，当客户端不再使用 Windows Sockets DLL 时，调用 WSACleanup() 函数释放相关资源。代码如下：

```
//关闭套接字
closesocket(ConnectSocket);
//释放 Windows Sockets DLL
WSACleanup();
return 0;
```

客户端的完整代码如下：

```
 1  #include "stdafx.h"
 2  #define WIN32_LEAN_AND_MEAN
 3  #include <windows.h>
 4  #include <winsock2.h>
 5  #include <ws2tcpip.h>
 6  #include <stdlib.h>
 7  #include <stdio.h>
 8  //连接到 WinSock 2 对应的 lib 文件: Ws2_32.lib, Mswsock.lib, Advapi32.lib
 9  #pragma comment (lib, "Ws2_32.lib")
10  #pragma comment (lib, "Mswsock.lib")
11  #pragma comment (lib, "AdvApi32.lib")
12  //定义默认的缓冲区长度和端口号
13  #define DEFAULT_BUFLEN 512
14  #define DEFAULT_PORT "27015"
15
16  int __cdecl main(int argc, char **argv)
17  {
18      WSADATA wsaData;
19      SOCKET ConnectSocket = INVALID_SOCKET;
20      struct addrinfo *result = NULL, *ptr = NULL, hints;
21      char *sendbuf = "this is a test";
22      char recvbuf[DEFAULT_BUFLEN];
23      int iResult;
24      int recvbuflen = DEFAULT_BUFLEN;
25      //验证参数的合法性
26      if (argc != 2) {
27          printf("usage: %s server-name\n", argv[0]);
28          return 1;
29      }
30      //初始化套接字
31      iResult = WSAStartup(MAKEWORD(2,2), &wsaData);
32      if (iResult != 0) {
33          printf("WSAStartup failed with error: %d\n", iResult);
34          return 1;
35      }
36      ZeroMemory( &hints, sizeof(hints) );
37      hints.ai_family = AF_UNSPEC;
38      hints.ai_socktype = SOCK_STREAM;
39      hints.ai_protocol = IPPROTO_TCP;
40      //解析服务器地址和端口号
```

```
41      iResult = getaddrinfo(argv[1], DEFAULT_PORT, &hints, &result);
42      if ( iResult != 0 ) {
43          printf("getaddrinfo failed with error: %d\n", iResult);
44          WSACleanup();
45          return 1;
46      }
47      // 尝试连接服务器地址，直到成功
48      for(ptr=result; ptr != NULL ;ptr=ptr->ai_next) {
49          // 创建套接字
50          ConnectSocket = socket(ptr->ai_family, ptr->ai_socktype,
51              ptr->ai_protocol);
52          if (ConnectSocket == INVALID_SOCKET) {
53              printf("socket failed with error: %ld\n", WSAGetLastError());
54              WSACleanup();
55              return 1;
56          }
57          // 向服务器请求连接
58          iResult = connect( ConnectSocket, ptr->ai_addr, (int)ptr->ai_addrlen);
59          if (iResult == SOCKET_ERROR) {
60              closesocket(ConnectSocket);
61              ConnectSocket = INVALID_SOCKET;
62              continue;
63          }
64          break;
65      }
66      freeaddrinfo(result);
67      if (ConnectSocket == INVALID_SOCKET) {
68          printf("Unable to connect to server!\n");
69          WSACleanup();
70          return 1;
71      }
72      // 发送缓冲区中的测试数据
73      iResult = send( ConnectSocket, sendbuf, (int)strlen(sendbuf), 0 );
74      if (iResult == SOCKET_ERROR) {
75          printf("send failed with error: %d\n", WSAGetLastError());
76          closesocket(ConnectSocket);
77          WSACleanup();
78          return 1;
79      }
80      printf("Bytes Sent: %ld\n", iResult);
81      // 数据发送结束，调用 shutdown() 函数声明不再发送数据，此时客户端仍可以接收数据
82      iResult = shutdown(ConnectSocket, SD_SEND);
83      if (iResult == SOCKET_ERROR) {
84          printf("shutdown failed with error: %d\n", WSAGetLastError());
85          closesocket(ConnectSocket);
86          WSACleanup();
87          return 1;
88      }
89      // 持续接收数据，直到服务器关闭连接
90      do {
91          iResult = recv(ConnectSocket, recvbuf, recvbuflen, 0);
92          if ( iResult > 0 )
93              printf("Bytes received: %d\n", iResult);
94          else if ( iResult == 0 )
95              printf("Connection closed\n");
96          else
```

```
97              printf("recv failed with error: %d\n", WSAGetLastError());
98          } while( iResult > 0 );
99          //关闭套接字
100         closesocket(ConnectSocket);
101         //释放资源
102         WSACleanup();
103         return 0;
104     }
```

运行以上代码，客户端程序启动时，主动向服务器的TCP端口27015发送连接请求，连接建立好后，发送数据“this is a test”给服务器，接收服务器返回的应答，对发送和接收的字节数进行统计并显示，当服务器关闭连接时，客户也关闭连接，退出程序。客户端程序的运行界面如图5-7所示。

图5-7　流式套接字回射客户端程序的运行界面

5.4.2　基于流式套接字的回射服务器端编程操作

下面具体介绍服务器程序的实现过程。

1. 创建服务器套接字

初始化Windows Sockets DLL后，为了进行网络操作，首先需要创建一个服务器的套接字，用于标识网络操作，同时将其与特定的传输服务提供者关联起来，具体步骤如下：

1）声明一个类型为addrinfo的对象，该对象包含sockaddr地址结构，对该对象进行初始化。在本程序中，使用IPv4，则地址族声明为AF_INET。应用程序声明套接字类型为流式套接字，使用TCP协议进行网络传输，代码如下：

```
struct addrinfo *result = NULL, *ptr = NULL, hints;
ZeroMemory(&hints, sizeof (hints));
hints.ai_family = AF_INET;
hints.ai_socktype = SOCK_STREAM;
hints.ai_protocol = IPPROTO_TCP;
hints.ai_flags = AI_PASSIVE;
```

在getaddrinfo()函数调用之前，将hints参数的ai_flags设置为AI_PASSIVE标志，表示调用者将在bind()函数调用中使用返回的地址结构，相当于把服务器的IP地址手工设置为通配地址INADDR_ANY，之后服务器本地的IP地址将由内核根据请求入口网卡的IP地址来决定。

2）调用getaddrinfo()函数，获得服务器的地址信息。getaddrinfo()函数能够处理名字到地址以及服务到端口这两种转换，返回值存放在result指向的addrinfo对象中，在本示例中服务器端的端口号被宏DEFAULT_PORT设置为27105，同时程序对getaddrinfo()函数的返回值进行判断以处理错误，代码如下：

```
//解析服务器地址和端口号
iResult = getaddrinfo(NULL, DEFAULT_PORT, &hints, &result);
```

```
if (iResult != 0) {
    printf("getaddrinfo failed: %d\n", iResult);
    WSACleanup();
    return 1;
}
```

3）创建套接字对象，命名为 ListenSocket，调用 socket() 函数，并将返回值赋予对象 ListenSocket，对调用结果进行检查和错误处理。代码如下：

```
//创建服务器端的监听套接字
ListenSocket = socket(result->ai_family, result->ai_socktype, result->ai_protocol);
if (ListenSocket == INVALID_SOCKET) {
    printf("Error at socket(): %ld\n", WSAGetLastError());
    freeaddrinfo(result);
    WSACleanup();
    return 1;
}
```

2. 为套接字绑定本地地址

通过 getaddrinfo() 函数获得的服务器地址结构 sockaddr 保存了服务器的地址族、IP 地址和端口号，调用 bind() 函数，将监听套接字与服务器本地地址关联，并检查调用结果是否出错。代码如下：

```
// 为监听套接字绑定本地地址和端口号
iResult = bind( ListenSocket, result->ai_addr, (int)result->ai_addrlen);
if (iResult == SOCKET_ERROR) {
    printf("bind failed with error: %d\n", WSAGetLastError());
    freeaddrinfo(result);
    closesocket(ListenSocket);
    WSACleanup();
    return 1;
}
freeaddrinfo(result);
```

bind() 函数调用后，由 getaddrinfo() 函数返回的地址信息不再需要，调用 freeaddrinfo() 函数释放已分配的资源。

3. 在监听套接字上等待连接请求

接下来，调用 listen() 函数，将监听套接字的状态更改为监听状态，并将连接等待队列的最大长度设置为 SOMAXCONN，该值是一个 WinSock 提供的特殊的常量，指示允许套接字缓冲区的连接请求队列的最大长度，根据实际需要，我们也可以对连接请求队列的长度进行调整。代码如下：

```
if ( listen( ListenSocket, SOMAXCONN ) == SOCKET_ERROR ) {
    printf( "Listen failed with error: %ld\n", WSAGetLastError() );
    closesocket(ListenSocket);
    WSACleanup();
    return 1;
}
```

4. 接收一个连接请求

首先声明另一个套接字对象——连接套接字，之后调用 accept() 函数接受一个客户端的连接请求，将返回值赋予新声明的连接套接字，用于专门负责与客户端的实际数据传输。代码如下：

```
SOCKET ClientSocket;
ClientSocket = INVALID_SOCKET;
//接受客户端的连接请求
ClientSocket = accept(ListenSocket, NULL, NULL);
if (ClientSocket == INVALID_SOCKET) {
    printf("accept failed: %d\n", WSAGetLastError());
    closesocket(ListenSocket);
    WSACleanup();
    return 1;
}
```

在现实应用中，服务器可能面临多个客户的同时请求，为了合理处理，服务器可能设计为以循环的方式依次处理客户请求，或者以并发方式多线程处理客户请求。在并发方式下，accept() 函数返回新的连接套接字后，在多个子线程中处理与不同客户之间的数据交互。

5. 发送和接收数据

连接建立好后，为了测试与服务器的通信，服务器调用 recv() 函数接收客户发来的数据，对接收字节数进行统计，并调用 send() 函数发回已收到的测试数据。代码如下：

```
#define DEFAULT_BUFLEN 512
char recvbuf[DEFAULT_BUFLEN];
int iResult, iSendResult;
int recvbuflen = DEFAULT_BUFLEN;
//接收数据，直到对等方关闭连接
do {
    iResult = recv(ClientSocket, recvbuf, recvbuflen, 0);
    if (iResult > 0) {
        printf("Bytes received: %d\n", iResult);
        //将缓冲区中的内容回射给发送方
        iSendResult = send(ClientSocket, recvbuf, iResult, 0);
        if (iSendResult == SOCKET_ERROR) {
            printf("send failed: %d\n", WSAGetLastError());
            closesocket(ClientSocket);
            WSACleanup();
            return 1;
        }
        printf("Bytes sent: %d\n", iSendResult);
    } else if (iResult == 0)
        printf("Connection closing...\n");
      else {
        printf("recv failed: %d\n", WSAGetLastError());
        closesocket(ClientSocket);
        WSACleanup();
        return 1;
    }
} while (iResult > 0);
```

6. 断开连接，释放资源

可以使用两种方式断开连接。

当服务器发送完数据时，调用 shutdown() 函数，使用 SD_SEND 参数声明本方不再发送数据，shutdown() 函数的调用关闭了服务器单方向的连接，声明不再发送数据，客户会根据服务器的声明释放掉一部分不再使用的资源，但并不影响服务器之后的数据接收。代码如下：

```
//数据发送结束，调用 shutdown() 函数声明不再发送数据，此时服务器仍可以接收数据
iResult = shutdown(ClientSocket, SD_SEND);
if (iResult == SOCKET_ERROR) {
    printf("shutdown failed: %d\n", WSAGetLastError());
    closesocket(ClientSocket);
    WSACleanup();
    return 1;
}
```

当服务器接收完数据后，调用 closesocket() 关闭连接，当服务器不再使用 Windows Sockets DLL 时，调用 WSACleanup() 函数释放相关资源。代码如下：

```
//关闭套接字
closesocket(ClientSocket);
//释放 Windows Sockets DLL
WSACleanup();
return 0;
```

服务器端的完整代码如下：

```
 1  #undef UNICODE
 2  #define WIN32_LEAN_AND_MEAN
 3  #include <windows.h>
 4  #include <winsock2.h>
 5  #include <ws2tcpip.h>
 6  #include <stdlib.h>
 7  #include <stdio.h>
 8  //连接到 WinSock 2 对应的 lib 文件: Ws2_32.lib
 9  #pragma comment (lib, "Ws2_32.lib")
10  //定义默认的缓冲区长度和端口号
11  #define DEFAULT_BUFLEN 512
12  #define DEFAULT_PORT "27015"
13
14  int __cdecl main(void)
15  {
16      WSADATA wsaData;
17      int iResult;
18      SOCKET ListenSocket = INVALID_SOCKET;
19      SOCKET ClientSocket = INVALID_SOCKET;
20      struct addrinfo *result = NULL;
21      struct addrinfo hints;
22      int iSendResult;
23      char recvbuf[DEFAULT_BUFLEN];
24      int recvbuflen = DEFAULT_BUFLEN;
25      //初始化 WinSock
26      iResult = WSAStartup(MAKEWORD(2,2), &wsaData);
27      if (iResult != 0) {
28          printf("WSAStartup failed with error: %d\n", iResult);
29          return 1;
30      }
31      ZeroMemory(&hints, sizeof(hints));
```

```
32      //声明 IPv4 地址族，流式套接字，TCP 协议
33      hints.ai_family = AF_INET;
34      hints.ai_socktype = SOCK_STREAM;
35      hints.ai_protocol = IPPROTO_TCP;
36      hints.ai_flags = AI_PASSIVE;
37      //解析服务器地址和端口号
38      iResult = getaddrinfo(NULL, DEFAULT_PORT, &hints, &result);
39      if ( iResult != 0 ) {
40           printf("getaddrinfo failed with error: %d\n", iResult);
41           WSACleanup();
42           return 1;
43      }
44      //为面向连接的服务器创建套接字
45      ListenSocket = socket(result->ai_family, result->ai_socktype, result-
        >ai_protocol);
46      if(ListenSocket == INVALID_SOCKET) {
47          printf("socket failed with error: %ld\n", WSAGetLastError());
48          freeaddrinfo(result);
49          WSACleanup();
50          return 1;
51      }
52      //为套接字绑定地址和端口号
53      iResult = bind( ListenSocket, result->ai_addr, (int)result->ai_addrlen);
54      if (iResult == SOCKET_ERROR) {
55          printf("bind failed with error: %d\n", WSAGetLastError());
56          freeaddrinfo(result);
57          closesocket(ListenSocket);
58          WSACleanup();
59          return 1;
60      }
61      freeaddrinfo(result);
62      //监听连接请求
63      iResult = listen(ListenSocket, SOMAXCONN);
64      if (iResult == SOCKET_ERROR) {
65          printf("listen failed with error: %d\n", WSAGetLastError());
66          closesocket(ListenSocket);
67          WSACleanup();
68          return 1;
69      }
70      //接受客户端的连接请求，返回连接套接字 ClientSocket
71      ClientSocket = accept(ListenSocket, NULL, NULL);
72      if (ClientSocket == INVALID_SOCKET){
73          printf("accept failed with error: %d\n", WSAGetLastError());
74          closesocket(ListenSocket);
75          WSACleanup();
76          return 1;
77      }
78      //在必须要监听套接字的情况下释放该套接字
79      closesocket(ListenSocket);
80      //持续接收数据，直到对方关闭连接
81      do
82      {
83          iResult = recv(ClientSocket, recvbuf, recvbuflen, 0);
84          if (iResult > 0)
85          {
86              //情况 1：成功接收到数据
```

```
87              printf("Bytes received: %d\n", iResult);
88              //将缓冲区的内容回送给客户端
89              iSendResult = send( ClientSocket, recvbuf, iResult, 0 );
90              if (iSendResult == SOCKET_ERROR) {
91                  printf("send failed with error: %d\n", WSAGetLastError());
92                  closesocket(ClientSocket);
93                  WSACleanup();
94                  return 1;
95              }
96              printf("Bytes sent: %d\n", iSendResult);
97          }
98          else if (iResult == 0) {
99              //情况2：连接关闭
100              printf("Connection closing...\n");
101          }
102          else {
103              //情况3：接收发生错误
104              printf("recv failed with error: %d\n", WSAGetLastError());
105              closesocket(ClientSocket);
106              WSACleanup();
107              return 1;
108          }
109      } while (iResult > 0);
110      //关闭连接
111      iResult = shutdown(ClientSocket, SD_SEND);
112      if (iResult == SOCKET_ERROR) {
113          printf("shutdown failed with error: %d\n", WSAGetLastError());
114          closesocket(ClientSocket);
115          WSACleanup();
116          return 1;
117      }
118      //关闭套接字，释放资源
119      closesocket(ClientSocket);
120      WSACleanup();
121      return 0;
122  }
```

运行以上代码，服务器应用程序启动时，在TCP端口27015上监听，等待客户的连接请求，连接建立好后，接收客户发来的数据，统计并打印字节数，将接收到的数据发送回客户，之后关闭连接，结束应用程序。服务器端程序的运行界面如图5-8所示。

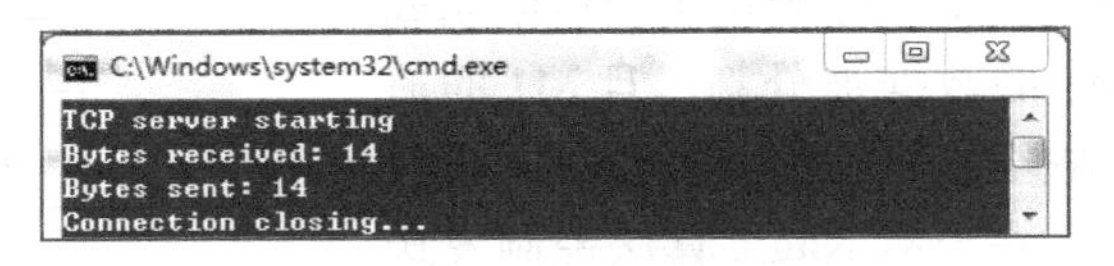

图5-8 流式套接字回射服务器端程序的运行界面

5.5 TCP的流传输控制

前面我们介绍了流式套接字编程的基本流程和函数使用，但作为一名程序设计人员，要在真实的网络环境下编写实用的网络应用程序，掌握基本编程方法还远远不够。网络编程与协议原理和协议实现关系密切，TCP是一类以字节流形式提供可靠传输服务的协议，使用这

种协议进行数据传输，需要考虑到 TCP 的流特性，从而在应用程序设计中对网络传输进行合理的操控。

5.5.1 TCP 的流传输特点

TCP 是一个流协议，这意味着数据是作为字节流递交给接收者的，没有内在的“消息”或“消息边界”的概念。由此带来的现象是：当发送者调用发送函数进行数据发送时，发送者并不清楚数据真实的发送情况，协议栈中 TCP 的实现根据当时的网络状态决定以多少字节为单位组装数据，并决定什么时候发送这些数据。因此，接收者在读取 TCP 数据时并不知道给定的接收函数调用将会返回多少字节。

假设应用程序 A 将要调用两次 send() 函数发送数据给应用程序 B，如图 5-9 所示。

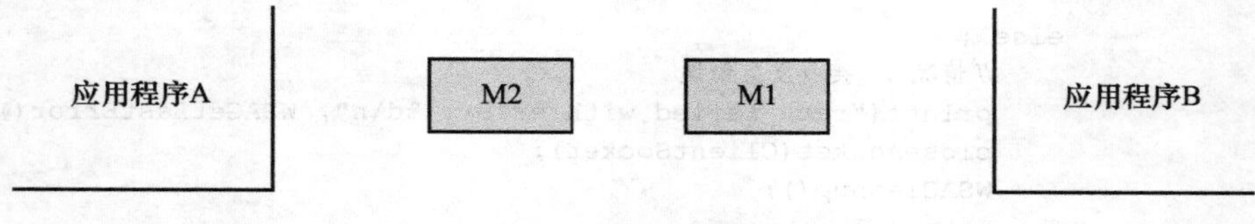

图 5-9 应用程序发送两个消息

当应用程序 A 调用 send() 函数执行发送时，TCP 获得了该命令，并决定如何发送这些数据。该决定依赖于多种因素，如当前接收方希望接收的数据量、网络是否存在拥塞、发送方和接收方之间的网络路径上能够传输的数据的最大数量、本地连接的输出队列上有多少数据正在排队或未接收到应答等等。这些因素决定了数据在发送方被 TCP 打包的情况有如图 5-10 所示的 6 种。

在图 5-10 中，$M1_i$ 表示的是消息 M1 的第 i 部分。情况（A）表示网络状态良好，M1 和 M2 包的长度没有受到发送窗口、拥塞窗口、TCP 最大传输单元等限制，此时 TCP 正巧将两次 send() 调用提交的数据封装为对应的两个数据段发送到网络中；情况（B）表示由于受到某种网络限制，M1 的发送被延迟了，TCP 将这两段数据合在一起作为一个数据段发送；情况（C）表示 M1 的发送被延迟了，且在与 M2 的数据合并时可能超过了窗口限制或报文长度限制，导致 M2 的数据被分为两部分发送；情况（D）表示可能由于 M1 的大小超过了窗口限制或报文长度限制，使得 M1 的数据被分割，且 M1 的遗留数据与后续的 M2 的数据合并发送；情况（E）表示接收方的接收窗口很小，在没有 Nagle 算法控制发送最小长度的情况下，TCP 会将发送缓冲区中的数据逐个按接收窗口划分为小段，依次发送；情况（F）表示在 TCP 发送数据过程中出现了错误。

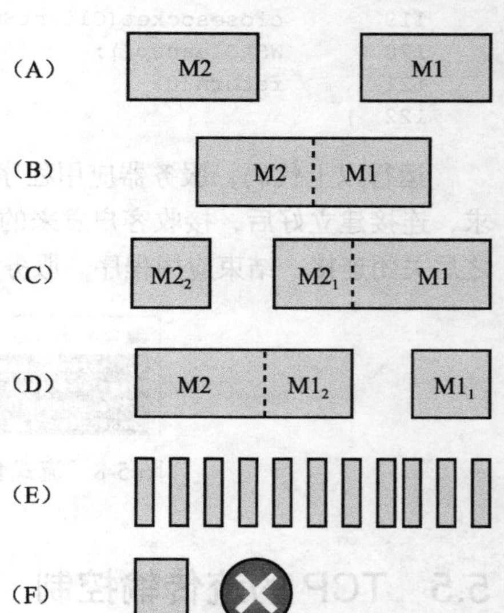

图 5-10 两个消息的 6 种可能的打包方法

由以上分析来看，当程序调用发送操作时，由于主机和网络当前的状态不同，会使得数据传输的形式产生很大差别。如果从接收方的角度来观察数据，也需要结合数据实际的发送形态来进行合理有效的接收。

数据接收时可能会遇到以下三种现象：

1）**没有数据**。表明数据没有为读准备好，应用程序阻塞或者 recv() 返回一个指示说明数据不可获得，这种情况对应于过早接收或图 5-10 中情况（F）。

2）**接收到已交付的所有数据**。假设应用程序的接收缓冲区足够大，此时 recv() 函数接收到数据，但可能会存在以下四种情况：

- 应用程序获得消息 M1 中的部分报文。这种情况对应于图 5-10 中情况（D）或（E）。
- 应用程序获得且只获得消息 M1 中的所有数据，这种情况对应于图 5-10 中情况（A）。
- 应用程序获得消息 M1 中的所有数据以及消息 M2 中的部分数据，这种情况对应于图 5-10 中情况（A）发送 M2 报文后的延迟接收或者图 5-10 中的（C）。
- 应用程序获得消息 M1 和 M2 的所有数据，这种情况对应于图 5-10 中情况（B）或（A）（C）(D)(E）四种情况的延迟接收。

3）**接收到已交付的部分数据**。此时 recv() 函数接收到数据，但并不是已经传输到接收方的所有数据，这种现象主要是由于应用程序的接收缓冲区较小造成的。

总结来看，TCP 是一个流协议，TCP 如何对数据打包跟调用 send() 函数交付多少数据给 TCP 没有直接的关系，对于使用 TCP 的应用程序来说，没有“数据边界”的概念，接收操作返回的时机和数量是不可预测的，必须在应用程序中正确处理。

5.5.2　使用 TCP 进行数据发送和接收过程中的缓存现象

上一节我们分析了 TCP 的流传输特点，数据的真实传输过程受到了主机状态、网络拥塞情况、收发两端缓冲区大小等诸多因素的影响，因而产生的结果是：一方面 send() 函数的调用次数与 TCP 对数据的封装个数是完全独立的；另一方面，针对一定长度的待传输数据，发送端 send() 函数的调用次数与接收端 recv() 函数的调用次数也是完全独立的。在发送端调用一次 send() 传入的数据可以在另一端多次调用 recv() 来获取，而调用 recv() 一次也可能返回多次 send() 调用传入的数据。

本节我们从套接字实现的角度来观察在使用 TCP 进行数据发送和接收的过程中数据迁徙的细节。对应于 TCP 数据的发送和接收，套接字实现设计了两个独立的缓冲区，分别用于缓存应用程序请求发送的数据和等待接收的数据（一般以先进先出队列的形式保存），如图 5-11 所示。

从应用程序实现、套接字实现和协议实现三个层次来观察数据发送的过程。数据发送在实施过程中主要涉及两个缓冲区：一个是应用程序发送缓冲区，即调用 send() 函数时由用户申请并填充的缓冲区，这个缓冲区保存了用户即将使用协议栈发送的 TCP 数据；另一个是 TCP 套接字的发送缓冲区，在这个缓冲区中保存了 TCP 协议尚未发送的数据和已发送但未得到确认的数据。数据发送涉及两个层次的写操作：从应用程序发送缓冲区拷贝数据到 TCP 套接字的发送缓冲区，以及从 TCP 套接字的发送缓冲区将数据发送到网络中。

数据接收在实施过程中主要涉及另外两个缓冲区，一个是 TCP 套接字的接收缓冲区，在这个缓冲区中保存了 TCP 协议从网络中接收到的与该套接字相关的数据；另一个是应用程序的接收缓冲区，即调用 recv() 函数时由用户分配的缓冲区，这个缓冲区用于保存从 TCP 套接字的接收缓冲区收到并提交给应用程序的网络数据。数据接收也涉及两个层次的写操作：从网络上接收数据保存到 TCP 套接字的接收缓冲区，以及从 TCP 套接字的接收缓冲区拷贝数据到应用程序的接收缓冲区中。

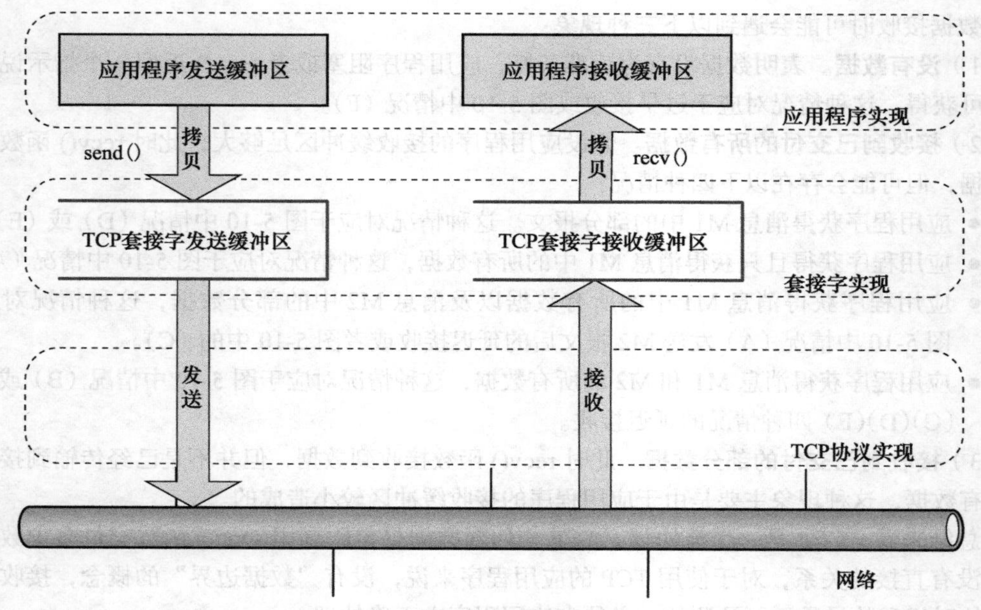

图 5-11 应用程序缓冲区与 TCP 套接字缓冲区

为了对数据传送过程中的 send() 与 recv() 操作以及应用程序实现与套接字实现和 TCP 协议实现之间的关系进行深入理解，我们以多次 send() 函数调用为例来分析在整个数据传输过程中数据的流向和各个缓冲区的变化情况。考虑以下程序：

```
......
iSendResult = send(ClientSocket, buffer0, 1000, 0);
......
iSendResult = send(ClientSocket, buffer1, 2000, 0);
......
iSendResult = send(ClientSocket, buffer2, 3000, 0);
......
```

其中省略号表示其他的套接字操作和在缓冲区中建立数据的代码，但不包含对 send() 的其他调用。发送端通过三次 send() 调用依次向接收端发送了 1000 字节、2000 字节和 3000 字节的数据。在接收端，这 6000 字节的分组方式取决于在连接两端调用 send() 和 recv() 之间的时间选择、主机和网络状况以及接收端调用 recv() 时分配的缓冲区大小。

从上一节的分析来看，在发送端调用 send() 将向发送端的套接字发送缓冲区追加字节，TCP 协议负责从发送端套接字的发送缓冲区移动字节到接收端套接字的接收缓冲区，这种转移不受用户程序控制，且 TCP 实际发送数据的分段的长度和个数独立于 send() 传入的缓冲区大小和次数。通过 recv() 把字节从套接字的接收缓冲区移动到应用程序中交付处理，移动的数据量依赖于接收缓冲区中的数据量以及分配给 recv() 的缓冲区大小。

图 5-12 展示了在上面的示例中三次调用 send() 完成且接收端尚未执行任何 recv() 之前套接字的发送缓冲区、接收缓冲区以及接收端应用程序已交付数据的一种可能的状态，不同的阴影指示不同缓冲区中的数据。

考虑一种情况：接收端的应用程序缓冲区长度 < 当前接收缓冲区的数据长度。假设接收端分配了 1500 字节的缓冲区 recvbuf 用于调用 recv() 函数，该次函数调用将把目前在接收缓

冲区中的前 1500 字节转移到 recvbuf 中，并返回值 1500。注意这 1500 字节的数据包括在第一次 send() 调用和第二次 send() 调用时传递的字节。同时 TCP 协议也在传递发送端尚未发送的数据，此时发送端和接收端的状态可能如图 5-13 所示。

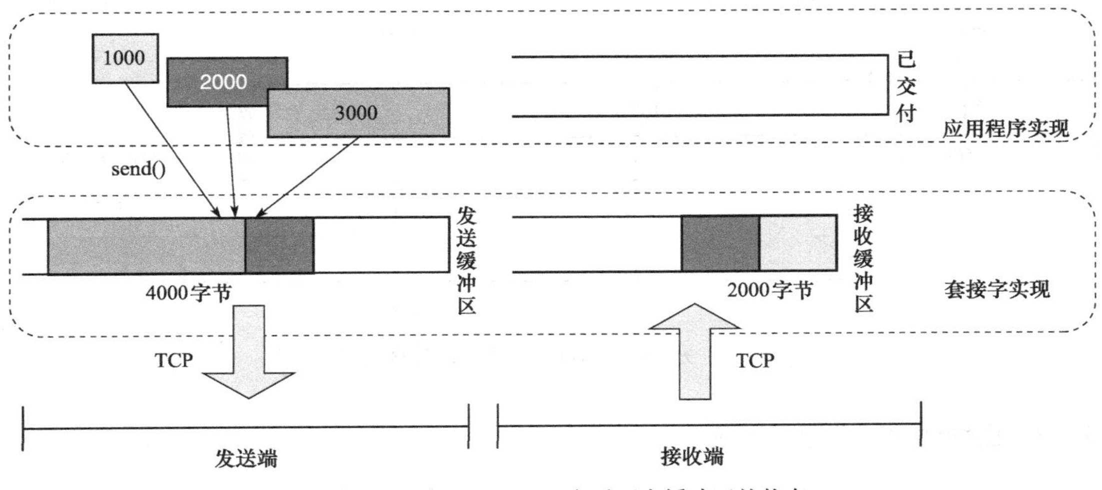

图 5-12　三次调用 send() 之后两个缓冲区的状态

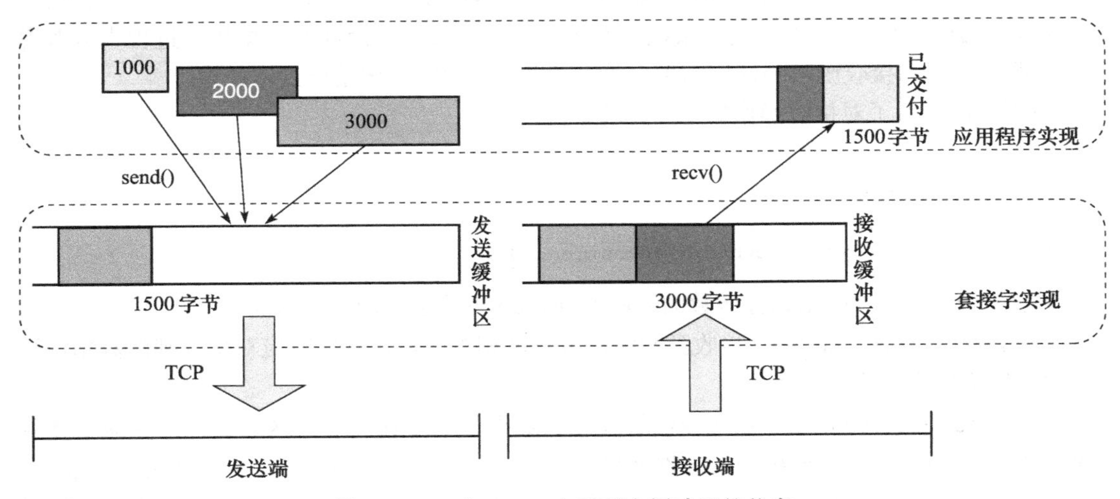

图 5-13　一次 recv() 之后两个缓冲区的状态

考虑另一种情况：接收端的应用程序缓冲区长度 > 当前接收缓冲区的数据长度。假设接收端第二次分配了 4000 字节的缓冲区 recvbuf 用于调用 recv() 函数，由于在 recv() 函数调用时，接收缓冲区中只有 3000 字节的数据，该次函数调用将把目前在接收缓冲区中的所有字节都转移到 recvbuf 中，并返回值 3000。注意此时返回的接收字节数是小于预分配的 recvbuf 容量的，此时发送端和接收端的状态可能如图 5-14 所示。

下一次调用 recv() 函数时返回的字节数依赖于接收缓冲区的大小，以及通过网络从发送端套接字 TCP 实现向接收端传输数据的时间选择。数据发送和接收过程中缓冲区的数据移动对应用程序设计有重要的指导意义，这要求程序员在进行流式套接字数据收发过程中慎重考虑流传输的特点所带来的编程中的细节变化。

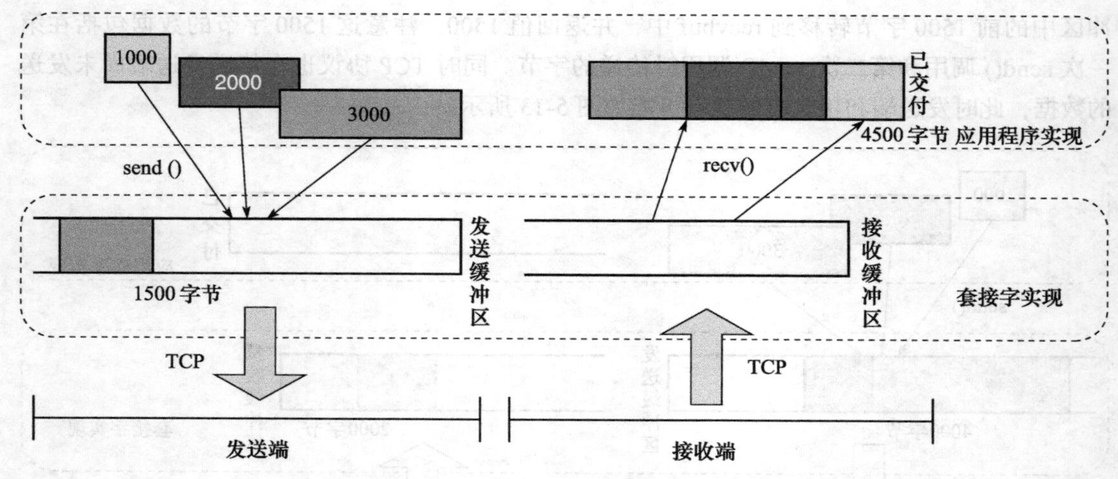

图 5-14　另一次 recv() 之后两个缓冲区的状态

5.5.3　正确处理流数据的接收

从上节分析来看，在使用 TCP 协议进行数据通信过程中，数据的接收处理需要考虑到网络中的各种可能性，其中有两个关键要素需要注意：第一，即使对方只调用了一次发送函数，单次接收函数的调用很可能仍然无法把所有的数据都接收到，因此在数据接收过程中应考虑循环接收；第二，接收函数的调用结果有很多种，需要根据具体情况具体处理。

以下代码展示了对接收操作的不完善的示例：

```
SOKCET ConnectSocket;
int recvbuflen;
char recvbuf [MSGSZ];
recv(ConnectSocket, recvbuf, recvbuflen, 0);
```

在进行接收处理时，recv() 函数的返回值 iResult 可能会出现以下情况：

1）iResult == recvbuflen。接收到与缓冲区长度相等的数据，此时应对接收到的数据进行后续处理或继续调用接收函数。

2）iResult < recvbuflen。到达接收缓冲区的数据量少于接收缓冲区长度，此时应对接收到的数据进行后续处理或继续调用接收函数直到缓冲区满（如 5.5.4 节论述的接收定长数据）。

3）iResult == 0。对方关闭了连接，此时对方已完成数据发送，应退出等待接收过程，这时候对方可能调用了 shutdown() 函数单方面结束了本方的数据发送，也可能调用了 closesocket() 关闭套接字，这两个函数都会触发调用方的 TCP 实现发送 FIN 标志的 TCP 段，在接收方调用 recv() 函数时，如果收到该分段，recv() 函数的返回值为 0。

4）iResult == SOCKET_ERROR。接收出现错误，应根据错误类型进行相应处理。

因此，合理的流数据处理应该考虑到以上四种情况，代码如下：

```
int iResult, recvbuflen;
char recvbuf [MSGSZ];
do
{
    iResult = recv(ConnectSocket, recvbuf, recvbuflen, 0);
    if ( iResult > 0 )
```

```
            printf("Bytes received: %d\n", iResult);
        else
    {
            if ( iResult == 0 )
                printf("Connection closed\n");
            else
                printf("recv failed with error: %d\n", WSAGetLastError());
        }
    } while( iResult > 0 );
```

总结来看，对于流式套接字来说，当不能预知所接收的数据大小是否超过了进程所定义的接收缓冲区大小时，可以通过循环调用 recv() 函数来接收流式套接字中的数据。在循环过程中，当某次 recv() 函数的返回值为 0 时，说明连接关闭，所有数据已接收完毕，同时在每一次调用 recv() 函数时都要考虑网络或主机异常造成的接收错误。

5.5.4 接收定长和变长数据

上一节我们讨论了在使用 recv() 函数时需要应用程序考虑的若干情况，基本原则是循环接收并判断接收状态，这种处理保证了应用程序能够完整地接收字节流数据并且合理地把握当前套接字的状态。

字节流的传输特点使得应用程序在调用 recv() 函数时存在以下困惑：

- 预分配的应用程序缓冲区长度难以确定。过小的缓冲区使应用程序频繁地调用 recv() 函数，每次系统调用势必消耗一定的资源；过大的缓冲区使得大部分的接收都没有把缓冲区填满，浪费系统的存储资源。
- 接收到的字节数（返回值 iResult）与接收缓冲区长度（recvbuflen）的关系依赖于调用 recv() 函数的时机，或者说与网络通信双方的程序逻辑和网络传输情况有很大关系。

由于读操作返回数据的数量是不可预测的，这种不确定性会给数据接收带来很多麻烦。如果接收者尝试从套接字接收多于消息中的字节数的字节时，可能会发生以下两种情况：

- 如果信道中没有其他消息，接收进程会阻塞，并会被阻止处理消息；如果发送端也在阻塞等待应答，结果将出现死锁，即连接的每一端都等待另一端发送更多的信息。
- 如果信道中已经有另外的一条消息，接收者可能读取它的一部分或全部内容作为第一条消息的一部分，从而导致其他类型的错误。

上一节对 recv() 的示例适合于单次请求 - 响应式的数据交互过程，在更普遍的场合下，客户端和服务器端可能存在多次的请求 - 响应，如果仅靠连接关闭作为循环接收结束的标志是不科学的。因此，在流式套接字处理过程中，正确的流数据分割是一个关键问题。接下来我们讨论两种常见的流式套接字数据接收方法。

1. 使用流式套接字接收定长数据

最简单的流数据分割是固定长度的消息分割，对于这些消息，设计者只需要读取消息中的指定长度的字节，模拟定长数据包的形态处理底层提交的字节流数据。与 5.5.3 节示例的接收代码的不同之处在于：定长数据接收预先给定了接收数据的总长度，接收结束的条件不仅是对方关闭连接，还有接收到足够长度的消息。这样有利于通信双方进行持续的数据交互。以下代码完成了使用流式套接字定长接收数据的功能。

```
1  int recvn(SOCKET s, char * recvbuf, unsigned int fixedlen)
2  {
3      int iResult;//存储单次 recv 操作的返回值
4      int cnt;//用于统计相对于固定长度剩余多少字节尚未接收
5      cnt = fixedlen;
6      while ( cnt > 0 ) {
7          iResult = recv(s, recvbuf, cnt, 0);
8          if ( iResult < 0 ){
9              //数据接收出现错误，返回失败
10             printf("接收发生错误：%d\n", WSAGetLastError());
11             return -1;
12         }
13         if ( iResult == 0 ){
14             //对方关闭连接，返回已接收到的小于 fixedlen 的字节数
15             printf("连接关闭\n");
16             return fixedlen - cnt;
17         }
18         //printf("接收到的字节数：%d\n", iResult);
19         //接收缓冲区指针向后移动
20         recvbuf +=iResult;
21         //更新 cnt 值
22         cnt -=iResult;
23     }
24     return fixedlen;
25 }
```

输入参数：

SOCKET s：连接套接字；

char * recvbuf：存放接收到的数据的缓冲区；

unsigned int fixedlen：固定的预接收数据长度。

返回值：

>0：实际接收到的字节数；

-1：失败。

定长接收函数仍然是以循环方式接收数据，在循环调用 recv() 函数进行接收过程中，始终是在一个缓冲区 recvbuf 中存储接收到的数据。需要注意的是：在第 19 ~ 20 行代码，每次成功接收到数据后，将指针后移本次接收到的字节数，这样保证了多次接收的数据是按序存储的。

在第 21 ~ 22 行代码，变量 cnt 类似于接收方的接收窗口，标识当前接收方还能接收多大长度的消息，该值在调用 recv() 前等于定长值，之后随着接收的推进逐渐递减，直到最后一段数据接收后，cnt 为 0 时退出循环接收过程。

2. 使用流式套接字接收变长数据

对于那些必须支持可变长度消息的应用程序，可以使用以下两种解决方法。

（1）用结束标记分割变长消息

我们在文本编辑时常常使用回车换行把一个长的文本分割成若干单独的行，此时回车换行是一种自然的记录结束标记。与此类似，在消息传递过程中也可以用类似的结束标记来分割变长消息。不过这种方法通常并不像表面看上去的那么简单。结束标记的特殊性使得消息体内不能出现与结束标记相同的字符，以避免歧义。因此消息中必须对结束标记字符的出现做特殊处理。

从发送方来看，或者发送方在它的消息体中不使用记录结束标记，或者使用转义字符，或者把它们转换成不会被误解为记录结束标记的编码。例如：如果选择记录分割符“RS”作为记录结束标记，发送方就必须在消息体中搜索任何出现的“RS”字符并使用转义字符，也就是说在它们前面使用“\”。这就意味着数据不得不为转义字符增加位置。当然任何出现的换码字符也必须被转义。所以，如果我们使用“\”作为转义字符，消息体中出现的“\”需要被替换为“\\”。

从接收方来看，必须再次扫描整个消息，删除转义字符并搜索（没有被转义字符标记的）记录结束标记。

因为记录结束标记的使用可能需要将整个消息扫描两遍，这种处理方法效率比较低，所以最好限制记录结束标记的使用，仅让它在有“自然的”记录结束标记的情况中使用，如换行字符用于分割文本行记录。

（2）用长度字段标记变长消息长度

这种方法是协议设计人员常用的思维方式，我们在 TCP、UDP 等常用协议首部经常能够观察到长度字段的存在。应用层数据的交互也可以参考底层协议的设计思想，在每一个消息前面附加一个消息首部，其中设置长度字段，用以存储后面消息体的长度，如图 5-15 所示，这样就把变长数据传输问题转换为两次定长数据接收问题。

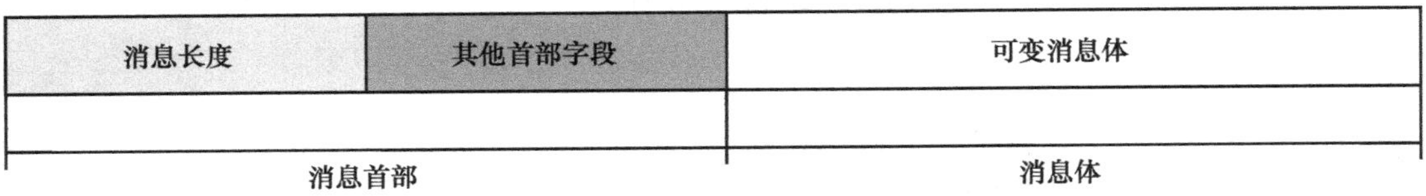

消息长度	其他首部字段	可变消息体
消息首部		消息体

图 5-15　可变长度消息的格式举例

在数据发送时，首先发送定长的消息头声明本次传输的消息长度，再发送变长的消息体。

在数据接收时，接收数据的应用程序把消息读取分成两个步骤：首先接收固定长度的消息头，从消息头中抽取出可变消息体的长度；然后再以定长接收数据的方式读取可变长度部分。

以下代码完成了通过变长字段的方法进行变长消息接收的基本过程。

recvvl() 函数的代码如下：

```
1  int recvvl(SOCKET s, char * recvbuf, unsigned int recvbuflen)
1  {
2      int iResult;// 存储单次 recv 操作的返回值
3      unsigned int reclen; // 用于存储消息首部存储的长度信息
4      // 获取接收消息长度信息
5      iResult = recvn(s, ( char * )&reclen, sizeof( unsigned int ));
6      if ( iResult !=sizeof ( unsigned int )
7      {
8          // 如果长度字段在接收时没有返回一个整型数据就返回 0（连接关闭）或 -1（发生错误）
9          if ( iResult == -1 )
10         {
11             printf(" 接收发生错误 : %d\n", WSAGetLastError());
12             return -1;
13         }
14         else
15         {
```

```
16              printf("连接关闭\n");
17              return 0;
18          }
19      }
20      //转换网络字节顺序到主机字节顺序
21      reclen = ntohl( reclen );
22      if ( reclen > recvbuflen )
23      {
24          //如果recvbuf没有足够的空间存储变长消息，则接收该消息并丢弃，返回错误
25          while ( reclen > 0)
26          {
27              iResult = recvn( s, recvbuf, recvbuflen );
28              if ( iResult != recvbuflen )
29              {
30                  //如果变长消息在接收时没有返回足够的数据就返回0(连接关闭)或-1(发生错误)
31                  if ( iResult == -1 )
32                  {
33                      printf("接收发生错误：%d\n", WSAGetLastError());
34                      return -1;
35                  }
36                  else
37                  {
38                      printf("连接关闭\n");
39                      return 0;
40                  }
41              }
42              reclen -= recvbuflen;
43              //处理最后一段数据长度
44              if ( reclen < recvbuflen )
45                  recvbuflen = reclen;
46          }
47          printf("可变长度的消息超出预分配的接收缓存\r\n");
48          return -1;
49      }
50      //接收可变长消息
51      iResult = recvn( s, recvbuf, reclen );
52      if ( iResult != reclen )
53      {
54          //如果消息在接收时没有返回足够的数据就返回0(连接关闭)或-1(发生错误)
55          if ( iResult == -1 )
56          {
57              printf("接收发生错误：%d\n", WSAGetLastError());
58              return -1;
59          }
60          else
61          {
62              printf("连接关闭\n");
63              return 0;
64          }
65      }
66      return iResult;
67  }
```

输入参数：

SOCKET s：服务器的连接套接字；

char * recvbuf：存放接收到的数据的缓冲区；

unsigned int recvbuflen：接收缓冲区长度。

返回值：

>0：实际接收到的字节数；

-1：失败；

0：连接关闭。

第 5 ~ 17 行代码，假定消息首部只有 unsigned int 这样一个长度字段，这段代码通过定长数据接收函数接收长度为 4 字节的数据，获得变长消息的长度信息，并调用 ntohl() 函数将消息长度从网络字节顺序转换为主机字节顺序。

第 18 ~ 50 行代码，这段代码考虑了变长消息长度大于接收缓冲区长度的情况，由于 TCP 是一个可靠的数据传输服务，在数据接收时不应出现数据截断的现象，通过检查调用者的缓冲区大小来检验它是否足够保存整条记录。如果缓冲区的空间不够，该记录就会被丢弃，随后返回错误。注意这里并不是发现缓冲区不够就直接返回错误，而是仍要继续做完数据读取的工作，否则会影响后续流数据的接收。

第 44 ~ 56 行代码，由于已经明确获知本次接收消息的长度信息 reclen，这段代码完成长度为 reclen 的定长数据接收工作，最后根据接收的返回值判断接收状态。

总结来看，对 TCP 数据传输没有字节流的概念是初级网络编程人员经常犯的错误。本节结合 TCP 的流传输特点和数据发送和接收过程中的缓存现象，分析了流式套接字编程时底层数据的表现形式。TCP 仅传送字节流，我们不能准确地预测一个特定的接收操作到底返回多少字节，因此在数据接收时，需要采取合理策略来处理这个问题。

5.6　面向连接程序的可靠性保护

通常我们对 TCP 协议的描述是：TCP 提供了可靠的、面向连接的传输服务。这种说法强调的是 TCP 相对于 UDP 协议在可靠性维护方面的优势，尽管很普遍，但是却并不十分恰当。比如，当通信双方已经建立好连接并正常传输时，网络的紊乱会导致传输路径失效，主机的崩溃会切断所有该主机上已建立的 TCP 连接，在这些情况下，TCP 并不能传输应用程序已经交付给它的数据。

因此，尽管 TCP 是可靠的协议，但并非是不会出错的协议。

在基于流式套接字编程的过程中，程序设计者需要注意到网络紊乱、主机异常等因素对 TCP 通信过程带来的影响，不能盲目地认为 TCP 能够保证发送的数据一定会到达对方，在编写程序时需要处处留心，考虑失败模式，这样才能做到对 TCP 协议的正确使用。

5.6.1　发送成功不等于发送有效

从 5.5 节对 TCP 的流传输特点的分析来看，send() 函数的写操作调用与 TCP 发送的段以及对等方接收的段之间在长度、个数等方面并没有一一对应的关系。TCP 协议的流传输特性屏蔽了发送方和接收方的具体操作。一种错误的理解是：写操作调用成功等同于数据已经成功到达对等方。所以常常听到网络程序设计者抱怨："为什么 send() 函数成功返回，却没有在网络上嗅探到相关的数据包呢？""为什么 send() 函数成功返回却没有接收到数据呢？" 实际上，这种理解过于武断，设计者并没有正确理解数据发送操作的内涵。

图 5-11 展示了应用程序在调用 send() 函数时所涉及的套接字实现和 TCP 实现细节。数据发送涉及两个层次的写操作：从应用程序发送缓冲区拷贝数据到 TCP 套接字的发送缓冲区，以及从 TCP 套接字的发送缓存将数据发送到网络中。

流式套接字的 send() 函数调用成功仅仅表示我们可以重新使用应用进程缓冲区，并不意味着数据已经发出主机，更不能理解为对方已经接收到数据。实际上，数据的发送行为是由系统中的 TCP 协议实现具体完成的，TCP 实现会根据当前的主机和网络状况对用户要发送的数据进行组装，并选择合适的时机将 TCP 套接字发送缓冲区中的数据发送出去，等待收到对方确认后，再删除 TCP 套接字发送缓冲区中的数据。

以下我们从应用程序和 TCP 协议两个层次分别观察数据发送操作。

1. 从应用程序角度观察发送操作

当应用程序调用 send() 函数进行发送操作时，请求向网络发送 *n* 个字节，可能存在三种结果：

1）send() 函数阻塞。这种情况主要是由于套接字处于阻塞模式，其发送缓冲区拥堵，不足以保存应用程序将要发送的数据，则 send() 函数一直等到 TCP 套接字发送缓冲区中原有数据被释放，能够容纳应用程序即将发送的数据时，send() 函数才会成功返回。

2）send() 函数返回错误。这些错误通常是由于调用 send() 函数时的非法操作或网络异常导致的，比如：没有初始化套接字，套接字描述符非法、无效或不存在，套接字没有连接或连接失效，发送的数据过大等。

3）send() 函数成功返回。此时，**错误的理解是**：认为 *n* 个字节已经真正发送到对等方，甚至被确认了。而实际上，send() 操作具体完成的功能是：

- 从应用程序的发送缓冲区中移动数据到 TCP 套接字的发送缓冲区中。
- 通知 TCP 协议实现该应用程序有新的数据等待发送。

send() 操作成功返回后，应用程序并不清楚究竟有多少字节的数据被发送出去，也不能断定对等方已经确认了已经发送的数据，这依赖于当前 TCP 协议的具体情况。可能的结果有：

- 数据立即被发送。比如此时发送缓冲区和对等方的接收缓冲区都空闲，且网络没有拥塞现象，应用程序交给协议栈的数据会被立即发送。
- 数据排队等待传输。比如 Nagle 算法影响了 TCP 的正常发送，当有一个未确认的小段数据时 TCP 不发送数据。
- 数据被传输一部分。比如套接字的发送缓冲区不足以容纳应用程序将要发送的数据，且套接字工作在非阻塞模式下，send() 函数将部分数据拷贝到套接字发送缓冲区并返回，此时返回的已发送字节数小于应用程序发送缓冲区的总长度；再比如对等方的接收窗口小于要求发送数据的长度，则 TCP 仅发送一部分数据，其余数据等待对等方有足够的空间接收时再继续发送。
- 发送失败。比如在 send() 函数将数据提交给协议栈后，对等方主机崩溃，则 TCP 会尝试重新发送，直到重复发送若干次后 TCP 放弃为止。在这种情况下，应用程序不知道发送已经失败了，直到接下来的数据接收操作时才获得接收错误，因此发送函数返回成功并不能保证发送的最终结果是成功的。

2. 从 TCP 观察发送操作

从以上分析来看，TCP 在获得数据发送请求后，或者发送所有数据，或者发送部分数据，或者什么数据都不发送。影响 TCP 发送时机和发送字节长度的因素主要有：TCP 的高带宽利用、流量控制、拥塞控制以及 Nagle 算法等。

（1）TCP 的高带宽利用对数据发送的影响

TCP 发送的一个基本目标是尽可能高效地利用可获得的带宽，为了达到这个目的，TCP 选择以 TCP 最大报文段大小 MSS 组装数据块。这个值通常会在双方建立连接时进行通告和协商。通常情况下，MSS 的取值派生于网络 MTU，比如在以太网中该值通常为 1460 字节。

如果发送的数据大于 MSS，TCP 会按照 MSS 限制来拆分数据，然后依次发送，并在最后一个报文中带上 PSH 标志，以通知这是一个完整应用数据的最后一部分，对等方应把收到的数据立刻提交应用层。

如果发送的数据小于 MSS，TCP 会为发出的数据带上 PSH 标志，以通知这是一个完整的应用数据，对等方应把收到的数据立刻提交应用层。

因此，发送到网络中的 TCP 分段长度受限于数据本身的长度和 MSS 值。

（2）TCP 的流量控制对数据发送的影响

TCP 连接的每一方维护着一个接收窗口，该窗口的范围是将要接收的对等方数据的序号。最低值代表的是窗口的左边界，是下一个将要接收的字节的序号，最高值代表窗口的右边界，是 TCP 在缓冲区里已经有的最大序号的字节。使用接收窗口不仅是下一个预计字节的计数，也可以提供流量控制来增加传输稳定性。

在每一次数据交互过程中，TCP 都利用两个字节的窗口大小字段来通告对等方自己还能接收多少字节的数据，如果接收窗口为 0，则发送端不能继续发送数据。图 5-16 展示了在持续发送若干报文段给服务器后，由于接收窗口为 0 导致不能继续发送数据的数据通信过程。可以看到随着发送方 202.30.1.1 的持续发送，接收方反馈的窗口大小（win）不断减少，直到减为 0。在接收窗口为 0 时，发送方 202.30.1.1 不再发送数据，而是发送 TCP 窗口大小探测请求，如果对方反馈的窗口大小仍然为 0，则发送暂停。

```
162 12.354947  202.30.1.1   202.30.1.2   TCP   1514 canocentral1 > 12 [ACK] Seq=67937 Ack=1 Win=65535 Len=1460
163 12.354959  202.30.1.1   202.30.1.2   TCP   1514 canocentral1 > 12 [ACK] Seq=69397 Ack=1 Win=65535 Len=1460
164 12.354966  202.30.1.1   202.30.1.2   TCP   1514 canocentral1 > 12 [ACK] Seq=70857 Ack=1 Win=65535 Len=1460
165 12.354982  202.30.1.2   202.30.1.1   TCP     54 12 > canocentral1 [ACK] Seq=1 Ack=72317 Win=1979 Len=0
166 12.355275  202.30.1.1   202.30.1.2   TCP   1514 canocentral1 > 12 [ACK] Seq=72317 Ack=1 Win=65535 Len=1460
167 12.522456  202.30.1.2   202.30.1.1   TCP     54 12 > canocentral1 [ACK] Seq=1 Ack=73777 Win=519 Len=0
199 17.304847  202.30.1.1   202.30.1.2   TCP    573 [TCP Window Full] canocentral1 > 12 [ACK] Seq=73777 Ack=1 Win=65535 Len=519
200 17.444459  202.30.1.2   202.30.1.1   TCP     54 [TCP ZeroWindow] 12 > canocentral1 [ACK] Seq=1 Ack=74296 Win=0 Len=0
203 17.960818  202.30.1.1   202.30.1.2   TCP     60 [TCP ZeroWindowProbe] canocentral1 > 12 [ACK] Seq=74296 Ack=1 Win=65535 Len=1
204 17.960833  202.30.1.2   202.30.1.1   TCP     54 [TCP ZeroWindowProbeAck] [TCP ZeroWindow] 12 > canocentral1 [ACK] Seq=1 Ack=74296 Win=0
214 18.945407  202.30.1.1   202.30.1.2   TCP     60 [TCP ZeroWindowProbe] canocentral1 > 12 [ACK] Seq=74296 Ack=1 Win=65535 Len=1
215 18.945424  202.30.1.2   202.30.1.1   TCP     54 [TCP ZeroWindowProbeAck] [TCP ZeroWindow] 12 > canocentral1 [ACK] Seq=1 Ack=74296 Win=0
```

图 5-16　接收窗口为 0 的数据交互过程

因此，发送的数据长度受限于对等方的接收缓冲区大小。

（3）TCP 的拥塞控制对数据发送的影响

拥塞控制是限制 TCP 发送的另一个重要因素，如果 TCP 突然输入大量的报文段到网络中，路由器缓冲区空间可能会耗尽，导致路由器丢弃数据包，进而导致重传，使得网络越来越拥挤。为了预防拥塞，TCP 使用了慢启动算法来观察新报文段进入网络的速率和另一端返回确认的速率，以指数增加的方式对发送方进行流量控制；另外 TCP 还设计了拥塞避免算法，当拥塞窗口大小达到慢启动阈值时，慢启动过程结束，连接假定到达了稳定的状态，拥塞窗口以线性的方式打开。

在拥塞控制的整个过程中，拥塞窗口和对等方的接收窗口共同限制了 TCP 发送的数据长度。

（4）Nagle 算法对数据发送的影响

Nagle 算法指出在任何给定的时间不能出现多于一个的没有确认的“小段”。“小段”的意思是长度小于 MSS 的段，目的在于避免 TCP 发送一系列的小段给网络造成数据泛滥。如果应用程序以小数据块的方式写数据，Nagle 算法对发送操作的影响就比较明显。比如：假设有一个空闲的连接，它的发送和拥塞窗口都很大，而且程序执行两个连续的发送操作。因为窗口允许它发送，而且 Nagle 算法因为没有未确认的数据（连接空闲）也不会限制第一次的发送，所以第一个发送操作能够被立即执行；然而，当第二个发送操作的数据到达 TCP 时，即使这时发送和拥塞窗口还有空间，它也不会被发送，这是因为已经有一个未确认的小段，所以 Nagle 算法要求数据排队等待另一个段的 ACK 消息到达。

由以上分析综合来看，TCP 能够发送数据的长度取值受限于发送缓冲区长度、对等方接收窗口大小、TCP 的 MSS、拥塞窗口的最小值等，实际长度是以上若干长度的最小值。Snader 在《Effective TCP/IP Programming》中总结了 TCP 发送的时机包括以下几个方面：

1）应用程序发送的是完全 MSS 大小的段；

2）连接是空闲的，且可以清空发送缓冲区；

3）Nagle 算法被禁用了，且可以清空发送缓冲区；

4）有紧急的数据要发送；

5）应用程序有小段要发送，该段已经“有一段时间”不能发送了（持续计时器超时）；

6）对等方的接收窗口至少一半是打开的（会导致对等方发送窗口更新消息）；

7）TCP 需要重传段；

8）TCP 需要为对等方数据发送 ACK 消息；

9）TCP 需要发布一个窗口更新消息。

5.6.2 正确处理 TCP 的失败模式

我们通常对 TCP 协议的理解是“TCP 提供了可靠的数据传输服务”。表面看来，TCP 协议提供了一系列可靠性的维护机制，避免了数据在不可靠的 IP 数据传输过程中可能出现丢失、乱序、重复等问题。似乎使用 TCP 的应用程序完全不用考虑传输可靠性问题，TCP 总是能让数据从一端的应用程序安全地到达它的目的地——另一端的应用程序。

而实际上，TCP 提供的可靠性仅仅是在传输层两个端点之间的可靠性，对于使用 TCP 协议的网络应用程序而言，数据传递的路径更长了，增加了应用程序向 TCP 实现交付和 TCP 实现向应用程序通告这两个环节，此时可靠性的概念需要重新理解。网络程序设计人员需要清晰地认识到使用 TCP 协议可能出现的失败模式，不能完全信任其对数据传输的可靠性保证，在编程时需处处留心，正确处理。

1. TCP 的可靠性服务

在我们讨论 TCP 可能发生的失败模式之前，首先来理解 TCP 的可靠性服务所处的层次以及所具备的能力。

首先，TCP 的可靠性是为传输层的上一层应用层提供的，保证了端到端的可靠性。在图 5-17 中，来自应用程序 A 的数据流通过 TCP/IP 协议栈下行，通过几个中间路由器，沿着应用程序 B 的主机的 TCP/IP 协议栈上行，最终到达应用程序 B。当一个 TCP 段离开应用程序 A 的主机的 TCP 层时，该段就封装进一个 IP 数据包中传输到它的对等主机。它的传输路径可能会经过若干个路由器，通常这些路由器没有 TCP 层，仅仅转发 IP 数据包。

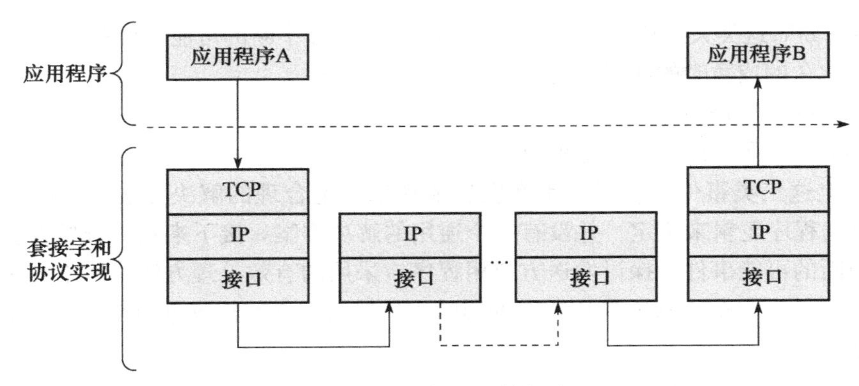

图 5-17　数据发送数据流

接下来，我们将图中用户层和协议栈划分开，仔细观察传输可靠性保证的真实位置。

从 TCP 协议实现来看，由于 IP 是一个不可靠的协议，所以在数据传输的路径上，可靠性的维护是由 TCP 协议完成的。更具体地说是应用程序 B 的主机的 TCP 协议实现保证了传输的可靠性，当发送方的 TCP 协议实现将 TCP 段发送出去后，发送方只会缓存这些尚未被确认的段，并不保证数据发送出去后一定会到达接收方。数据在传输过程中有可能被破坏了，到达接收方时有可能是重复的数据，也有可能乱序了，还有可能因为其他的一些原因使得接收方拒绝接收，此时接收方的 TCP 协议实现将会对发送方的 TCP 做出可靠性保证，即它确认的任何数据以及在它之前到达的所有数据在传输层的 TCP 协议上已经正确地接收到了，然后发送方 TCP 可以安全地丢弃缓存的发送数据。

然而，从应用程序来看，数据被可靠接收并不意味着数据已经成功交付给应用程序了，也不意味着它一定会传递到。例如，在确认数据之后，接收方主机可能会在应用程序读取数据之前崩溃，显然数据是无法成功交付给应用程序的。这种失败是由于 TCP 提供的确认机制是靠 ACK 报文段通知发送方数据已经接收到，但 ACK 只能代表 TCP 协议实现的确认，不能代表应用程序的接收确认，因此应用程序 B 也需要进一步处理传输可靠性保证的问题。从上一节分析来看，应用程序 A 对发送的所有数据是否会到达目的地是不确定的；TCP 能够对应用程序 B 保证到达的所有数据是有序的且没有被破坏，但无法向用户保证应用程序 B 一定能够有序无损地接收到 A 发来的数据，这个工作需要应用程序 B 来判断和反馈。

总结来看，TCP 是一个端到端的协议，这意味着通信的双方只关心自己提供了一个可靠的传输机制。认识到“端是对等方的 TCP 协议实现而不是对等方的应用程序”这一点是很重要的。应用程序的可靠性需要应用程序自己提供。

2. 使用 TCP 传输的失败模式

导致 TCP 传输出现失败的现象是：在正常的 TCP 连接上，TCP 确认的数据实际上有可能不会到达它的目的应用程序。这是相对少见的情况，即使这种情况发生，影响也通常是良性的，重要的是，网络程序员要能够预见这种可能性，能够在这种情况出现时合理地保护应用程序。对于这种失败模式的解决办法，与 TCP 协议的设计初衷非常相似，即对等方发送确认通知发送方已经接收到了一个特定的消息。在具体实施过程中，我们可以要求接收方明确传送一些数据，以作为对发送方原来请求的确认。

导致 TCP 传输出现失败的另一种现象是：服务器的 TCP 实现不确认接收到了数据。通常，当连接中断时这类失败故障就会发生。导致 TCP 连接中断的可能事件有：

- 发生永久的或暂时的网络紊乱；
- 对等方的应用程序崩溃；
- 对等方的应用程序运行的主机崩溃。

对于以上这三类事件，仅仅是重新发送请求未必是合理的解决方法，应用程序需采取的方法需根据程序逻辑来决定，并没有一个通用的解决方案。接下来我们分析以上三种导致 TCP 连接中断的可能事件，探讨发送方应用程序应采用的有效处理方法。网络程序设计人员应注意到这些失败模式对 TCP 应用程序的影响，虽然它们都不是致命的错误，但是我们必须准备好去处理它们。

3. 程序对网络紊乱现象的处理

网络紊乱可能由多种因素造成，比如路由器失败、主干网连接失败、以太网接头松动等。在传输路径上发生的失败通常是暂时的，路由协议会选择新的路径绕过故障网络。

当网络紊乱发生时，从发送方来看，可能会出现两种情况：

1）路由器发送网络或主机不可达错误。当传输路径上发生比较严重的网络紊乱时，中间路由器找不到合适的路径转发数据给接收方，会发送一个 ICMP 报文来说明目的网络或主机不可到达，此时发送方的 TCP/IP 协议栈会意识到网络发生了紊乱，TCP 连接已不可用。

Windows 系统的应用程序能够获得某类错误（如 WSAEHOSTUNREACH、WSAENETUNREACH），要求程序员对错误进行判断和合理处理。对于不传递底层 ICMP 错误的套接字接口，应用程序需增加对 ICMP 错误报文的接收处理。

2）发送超时或发送错误。如果协议栈没有接收到路由器发来的 ICMP 错误，那么发送方和接收方都认为此时的 TCP 连接是正常的，应用程序的 TCP 实现继续传递尚未确认的数据段，直到发送方 TCP 放弃。TCP 放弃之后连接中断，并向应用程序报告错误。如果发送方在网络紊乱期间并没有进行任何网络操作，对当前的网络状况一无所知，那么即使此时连接已经无效，发送方的应用程序并不清楚，当发送方再次发送数据时，由于之前的 TCP 连接已经无效，发送失败返回。

在以上两种情况下，应用程序的发送操作都会以错误返回，但错误的类型不尽相同，程序中应增加对发送错误的判断和相应处理。

当网络发生紊乱时，从接收方来看，如果接收程序一直处于阻塞接收的状态，由于没有发送操作，因而没有错误产生，接收应用程序会长时间保持接收的阻塞状态，即使连接已经无效，应用程序也无法得到即时的通知。

我们可以把当前由于网络紊乱形成的无效连接看作是死连接，为了提高应用程序处理的可靠性和实时性，接收方的应用程序应考虑从增加心跳机制或更改 TCP 的 Keep Alive 选项入手，对应用程序进行修改，参考 5.6.3 节。

4. 程序对对等方应用程序崩溃现象的处理

当对等方应用程序 B 崩溃或中断时，从协议的角度观察，应用程序 B 的 TCP 会发送 FIN 报文段给连接的另一方，指示其 TCP 没有任何数据要继续发送了。这种行为与对等方应用程序主动调用 shutdown() 或 closesocket() 函数所触发的网络操作是类似的，所以从应用程序 A 的角度观察，应用程序 B 主动关闭连接和程序崩溃的表现是一样的，需要对 FIN 的接收做正确处理。

那么从应用程序角度来看，何时应用程序才能获知对等方已经崩溃了呢？这个时机依赖于 FIN 到达时应用程序正在做的事情。为了说明应用程序的不同行为与实际程序的反映，以下以 5.4 节流式套接字编程基本范例的执行过程为例，把发送方的应用程序调用 send() 和 recv() 两个函数的时机分为两种情况讨论，图 5-18 展示了服务器崩溃的两个场景。

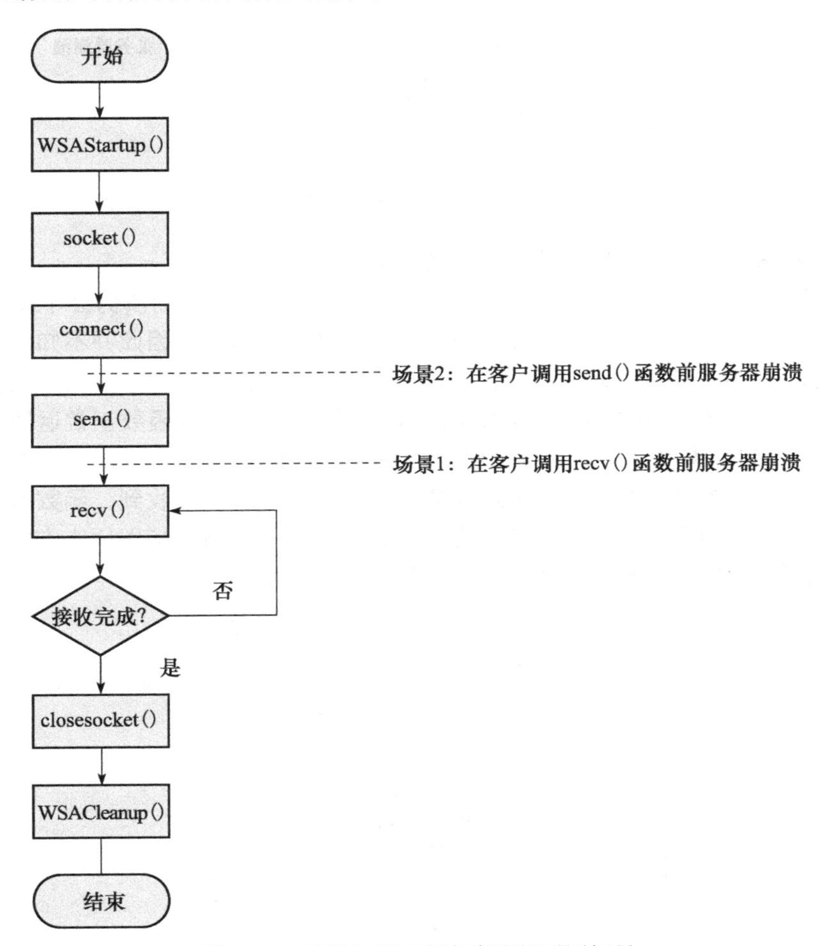

图 5-18　对等方应用程序崩溃的不同场景

5.4 节中客户的正常流程是：客户发送字符串“ This is a test”后，接收服务器发回的响应“This is a test”，对接收到的字节数进行统计打印，然后断开连接，退出。

在整个流程中的每一步，服务器都有可能由于各种因素而崩溃，我们从以下两个基本场景来分析客户程序的反映。

场景 1：在客户调用 recv() 函数前服务器崩溃

在这种场景下，服务器崩溃会导致其 TCP 实现发送 FIN 标志给客户端，如果客户即将调用 recv() 函数循环接收数据，那么客户能够接收到服务器发来的正常数据和结束标志，因此服务器崩溃导致的 FIN 标志能够及时被客户接收到，客户程序在第 100 行判断到 iResult==0 时退出，打印” Connection closed\n”。如果服务器在发送回客户的正常响应之后崩溃，则崩溃现象跟服务器主动调用 closesocket() 函数产生的 TCP 行为一致。该场景对应的客户和服务器的时间顺序如图 5-19 所示。

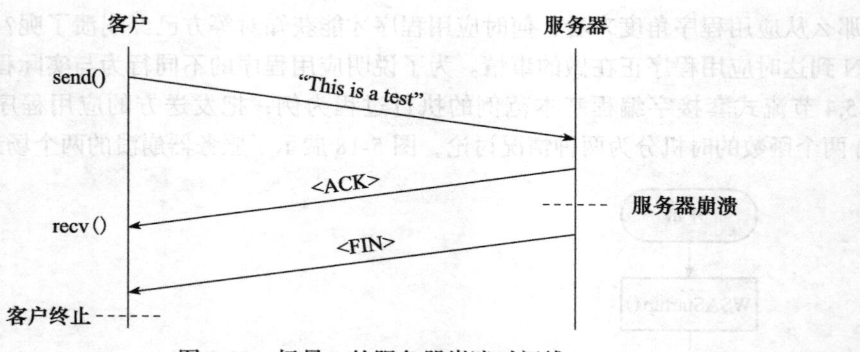

图 5-19 场景 1 的服务器崩溃时间线

场景 2：在客户调用 send() 函数前服务器崩溃

在这种场景下，连接已经建立好，尽管没有数据发生，服务器崩溃仍会导致其 TCP 实现发送 FIN 标志给客户，由于客户并没有调用 recv() 函数接收数据，因此并不知晓从服务器发来的结束标志。从半关闭的原理来看，由于应用程序在接收到 FIN 标志后送出数据是完全合理的，客户在调用 send() 函数时，TCP 实现尝试发送数据，send() 函数正常返回；当服务器的 TCP 实现接收到数据时，由于连接已经不存在，它返回一个 RST 标志。接下来客户调用 recv() 函数接收服务器的响应，此时服务器发回的 RST 标志会被接收到，函数返回连接重置错误（WSAENETRESET）。显然，在这种情况下连接已无效，客户应关闭本方的套接字，释放资源。该场景对应的客户和服务器的时间顺序如图 5-20 所示。

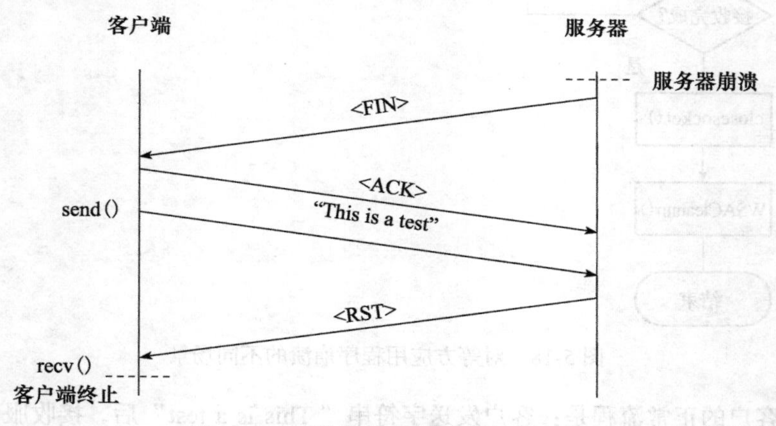

图 5-20 场景 2 的服务器崩溃时间线

如果忽略连接重置错误，并尝试继续发送数据，将会产生第三种类型的错误——发送时的连接重置错误（WSAENETRESET）。这是因为当客户的 TCP 实现接收到对方发来的 RST 标志后，会主动释放掉本方已保存的该连接信息，因此客户所在主机的协议栈会在调用 send() 函数时返回该错误。这种场景在类似于 FTP 服务之类的网络应用中很常见，这些应用往往需要执行多次发送操作，而中间没有插入接收操作，如果应用程序的对等方崩溃了，对等方的 TCP 就会发送一个 FIN 消息，由于应用程序仅仅发送数据而不接收数据，所以 FIN 消息就通知不到发送方，应用程序的下一个数据段将导致对方 TCP 发送 RST 消息，如果应用程序仍然接收不到 RST 消息，则在对等方崩溃后的第二次发送操作时，获得发送错误。

从以上对两个基本场景的分析来看，不管服务器在通信过程中的任何时间崩溃，其协议栈都会有相应的 TCP 标志发送，服务器崩溃所产生的 FIN 标志以及之后对客户端请求的 RST 标志会使得客户在调用 send() 函数或 recv() 函数时发生返回值的变化，如果客户程序能够对这些返回值和差错类型进行合理判断，就能够正确处理网络通信中的这类失败模式。

5. 程序对对等方主机崩溃现象的处理

对等方主机崩溃和对等方应用程序崩溃反映在 TCP 协议的行为上是不同的，对等方主机崩溃使得其 TCP 来不及发送 FIN 来通告对方本方应用程序已经不再运行。

在崩溃的对等主机重启前，这种现象与网络紊乱失败模式很相似：对等方 TCP 不再响应，此时发送方应用程序的 TCP 继续传输没有确认的段。如果对等方主机不重新启动，发送方最后会放弃并返回发送超时错误给本方应用程序。

在崩溃的对等方主机重启后，如果发送方主机的 TCP 尚未放弃和撤销 TCP 连接，此时发送方新发送的数据段或重传的段到达对等方重启后的主机，由于此时对等方没有任何有关这个连接的记录，此时 TCP 规范要求接收消息的主机返回一个 RST 消息给发送方，该消息使得发送方主机撤销连接，之后发送方的应用程序会得到连接重置错误（WSAENETRESET）。

5.6.3 检测无即时通知的死连接

从上一节对 TCP 的失败模式分析来看，在网络紊乱或系统崩溃的情况下，TCP 并不能给应用程序提供绝对的数据传输可靠性保护，且通常应用程序并不能立即意识到这些异常的发生。发送数据一方可能直到 TCP 放弃重发之后才会发现连接中断，而这个时间可能是若干分钟，在一些极端的情况下，假如应用程序不再发送数据，而是阻塞等待一个无效连接上的请求，那么这种等待可能会一直持续下去。

这些现象表明 TCP 并不给应用程序提供即时的网络连接中断的通知。其主要原因在于 TCP 设计的主要目标是：网络突然中断时仍然可以维持通信能力。通常网络紊乱是暂时的，路由器也可能找到连接的另一条路径。通过允许连接的暂时中断，甚至在终端应用程序意识到中断之前 TCP 就已经处理好了紊乱。

在实际应用中，如果应用程序要求监控连接状态，在网络紊乱或系统崩溃时立即得到通知，那么就需要我们在应用程序中增加监控功能，以满足真实场景的应用。

目前对于 TCP 的连接监控可采用的方法主要有以下两类。

1. 利用 Keep Alive 机制实现 TCP 连接监控

TCP 提供了一个用于连接监控的方法——Keep Alive 机制。如果应用程序启用 Keep Alive 机制，TCP 就会在连接已经空闲了一定时间间隔后发送一个特殊的段给对等方。如果对等方主机可达且对等方应用程序正常运行，则对等方 TCP 就会响应一个 ACK 应答，在这种情况下，TCP 发送 Keep Alive 重置空闲时间为零；如果对等方主机可达但是对等方应用程序没有启动，则对等方 TCP 就响应 RST 消息，发送 Keep Alive 消息的 TCP 撤销连接并返回连接重置错误（WSAENETRESET）给应用程序，这通常是对等方主机崩溃后重启的结果；如果对等方主机没有响应 ACK 或 RST 消息，发送 Keep Alive 消息的 TCP 继续发送 Keep Alive 探询消息，直到它认为对等方不可到达或已经崩溃了，此时 TCP 撤销连接并通知应用程序超时错误 WSAETIMEDOUT，如果路由器已经返回主机或网络不可达的 ICMP 消息，则返回 WSAEHOSTUNREACH 或 WSAENETUNREACH 错误。

在默认情况下，TCP 并不开启 Keep Alive 功能，因为开启 Keep Alive 功能需要消耗额外的宽带和流量，尽管这微不足道，但在按流量计费的环境下增加了费用，另一方面，Keep

Alive 设置不合理时可能会因为短暂的网络波动而断开健康的 TCP 连接。

如果使用 TCP 的 Keep Alive 机制，需要通过设置 SO_KEEPALIVE 选项来完成，代码如下：

```
//开启 Keep  Alive 选项
BOOL bKeepAlive = TRUE;
int nRet = setsockopt(socket_handle, SOL_SOCKET, SO_KEEPALIVE,
(char*)&bKeepAlive, sizeof(bKeepAlive));
if (nRet == SOCKET_ERROR)
{
    return FALSE;
}
//设置 Keep Alive 参数
tcp_keepalive alive_in  = {0};
tcp_keepalive alive_out = {0};
alive_in.keepalivetime = 5000;              //开始首次 Keep Alive 探测前的 TCP 空闲时间
alive_in.keepaliveinterval  = 1000;         //两次 Keep Alive 探测间的时间间隔
alive_in.onoff = TRUE;
unsigned long ulBytesReturn = 0;
nRet = WSAIoctl(socket_handle, SIO_KEEPALIVE_VALS, &alive_in, sizeof(alive_in),
&alive_out, sizeof(alive_out), &ulBytesReturn, NULL, NULL);
if (nRet == SOCKET_ERROR)
    return FALSE;
```

尽管 Keep Alive 机制是 TCP 自带的一种连接监测的机制，且使用简单，但是这种方法并不经常用于应用程序，这是因为该机制设置的原始意义在于：监测并清除长时间的死连接。为了实现即时通知死连接的效果，在使用 Keep Alive 机制时需要重新更改时间间隔的设置。RFC 认为，如果 TCP 实现了 Keep Alive 机制，在默认情况下 Keep Alive 超时需要 7 200 000ms，即 2 小时，探测次数为 5 次。那么至少是 2 小时的空闲间隔之后它才能发送 Keep Alive 探询消息，考虑到网络传输的不可靠性，TCP 必须在放弃连接之前重复发送探询消息。当然 Keep Alive 的默认时间间隔是可以更改的，但是这种更改是系统范围的更改，如果该默认值更改了，将影响系统上所有的 TCP 连接。

2. 利用心跳机制实现 TCP 连接监控

另一种技术是由应用程序自己发送心跳消息来检测连接的健康性。客户可以在一个计时器中或低级别的线程中定时向服务器发送连接监控包，并等待服务器的回应。如果客户程序在一定时间内没有收到服务器回应即认为连接不可用，同样，服务器在一定时间内没有收到客户的心跳包则认为客户已经掉线。

依赖于应用程序传送的数据形态不同，心跳机制的实现方式也会有所不同，考虑以下两种情况：

1）客户和服务器交换几个不同类型的消息，在传送数据之前，消息首部中有明确的消息类型标识当前消息的类型。

在这种情况下，心跳机制的实现可以是对原有消息类型的简单扩展，通过引入一个新的消息类型，由客户或服务器的任何一方发送心跳消息，另一方接收反馈就可以实现双方对连接的监控。

2）客户和服务器交换的内容是字节流，没有内在的记录或消息的概念。

在这种情况下，心跳消息无法通过简单的消息类型扩展嵌入之前的通信中，由于要检测的是对方主机是否崩溃或者网络是否中断这类错误，一旦此类错误发生，所有的 TCP 连接都不可用，因此，我们可以使用一个连接来监控另一个连接的状态，此时心跳消息使用独立的连接进行通信。

5.6.4 顺序释放连接

一个 TCP 连接有三个阶段：连接建立阶段、数据传输阶段、连接撤销阶段。本节关注数据传输阶段和连接撤销阶段之间的过渡，特别是这个过渡期间如何保证数据不会因为程序的操作失误或网络异常导致数据无法可靠交付的问题。

1. closesocket() 操作与潜在弊端

在网络 I/O 操作过程中，一旦完成了套接字的连接与通信，应当将套接字关闭，并且释放其套接字句柄所占用的所有资源。直接调用 closesocket() 可以释放一个已经打开的套接字句柄的资源，以后对该套接字的访问均以 WSAENOTSOCK 错误返回。但要明白 closesocket() 的调用可能会带来负面影响，具体的影响与调用时机、套接字参数设置等因素有关，最明显的影响是数据丢失。

对于面向连接的流式套接字而言，在调用 closesocket() 时，选项 SO_LINGER 和 SO_DONTLINGER 的配置决定了 closesocket() 的操作过程。这两个选项使得我们可以改变 closesocket() 的默认配置，要求在用户进程与内核间传递 linger 结构，声明当调用 closesocket() 时，如果仍有排队的数据等待发送套接字应当如何处理。linger 结构的定义如下：

```
typedef struct linger {
  u_short  l_onoff;
  u_short  l_linger;
} linger;
```

其中：

- l_onoff：声明当程序调用 closesocket() 之后是否等待一段时间之后再关闭，以保证在 TCP 实现中已排入发送队列的数据来得及发送。如果该值为 0，表明套接字不会等待，立刻关闭，设置选项 SO_DONTLINGER 值为 0 或设置选项 SO_LINGER 时把 l_onoff 参数设置为 0 是相同效果；如果该值非 0，套接字将会保留打开程序声明的时间，可以通过设置选项 SO_DONTLINGER 值为非 0 或设置选项 SO_LINGER 时把 l_onoff 参数设置为非零实现。
- l_linger：声明了具体延迟等待的秒数，只有在 l_onoff 参数非零的前提下，该参数才能够生效。

依赖选项 SO_LINGER 和 SO_DONTLINGER 值的具体配置，当应用程序调用 closesocket() 后，TCP 实现的行为分为以下三种情形：

1）如果 l_onoff 为 0，那么关闭 LINGER 选项，l_linger 的值被忽略，TCP 采用默认设置对 closesocket() 进行操作。此时立刻执行连接停止操作，closesocket() 立刻返回，但是在 TCP 实现中，已经提交待发送的数据将会继续由协议栈发送出去，然后关闭套接字，如图 5-21a 所示，closesocket() 函数的返回并不关心之前发送的数据是否被对等方的 TCP 确认。这种连接关闭方式称为“优雅”关闭，在这段时间内 Windows Sockets 不会释放套接字和相关的资源，这种情形是流式套接字经常采用的默认操作，但是在特殊的情况下可能会发生数据丢失的现象。图 5-21b 示例了一种数据丢失的可能情形，客户的 closesocket() 可能在服务器接收套接字的接收缓冲区中还剩余数据之前就返回了，那么如果服务器应用程序尚未来得及读取完这些剩余数据，服务器主机就崩溃了，那么客户应用进程并不会获知之前已发送的数据已丢失。

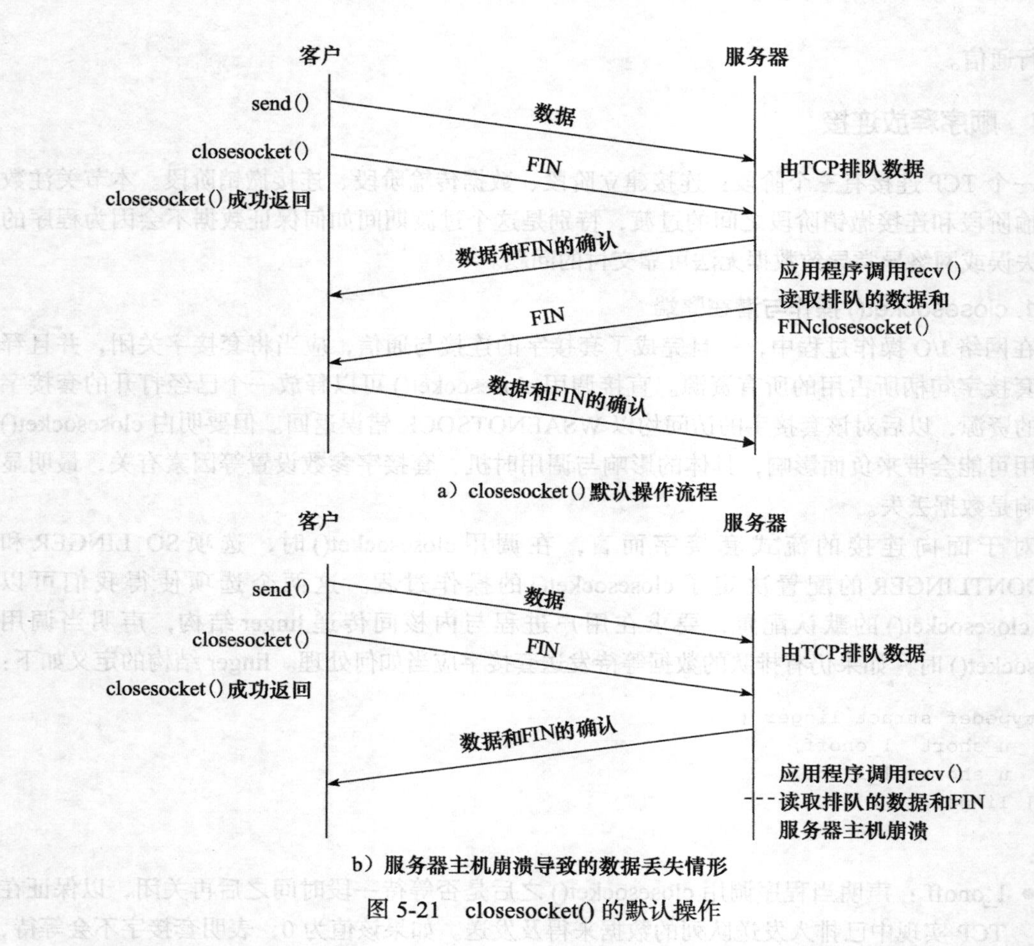

图 5-21 closesocket() 的默认操作

2）如果 l_onoff 为非 0，且 l_linger 为 0，则 closesocket() 不被阻塞立即执行，不论是否有排队数据未发送或未被确认。这种连接关闭方式称为“强制”或“失效”关闭，因为 TCP 将丢弃保留在套接字发送缓冲区中的任何数据，并发送一个 RST 给对等方，而没有通常的 4 次连接停止序列。在远端的 recv() 调用将以 WSAECONNRESET 出错，如图 5-22 所示。

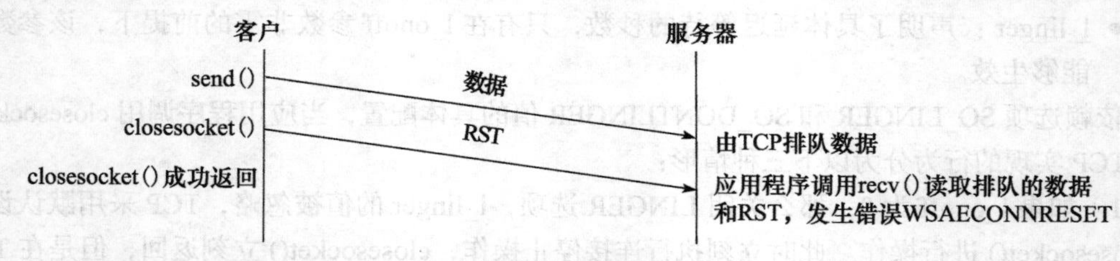

图 5-22 closesocket() 的强制关闭方式：设置 l_onoff 为非 0，且 l_linger 为 0

3）如果 l_onoff 为非 0，且 l_linger 为非 0，则在阻塞模式下，closesocket() 调用阻塞进程，直到所剩数据发送完毕（如图 5-23a 所示）或超时（如图 5-23b 所示）。设置 SO_LINGER 套接字选项后，closesocket() 的成功返回只是告诉我们先前发送的数据（和 FIN）已由对等方的 TCP 确认了，但并没有告诉我们对等方的应用程序已成功读取完数据，此时仍然存在与图 5-22b 类似的问题：在服务器应用程序读取剩余数据之前，服务器主机的崩溃导致数据丢失，但客户并不知道。如果 l_linger 的值过小导致超时，在阻塞模式下，套接字发送缓冲区中的任何残留数据都被丢弃；在非阻塞模式下，套接字的 closesocket() 调用将以 WSAEWOULDBLOCK 错误返回，此时套接字句柄依然有效，应用程序应再次调用 closesocket() 函数等待数据发送完毕并关闭。因此当使用 SO_LINGER 和 SO_DONTLINGER 选项时，应用程序应检查 closesocket() 的返回值，以判断关闭套接字时是否存在丢失数据的可能。在非阻塞模式下将 l_onoff 和 l_linger 参数都设置为非 0 在 MSDN 中是不推荐的。

综上来看，closesocket() 操作有两个限制：

1）closesocket() 把描述符的引用计数减 1，如果本次为对套接字的最后一次访问，则相应的名字信息和数据队列都将被释放，换句话说，直到套接字的引用计数减为 0 时才会发送 FIN 消息给对等方，这个通知有可能是滞后的。

2）closesocket() 终止读和写两个方向的数据传送。既然 TCP 连接是全双工的，如果单方面调用 closesocket() 函数来终止连接，可能会因为 TCP 实现尚未来得及发送已经提交的数据，或对方最后发送的数据尚未接收就释放资源，从而导致数据丢失，且这种数据丢失现象对于发送方而言可能是不可见的。

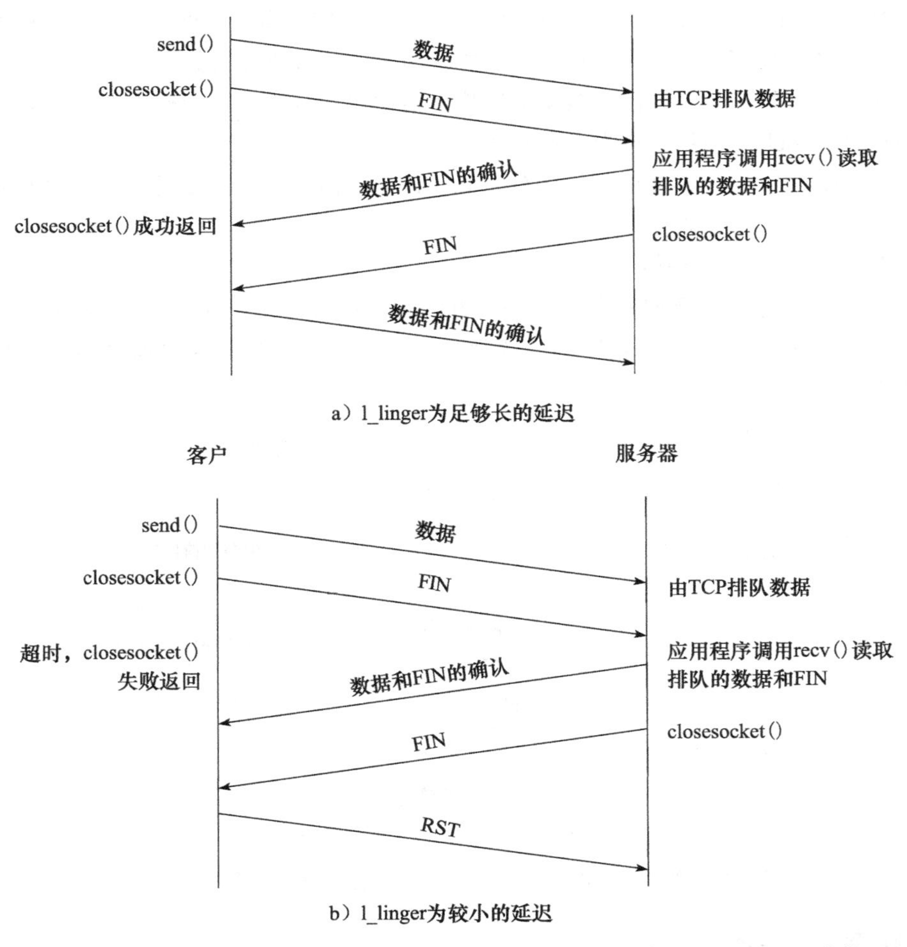

图 5-23　closesocket() 的第 3 种关闭方式：设置 l_onoff 为非 0，且 l_linger 为非 0

2. 连接停止操作的引入

我们把 TCP 连接关闭时的 4 次交互理解为连接停止序列。以上 closesocket() 操作的限制可以通过主动的连接停止操作来避免，在 WinSock 中，函数 shutdown() 和函数 WSASendDisconnect() 都可以用于启动连接停止序列。下面以 shutdown() 为例介绍连接停止操作的使用以及在关闭连接过程中对数据的保护。

shutdown() 函数禁止在一个套接字上进行数据的接收与发送，不关闭套接字，任何与套接字相关的资源都不会被释放掉，其函数定义如下：

```
int shutdown(
    __in  SOCKET s,
    __in  int how
);
```

其中：

- s：用于标识一个套接字的描述符；
- how：用于描述禁止哪些操作。

该函数的行为依赖于 how 参数的以下取值：

1）SD_RECEIVE：关闭连接的接收部分，即套接字中不再有数据可接收。进程不能再对这样的套接字调用任何接收操作，对于底层协议而言，如果仍然有数据等待应用程序接收或对等方仍然有数据发送，那么由于数据无法传送给用户，TCP 连接会被重置。因此，一些设计者认为在 WinSock 下使用该行为很不安全。

2）SD_SEND ：关闭连接的发送部分。此时，当前留在套接字发送缓冲区中的数据将被发送掉，之后发送 FIN 告知对等方。

3）SD_BOTH：关闭连接的发送和接收部分。

让客户知道服务器已读取其数据的一个方法是调用 shutdown()（并设置其第 2 个参数为 SD_SEND）开始本方的连接停止序列，然后调用接收操作，等待接收到对等方的 FIN 后返回，如图 5-24 所示。

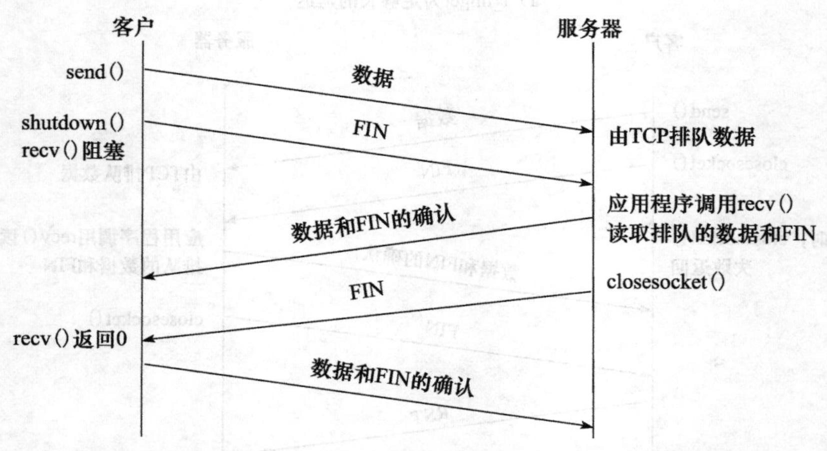

图 5-24　使用 shutdown() 来获知对方已接收到数据和关闭连接

3. 顺序释放连接过程

顺序释放的目的是为了在连接撤销之前保证双方接收到来自对等方的所有数据。根据上述分析，为了使在使用 closesocket() 函数关闭连接时可能发生的数据丢失问题最小化，我们希望能够手工选择 TCP4 次交互关闭连接的时机，根据应用程序的处理逻辑灵活控制连接关闭过程。连接停止操作的使用可以帮助设计者达到这个效果。表 5-2 以客户主动初始连接停止过程为例，展示了 shutdown() 函数和 closesocket() 函数调用的过程。在客户和服务器分别使用一次独立的停止操作（shutdown() 函数或 WSASenddisconnect() 函数），每一方的停止操作会触发其 TCP 实现发送 FIN 到对方，从而在对等方生成 FD_CLOSE 事件，应用程序对于 FD_CLOSE 事件的处理是处理本方的接收和发送操作，停止连接（服务器）或在停止连接的基础上关闭套接字（客户）。

表 5-2 连接停止与关闭的操作过程示例

客　户	服务器
①调用 shutdown(s, SD_SEND) 声明会话结束，客户不再发送数据	
	②获知客户已关闭连接，接收客户已发送的所有数据
	③发送剩余的响应数据
调用 recv() 函数接收服务器发回的应答数据	④调用 shutdown(s,SD_SEND) 声明服务器不再发送数据
⑤ 获知对方关闭连接	调用 closesocket() 函数，释放套接字相关资源
⑥ 调用 closesocket() 函数，释放套接字相关资源	

5.7 提高面向连接程序的传输效率

网络编程的传输性能依赖于网络、应用程序、负载以及其他因素。TCP 在基本的 IP 数据包服务的基础上增加了可靠性和流量控制，这些可能会制约 TCP 的传输性能。在很多现实应用中，我们不仅要求网络程序具备较好的可靠性，同时还希望网络程序具备较高的传输效率，那么就需要了解 TCP 协议对传输性能的影响，选择正确的流式套接字函数和配置，以适应实际应用需求。

5.7.1 避免 TCP 传输控制对性能的影响

相对于 UDP 协议来说，TCP 协议增加了可靠性、流量控制、拥塞控制等机制，表面上看 TCP 的传输效率不如 UDP 那样直接和灵活，所以很多程序设计人员误认为 TCP 的传输效率比 UDP 降低许多。而实际上，在一些场景下，比如连接时间很长且涉及大量的数据传输，TCP 的性能会比 UDP 好很多。但是出于对 TCP 传输过程的控制，TCP 使用了诸多策略，如 Nagle 算法、延迟确认等，这些机制使用的初衷是为了减少网络中传输的小段从而提高传输质量，但也可能由于应用不当造成 TCP 的传输性能大大降低。本节探讨造成 TCP 传输效率降低的可能因素，并给出改善方法。

1. 制约 TCP 传输性能的原因分析

在数据传送过程中，哪些因素会消耗传输时间呢？

首先，每一次发送函数的调用至少需要两个上下文切换，这种切换操作是很消耗资源的，显然对于给定大小的数据，调用的次数越多，传输效率越低。

其次，Nagle 算法会影响传输时间。Nagle 算法由 John Nagle 提出，目的是针对 telnet 以及类似程序的性能问题。这些程序的问题是，它们通常在每一个独立的段中发送一个按键而导致网络中存在一系列“小数据包”，网络中数据包数量的增加会引起网络拥塞，发生拥塞后的重传会导致更多的拥塞。Nagle 算法的基本定义是：任意时刻，最多只能有一个未被确认的小段。所谓“小段”，指的是小于 MSS 尺寸的数据块，所谓“未被确认”，是指一个数据块发送出去后，没有收到对方发送的 ACK 来确认该数据已收到。

Nagle 算法的规则是：

1）如果数据包长度达到 MSS，则允许发送；

2）如果该数据包含有 FIN，则允许发送；

3）设置了 TCP_NODELAY 选项，则允许发送；

4）未设置 TCP_CORK 选项时，若所有发出去的小数据包（包长度小于 MSS）均被确认，则允许发送；

5）上述条件都未满足，但发生了超时（一般为 200ms），则立即发送。

有了 Nagle 算法，TCP 在发送过程中的真正封包形态和发送时机可能会与不使用 Nagle 算法时有一些不同。举例来看，假定每次以 200ms 递交给 TCP 一个字节，如果连接的 RTT 为 1 秒，不带 Nagle 算法的 TCP 具体实现将以 1 : 40 的开销（因为最小的 TCP 数据段是 40 字节，每个段发送 1 个字节将使用 40 个字节的附加传输代价）每秒发送 5 个段，如图 5-25a 所示。而对于带 Nagle 算法的 TCP 具体实现来说，第一个字节立即被发送，用户输入的后面 4 个字节一直保存到第一个段的 ACK 消息到达，这时 4 个字节一起发送，如图 5-25b 所示。这样只发送了 2 个段，而不是 5 个，开销减少为 1 : 16，而数据传输率维持为同样的每秒 5 个字节。Nagle 算法防止了应用程序以小段方式传送数据造成的网络拥塞，而且在大多数情况下，TCP 运行起来的效果跟没有 Nalge 算法是一样的。

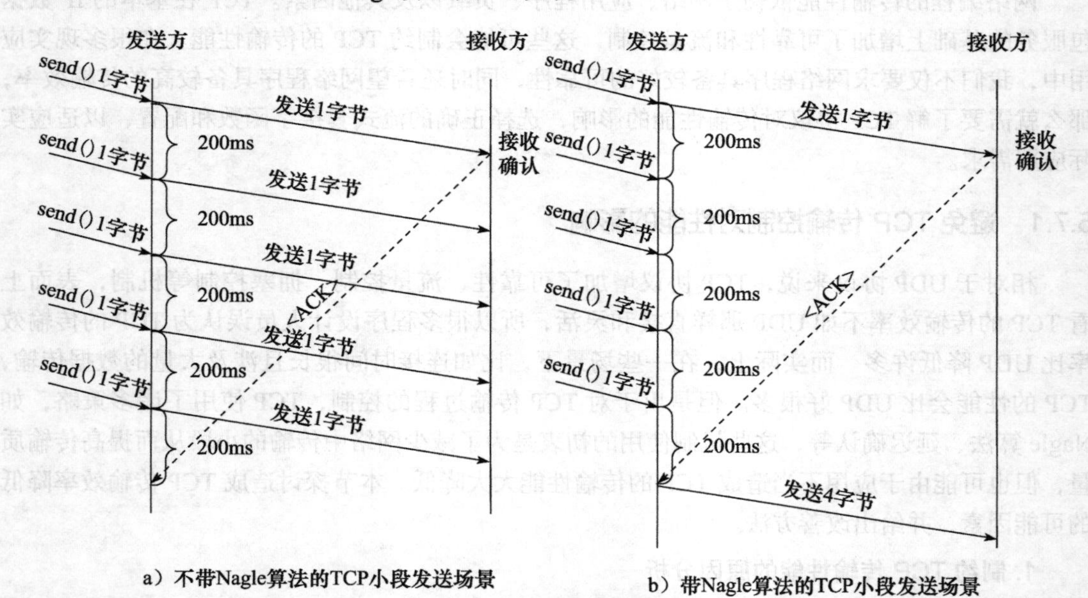

图 5-25　Nagle 算法对 TCP 小段数据发送的影响

但是，Nagle 算法与 TCP 的延迟确认机制一起工作时，在一些特殊场景下，可能会大大影响数据的传输效率。

延迟确认机制的目的是为了减少网络中传输的段的数量，当对等方的段到达时，TCP 延迟发送 ACK 消息，希望应用程序对刚接收到的数据做出响应，以便 ACK 消息可以在新数据段中捎带出去。该延迟的取值在不同的操作系统中默认值不同，在 Linux 系统中，该值通常为 40ms，在 BSD 实现中，这个延迟的取值通常为 200ms，Windows 操作系统也默认使用 200ms。

图 5-26 示例了两个机制在典型的请求 / 响应会话中是如何相互影响的，如图中所示，客户发送短请求给服务器，等待响应，然后做出其他请求。在图 5-26a 所示场景中，客户的操作顺序是“发送 – 接收 – 发送 – 接收”，由于客户只有在响应到达后才会发送另一个段，响应中还捎带了上一个请求的 ACK 消息，此时 Nagle 算法并没有起作用，在服务器一方，延迟的 ACK 消息与服务器的响应一起发送，且服务器处理请求并响应所需的时间远小于 200ms，每一个请求 / 响应只消耗了一来一回两个段。在图 5-26b 所示场景中，假定客户以两个分开的写操作来发送请求，比如发送可变长度请求给服务器的客户可能先发送请求的长度字段，之后跟着实际的请求数据。此时，客户的操作顺序是“发送 – 发送 – 接收”，此时 Nagle 算法和延迟确认机制相互影响，结果是每个请求 / 响应的延迟增大了很多，客户的第一个发送请求完成后，Nagle 算法开始起作用，不允许第二个发送请求立即生效，当服务器应用程序接收到第一个请求时，由于尚未接收到全部请求，因此服务器并不发送响应数据，这意味着服务器延迟等待 200ms 后才发送一个独立的 ACK 消息给客户，之后客户的第二部分请求才可以继续发送。在这种场景下，Nagle 和延迟确认互相阻塞：Nagle 算法防止第一部分数据确认之前发送请求的第二部分，而延迟确认要求等到延迟时间到了才发送 ACK 消息。

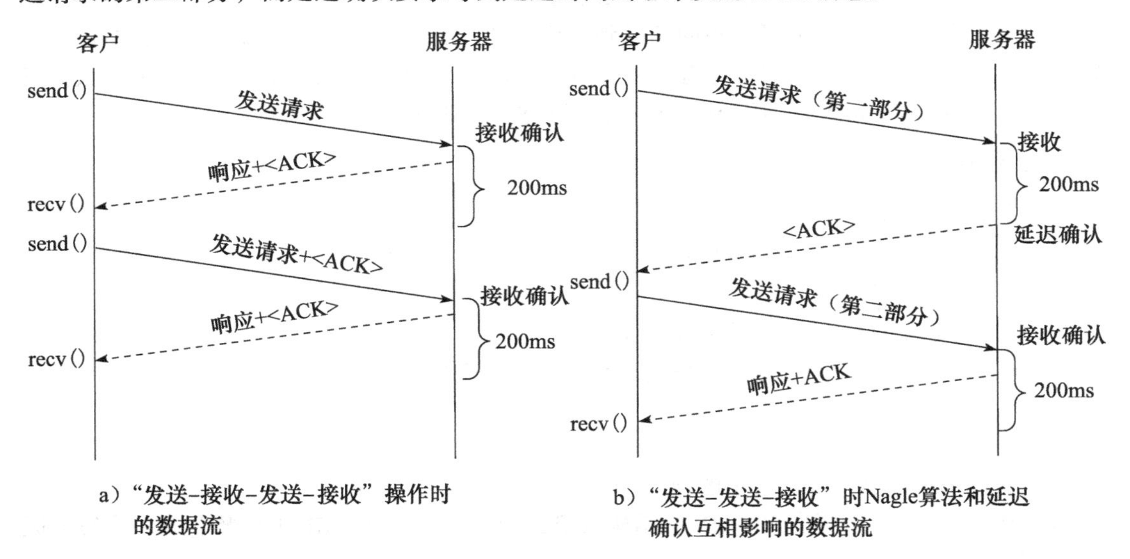

a）“发送–接收–发送–接收”操作时的数据流

b）“发送–发送–接收”时Nagle算法和延迟确认互相影响的数据流

图 5-26　两种典型的请求 / 响应会话中的数据流

2. 选择合适的发送方式

接下来，我们选择两种应用场景来分析如何根据具体需求选择合适的发送方式。

场景一：实时、单向小段数据发送的网络操作

这种场景适用于很多实时监控的应用，比如假定客户给服务器发送的是一系列监控数据，如果在这些监控数据超过了一定阈值后，要求服务器必须在 100ms 内做出反应，此时，由于两个算法互相影响而产生的 200ms 延迟就不能满足应用需求了，因此我们希望消除这种影响带来的响应延迟。

Nagle 算法可以通过 TCP 层次上的套接字选项的设置来禁用，以下是禁用选项 TCP_

NODELAY 的示例代码：

```
1  int on = 1;
2  int len = sizeof(on);
3  if(setsockopt( fd, IPPROTO_TCP, TCP_NODELAY, (const char *)&on, len ) < 0 )
4  {
5     printf("setsockopt error\n" );
6     return-1;
7  }
```

可以确信的是，当关闭 Nagle 算法后，程序性能确实得到了解决，不过，该性能是以网络中存在大量的小数据包为代价的，所以不能仅仅因为可以关闭 Nagle 算法，就在所有场景下都使用这种方法，在可以用其他方法提高 TCP 响应时间的情况下，应尽量减少使用该方法。

场景二："发送 – 发送 –⋯– 接收"型的网络操作

这种场景适合于各种需要执行一系列发送后再接收处理的应用，如发送多种监控数据，请求服务器计算综合结果。任何这样的操作序列都会触发 Nagle 算法和延迟确认算法之间的互相影响，因此应当尽量避免这种情况发生，如果能将接收操作之前的多次发送操作聚合为一次发送请求，那么就能将图 5-26b 中的场景转换为图 5-26a 的情形，也就避免了 Nagle 算法和延迟确认算法之间互相影响造成的传输延迟问题。

一种思路是在发送之前拷贝不同的段到一个缓冲区后再发送，但是数据通常驻留在两个或多个不连续的缓冲区，我们希望有一种有效的方法一次把这些不连续的缓冲区中的数据直接发送出去。在 WinSock 环境下 WSASend() 函数提供了这种能力，该函数的定义如下：

```
int WSASend(
  __in    SOCKET s,
  __in    LPWSABUF lpBuffers,
  __in    DWORD dwBufferCount,
  __out   LPDWORD lpNumberOfBytesSent,
  __in    DWORD dwFlags,
  __in    LPWSAOVERLAPPED lpOverlapped,
  __in    LPWSAOVERLAPPED_COMPLETION_ROUTINE lpCompletionRoutine
);
```

其中：

- s：标识一个已连接套接字的描述符。
- lpBuffers：一个指向 WSABUF 结构数组的指针。每个 WSABUF 结构包含一个缓冲区的指针和缓冲区的大小。
- dwBufferCount：记录 lpBuffers 数组中 WSABUF 结构的数目。
- lpNumberOfBytesSent：一个返回值，如果发送操作立即完成，则为一个指向所发送数据字节数的指针。
- dwFlags：标志位，与 send() 函数的 flags 参数是类似的。
- lpOverlapped 和 lpCompletionRoutine："用于重叠套接字。lpOverlapped 是一个指向 WSAOVERLAPPED 结构的指针。lpCompletionRoutine 是一个指向发送操作完成后调用的完成例程的指针。

函数 WSASend() 覆盖标准的 send() 函数，并在下面两个方面有所增强：

1）可以用于重叠套接字进行重叠发送的操作；

2）可以一次发送多个缓冲区中的数据来进行集中写入。

以下以可变长消息发送客户为例，示例使用 WSASend() 发送两个独立缓冲区的数据：

```
WSABUF wbuf[2];
DWORD sent;
int n ,packetlen;
//接收用户输入，发送用户的输入数据
while(fgets(sendline, MAXLINE, fp)!=NULL)
{
    n =strlen( sendline );
    packetlen = htonl( n );
    wbuf[0].buf =(char *)&packetlen;
    wbuf[0].len =sizeof(packetlen);
    wbuf[1].buf =sendline;
    wbuf[1].len =strlen(sendline);
    //发送 wbuf 中的两个缓冲区的内容
    iResult = WSASend( s, wbuf, 2 ,&sent, 0, NULL, NULL);
    if(iResult == SOCKET_ERROR)
    {
        printf("WSAsend 函数调用错误，错误号: %ld\n", WSAGetLastError());
        return -1;
    }
    ......
}
......
```

5.7.2 设置合适的缓冲区大小

TCP 实现要求在发送用户数据之前把它复制到发送缓冲区中，然后再从发送缓冲区封包发送。到达接收方时，数据先存储在接收方的接收缓冲区中，再经应用程序的多次读取操作将缓冲区中的数据拷出。如果希望传输大量数据，应用程序应最大化每秒钟传递的字节数，在没有网络容量或其他限制的情况下，设置合适的缓冲区大小能够帮助应用程序实现较高的端到端的数据传送性能。

对于流式套接字来说，发送缓冲区和接收缓冲区的大小成为提高面向连接程序传输效率的重要因素。从这个角度来看，制约传输效率的因素主要有三点：

- 上下文切换代价；
- 流量控制机制对 CPU 时间的消耗；
- 页面调度操作负担。

从上下文切换代价来看，每次发送操作和接收操作都涉及系统调用，系统需要进行上下文切换，消耗一定的 CPU 时间。举一个极端的例子：传输 *n*（*n* 比较大）字节的数据，利用大小为 *n* 的缓冲区调用一次 send() 通常比利用 1 个字节的缓冲区调用 *n* 次 send() 要高效得多。同样的考虑也适用于接收过程。

从流量控制机制来看，接收缓冲区指定在发送被中断前可以发送而不会被接收的数据量。如果发送太多数据，就会使缓冲区过载，此时流量控制机制中断传输。如果接收缓冲区太小，接收缓冲区会频繁地过载，流量控制机制就会停止数据传输，直到接收缓冲区被清空为止。在这个过程中，流量控制会耗用大量的 CPU 时间，并且会由于数据传输中断而延长网络等待时间。

从前两种制约传输效率的因素分析来看，较合适的有效缓冲区大小能够降低应用程序执行发送和接收的系统调用次数，从而降低上下文切换开销，较大的缓冲区有助于降低发生流量控制的可能性，并且将提高 CPU 利用率。

但是，在某些情况下较大的缓冲区也会对性能产生负面影响。如果缓冲区太大，并且应用程序处理数据的速度不够快，页面调度操作就会增加。

设置合适的缓冲区大小的目标是使指定的值足以降低上下文切换次数，避免流量控制，但又不会太大而导致缓冲区中积累的数据超出系统处理能力。

在 Windows 系统中，默认的发送缓冲区和接收缓冲区大小是 8KB，最大大小是 8MB（8192KB）。最佳缓冲区大小取决于若干网络环境因素，这些因素包括交换机和系统的类型、确认计时、错误比率和网络拓扑、内存大小以及数据传输大小。当数据传输量相当大时，可能要将缓冲区长度设置为较大值，以便提高吞吐量、降低流量控制的发生频率以及降低 CPU 成本。比如 Web 服务器与 WebSphere Application Server 之间的套接字连接的缓冲区大小建议设置为 64KB，WebSphere Commerce Suite 建议使用 180KB 的缓冲区大小以减少流量控制，并且通常不会对页面调度产生负面影响。最佳值取决于特定的系统特征。在确定系统的理想缓冲区大小之前，我们需要通过程序对缓冲区的取值进行测试，并选择性能最好的缓冲区作为应用程序在特定网络环境下的最佳取值。

发送缓冲区和接收缓冲区的大小可以通过 TCP 选项设置进行修改。套接字级别上的选项 SO_RCVBUF 可用于获取和修改接收缓冲区的大小，下列的代码示例了如何获取当前系统的接收缓冲区大小：

```
int rcvbuf_len;
int len = sizeof(rcvbuf_len);
if(getsockopt( fd, SOL_SOCKET, SO_RCVBUF, (char *)&rcvbuf_len, &len ) < 0)
{
    printf("getsockopt error\n" );
    return -1;
}
printf("the recevice buf len: %d\n", rcvbuf_len );
```

而套接字级别上的选项 SO_SNDBUF 则用于获取和修改发送缓冲区的大小，代码同上，只是将 SO_RCVBUF 修改为 SO_SNDBUF。

修改发送和接收缓冲区的长度可以通过 setsockopt() 函数实现，调用前需指明要设置的缓冲区长度参数，以下代码示例了如何设置系统的发送缓冲区大小：

```
int sendbuf_len = 10 * 1024; //10K。
int len = sizeof(sendbuf_len);
if(setsockopt( fd, SOL_SOCKET, SO_SNDBUF, (const char *)&sendbuf_len, len ) < 0 )
{
    printf("setsockopt error\n" );
    return -1;
}
```

习题

1. 思考套接字接口层与 TCP 实现之间的关系，结合数据发送和接收分析数据的传递过程以及两个层次的具体工作。

2. 在基于流式套接字的网络应用程序设计中，假设客户以 8 字节 –12 字节 –8 字节 –12 字节的顺序交替发送数据给服务器，请问，服务器的接收操作每次能够接收到多少字节的数据？为什么？
3. 使用 TCP 进行数据传输的应用程序是否一定不会出现数据丢失？应用程序应在哪些具体操作上考虑可靠性问题？

实验

1. 使用流式套接字编程设计一个并发的回射服务器，该服务器具有并发处理客户请求的功能，当多个客户同时请求服务器回射时，服务器能够同时接收多个客户的请求并相应做出回射响应。
2. 设计一个网络测试程序，客户能够模拟“发送 – 发送 –…– 接收”的操作序列，采用 send() 和 WSASend() 两种发送方式进行请求发送，测试在这两种发送操作下服务器的响应时间有何差别，并说明原因。

Chapter 6

第6章 数据报套接字编程

UDP 协议为网络应用程序提供不可靠的数据传输服务，该服务简单、灵活，在现实生活中得到了广泛的应用。本章从 UDP 协议的原理出发，阐明数据报套接字编程的适用场合，介绍数据报套接字编程的基本模型、函数使用细节等，举例示范数据报套接字编程的具体过程。

网络编程是一个与协议原理关系密切的实现过程，本章在基本数据报套接字编程的基础上进一步探讨了 UDP 协议的不可靠性问题，给出了一些程序优化的解决方案，如排除噪声数据、增加错误检测功能、判断未开放的服务以及避免流量溢出等。另外，本章最后一部分讨论了并发性处理问题，分析了循环无连接服务器和并发无连接服务器的特点，并给出了程序实现的基本框架。

6.1 UDP：用户数据报协议要点

6.1.1 使用 TCP 传输数据有什么缺点

相对于 UDP 协议来说，TCP 协议增加了可靠性、流量控制、拥塞控制等机制，能够保证数据传递的可靠性，那么是不是在所有情况下使用 TCP 协议都是最合适的呢？

首先，使用 TCP 协议传输数据的代价相对于 UDP 而言要高许多。如果使用 TCP 协议实现一次请求 – 应答交换，由于 TCP 协议使用 3 次握手建立连接，并且在关闭连接时要进行 4 次交互，那么最小事务处理时间将是 2 × RTT+SPT，其中 RTT 表示客户与服务器之间的往返时间，SPT 表示客户请求的服务器处理时间。相比之下，UDP 没有连接建立和释放，就单个 UDP 请求 – 应答交换而言的最小事务处理时间仅为 RTT+SPT，比 TCP 减少了一个 RTT。因此，传输代价是使用 TCP 协议时必须要考虑的一个损失。

其次，连接的存在意味着连接维护的代价。服务器要为每一个已经建立连接的客户分配单独使用的资源，如用于数据接收和发送的 TCP 缓冲区、存储连接相关参数的 TCP 变量等，这对于有可能为同时来自数百个不同客户的请求提供服务的服务器来说，会严重增加该服务器的负担，甚至可能造成服务器资源的过耗。

最后，在每个连接的通信过程中，TCP 拥塞控制中的慢启动策略会起作用，使得每个 TCP 连接都要起始于慢启动阶段。由此带来的结果是数据通信的效率不会马上达到 TCP 的最大传输性能，也因此增大了使用 TCP 协议进行网络通信的传输延迟。

由以上分析来看，尽管 TCP 提供了可靠的数据传输服务，简化了上层应用程序的设计复杂性，但同时也有一些性能和资源方面的损失，TCP 协议未必是所有网络应用程序在选择传输层协议时的最佳选择。

6.1.2　UDP 协议的传输特点

UDP 协议是一个无连接的传输层协议，提供面向事务的简单、不可靠的信息传送服务。

UDP 协议的传输特点表现在以下方面：

- 多对多通信。UDP 在通信实体的数据量上具有更大的灵活性，多个发送方可以向一个接收方发送报文，一个发送方也可以向多个接收方发送数据，更重要的是，UDP 能让应用使用底层网络的广播或组播设施交付报文。

不可靠服务。UDP 提供的服务是不可靠交付的，即报文可以丢失、重复或失序，它没有重传设施，如果发生故障，也不会通知发送方。

缺乏流量控制。UDP 不提供流量控制，当数据包到达的速度比接收系统或应用的处理速度快时，只是将其丢弃而不会发出警告或提示。

报文模式。UDP 提供了面向报文的传输方式，在需要传输数据时，发送方准确指明要发送的数据的字节数，UDP 将这些数据放置在一个外发报文中，在接收方，UDP 一次交付一个传入报文。因此当有数据交付时，接收到的数据拥有和发送方应用程序所指定的一样的报文边界。

6.1.3　UDP 的首部

UDP 数据报文封装在 IP 数据包的数据部分进行传输，UDP 数据在 IP 数据包中的封装如图 6-1 所示。

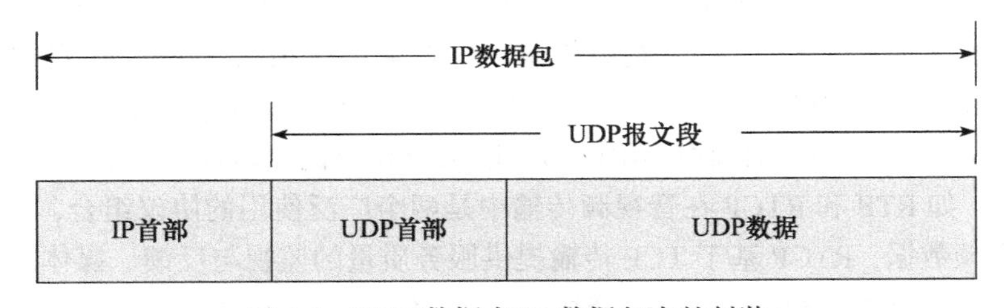

图 6-1　UDP 数据在 IP 数据包中的封装

图 6-2 显示了 UDP 首部的数据格式。

图 6-2 UDP 首部

UDP 首部各字段的含义如下：

- 源、目的端口号。每个 UDP 数据报文都包含源端口号和目的端口号，用于寻找发送端和接收端的应用进程。UDP 端口号与 TCP 端口号是相互独立的。
- UDP 长度。UDP 长度字段指 UDP 首部和 UDP 数据的字节总长度，该字段的最小值是 8，即数据部分为 0。
- UDP 校验和。UDP 校验和是一个端到端的校验和。它由发送端计算，然后由接收端验证，其目的是发现 UDP 首部和数据在发送端到接收端之间发生的任何改动。校验和的覆盖范围包括 UDP 首部、UDP 伪首部和 UDP 数据。UDP 的校验和是可选的，如果 UDP 中校验和字段为 0，表示不进行校验和计算。

6.2 数据报套接字编程模型

数据报套接字依托数据报传输协议（在 TCP/IP 协议簇中对应 UDP 协议），用于提供无连接的报文传输服务，该服务简单、高效，但不保证数据能够实现无差错、无重复、无乱序传送。基于报文的特点，使用数据报套接字传输的数据形态是独立的数据报文。

6.2.1 数据报套接字编程的适用场合

数据报套接字基于不可靠的报文传输服务，这种服务的特点是无连接、不可靠。无连接的特点决定了数据报套接字的传输非常灵活，具有资源消耗小、处理速度快的优点。而不可靠的特点意味着在网络质量不佳的环境下，发生数据包丢失的现象会比较严重，因此上层应用程序在设计开发时需要考虑网络应用程序运行的环境以及数据在传输过程中的丢失、乱序、重复对应用程序带来的负面影响。总体来看，数据报套接字适合于在以下场合使用：

1）音频、视频的实时传输应用。数据报套接字适合用于音频、视频这类对实时性要求比较高的数据传输应用。传输内容通常被切分为独立的数据报，其类型多为编码后的媒体信息。在这种应用场景下，通常要求实时音视频传输，与 TCP 协议相比，UDP 协议减少了确认、同步等操作，节省了很大的网络开销。UDP 协议能够提供高效率的传输服务，实现数据的实时性传输，因此在网络音视频的传输应用中，应用 UDP 协议的实时性并增加控制功能是较为合理的解决方案，如 RTP 和 RTCP 在音视频传输中是两个广泛使用的协议组合，通常 RTP 基于 UDP 传输音视频数据，RTCP 基于 TCP 传输提供服务质量的监视与反馈、媒体间同步等功能。

2）广播或多播的传输应用。流式套接字只能用于 1 对 1 的数据传输，如果应用程序需要广播或多播传送数据，那么必须使用 UDP 协议，这类应用包括多媒体系统的多播或广播业务、局域网聊天室或者以广播形式实现的局域网扫描器等。

3）简单高效需求大于可靠需求的传输应用。尽管UDP协议不可靠，但其高效的传输特点使其在一些特殊的传输应用中受到欢迎，比如聊天软件常常使用UDP协议传送文件，日志服务器通常设计为基于UDP协议来接收日志。这些应用不希望在每次传递短小数据时消耗昂贵的TCP连接的建立与维护代价，而且即使偶尔丢失一两个数据包，也不会对接收结果产生太大影响，在这种场景下，UDP协议的简单高效特性非常适合。

6.2.2 数据报套接字的通信过程

使用数据报套接字传送数据类似于生活中的信件发送，与流式套接字的通信过程有所不同，数据报套接字不需要建立连接，而是直接根据目的地址构造数据包进行传送。

（1）基于数据报套接字的服务器进程的通信过程

在通信过程中，服务器进程作为服务提供方，被动接收客户的请求，使用UDP协议与客户交互，其基本通信过程如下：

1）Windows Sockets DLL初始化，协商版本号；

2）创建套接字，指定使用UDP（无连接的传输服务）进行通信；

3）指定本地地址和通信端口；

4）等待客户的数据请求；

5）进行数据传输；

6）关闭套接字；

7）结束对Windows Sockets DLL的使用，释放资源。

（2）基于数据报套接字的客户进程的通信过程

在通信过程中，客户进程作为服务请求方，主动向服务器发送服务器请求，使用UDP协议与服务器交互，其基本通信过程如下：

1）Windows Sockets DLL初始化，协商版本号；

2）创建套接字，指定使用UDP（无连接的传输服务）进行通信；

3）指定服务器地址和通信端口；

4）向服务器发送数据请求；

5）进行数据传输；

6）关闭套接字；

7）结束对Windows Sockets DLL的使用，释放资源。

6.2.3 数据报套接字编程的交互模型

基于以上对数据报套接字通信过程的分析，我们给出通信双方在实际通信中的交互时序以及对应函数。

在通常情况下，首先服务器端启动，它随时等待客户服务请求的到来，而客户的服务请求则由客户根据需要随时发出。由于不需要连接，每一次数据传输目的地址都可以在发送时改变，双方数据传输完成后，关闭套接字。由于服务器端的服务对象通常不限于单个，因此在服务器的函数设置上考虑了多个客户同时连接服务器的情形。数据报套接字的编程模型如图6-3所示。

服务器程序要先于客户程序启动，每个步骤中调用的套接字函数如下：

1）调用WSAStartup()函数加载Windows Sockets动态库，然后调用socket()函数创建一个数据报套接字，返回套接字号s；

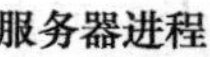

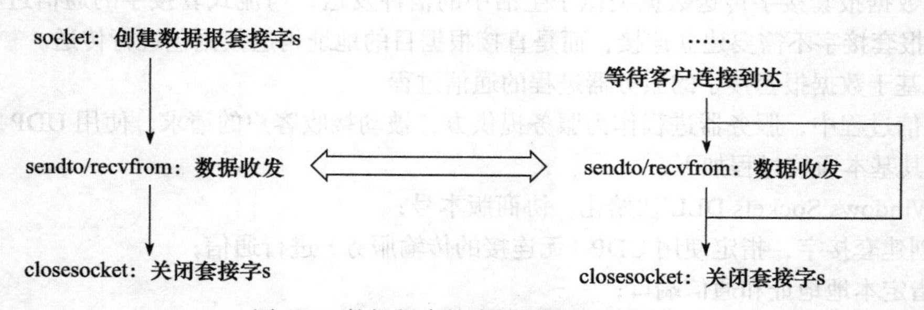

图 6-3 数据报套接字编程的交互模型

2）调用 bind() 函数将套接字 s 绑定到一个本地的端点地址上；

3）调用 recvfrom() 函数接收来自客户的数据；

4）处理客户的服务请求；

5）调用 sendto() 函数向客户发送数据；

6）当结束客户当前请求的服务后，服务器程序继续等待客户进程的服务请求，回到步骤 3；

7）如果要退出服务器程序，则调用 closesocket() 函数关闭数据报套接字。

客户程序中每一步骤所使用的套接字函数如下：

1）调用 WSAStartup() 函数加载 Windows Sockets 动态库，然后调用 socket() 函数创建一个数据报套接字，返回套接字号 s；

2）调用 sendto() 函数向服务器发送数据，调用 recvfrom() 函数接收来自服务器的数据；

3）与服务器的通信结束后，客户进程调用 closesocket() 函数关闭套接字 s。

由图 6-3 所示的客户与服务器的交互通信过程来看，服务器和客户在通信过程中的角色是有差别的，对应的操作也不同，进一步思考以下问题：

1）在数据报套接字中使用了另外一对数据收发函数 sendto() 和 recvfrom()，这两个函数与流式套接字中常用的 send() 和 recv() 函数有何区别？

2）在服务器和客户的通信过程中，无连接服务器是如何处理多个客户服务请求的呢？

6.2.4 数据报套接字服务器的工作原理

有别于基于流式套接字的服务器工作过程，在基于数据报套接字开发的无连接服务器中，并不存在客户与服务器虚拟的连接通道，当服务器的套接字准备好提供服务时，通常仅有一个套接字用于接收所有到达的数据报并发回所有的响应。由于服务器的服务对象通常不限于单个，这些客户的请求都会进入该服务器的套接字接收缓冲区中，等待服务器处理。假设有两个客户都在请求服务器的服务，图 6-4 展示了两个客户发送数据报到 UDP 服务器的情形。

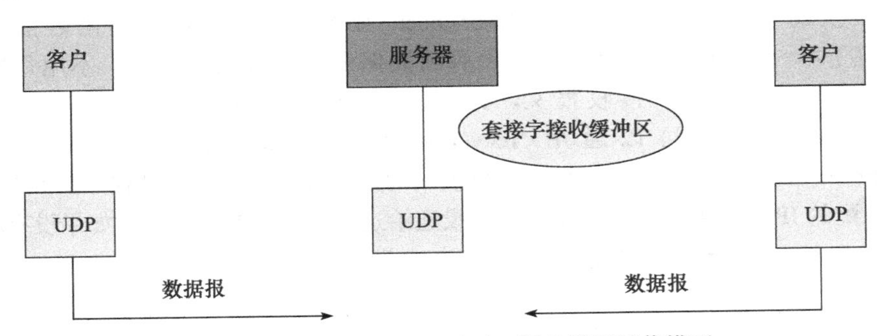

图 6-4　两个客户的 UDP 客户 / 服务器间通信模型

结合数据报套接字服务器的工作原理，我们进一步思考在服务器和客户的通信过程中，服务器是如何处理多个客户服务请求的。

从服务器的并发方式上看，根据实际应用的需求，服务器可以设计为一次只服务于单个客户的循环服务器，也可以设计为同时为多个客户服务的并发服务器，具体如下：

1）如果是循环服务器，则服务器每次接收到一个客户的请求并处理后，继续接收进入套接字接收缓冲区的其他请求。这些请求可能是当前客户的后续请求，也可能是其他客户的请求，在整个过程中步骤 3 ~ 6 是循环进行的。这是最常见的无连接服务器的形式，适用于要求对每个请求进行少量处理的服务器设计。

2）如果是并发服务器，则要求当服务器与一个客户进行通信的过程中，可以同时接收其他客户的服务请求，并且服务器要为每一个客户创建一个单独的子进程或线程。由于缺少连接的标识，区分每个客户端的请求是设计无连接并发服务器需要慎重考虑的重要环节。在服务器实现中，步骤 3 ~ 6 与多个客户端通信时是并发执行的。

6.2.5　数据报套接字的使用模式

我们知道，UDP 是一个无连接协议，也就是说，它仅仅传输独立的有目的地址的数据报。“连接”的概念似乎与数据报套接字无关，而实际上，在有些情况下，“连接”在数据报套接字中的使用可以帮助网络应用程序在可靠性和效率方面有一定程度的优化。

1. 两种数据报套接字的使用模式

在数据报套接字的使用过程中，可以有两种数据发送和接收的方式。

（1）非连接模式

在非连接模式下，应用程序在每次数据发送前指定目的 IP 和端口号，然后调用 sendto() 函数或 WSASendTo() 函数将数据发送出去，并在数据接收时调用 recvfrom() 函数或 WSARecvFrom() 函数，从函数返回参数中读取接收数据报的来源地址。这种模式通常适用于服务器的设计，服务器面向大量客户，接收不同客户的服务请求，并将数据应答发送给不同的客户地址。另外，这种模式也同样适用于广播地址或多播地址的发送。以广播方式发送数据为例，应用程序需要使用 setsockopt() 函数来开启 SO_BROADCAST 选项，并将目的地址设置为 INADDR_BROADCAST（相当于 inet_addr（“255.255.255.255”））。

非连接模式是数据报套接字默认使用的数据发送和接收方式，这种模式的优点是数据发送的灵活性较好。

（2）连接模式

在连接模式下，应用程序首先调用connect() 函数或 WSAConnect() 函数指明远端地址，即确定了唯一的通信对方地址，在之后的数据发送和接收过程中，不用每次重复指明远程地址就可以发送和接收报文。此时，send() 函数、WSASend() 函数、sendto() 函数和 WSASendTo() 函数可以通用，recv() 函数、WSARecv() 函数、recvfrom() 函数和 WSARecvFrom() 函数也可以通用。处于连接模式的数据报套接字工作过程如图 6-5 所示，来自其他不匹配的 IP 地址或端口的数据报不会投递给这个已连接的套接字。如果没有相匹配的其他套接字，UDP 将丢弃它们并生成相应的 ICMP 端口不可达错误。

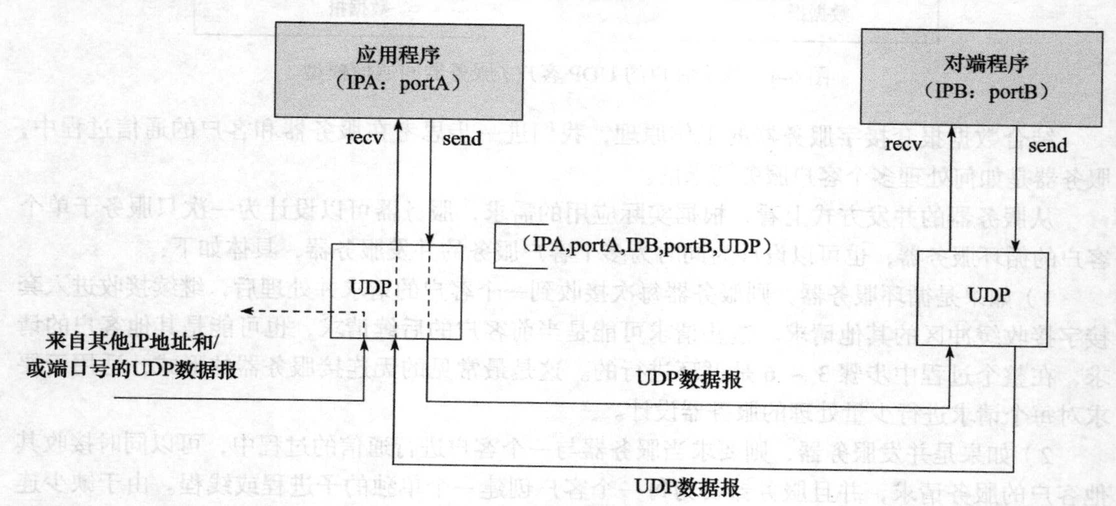

图 6-5　处于连接模式的数据报套接字工作过程

一般来说，UDP 客户调用 connect() 的现象比较常见，但也有 UDP 服务器与单个客户长时间通信的应用程序，在这种情况下，客户和服务器都可调用 connect()。连接模式对那些一次只与一个服务器进行交互的常规客户软件来说是很方便的，应用程序只需要一次指明服务器，而不管有多少数据报要发送，在这种情况下，只复制一次含有目的 IP 地址和端口号的套接字地址，传输效率会更高。另外，连接模式保证应用程序接收到的数据只能是连接对等方发来的数据，不会受到其他应用程序发来的噪声数据的影响。

2.“连接”在套接字中的含义

对于 TCP 来说，调用 connect() 将导致双方进入 TCP 的三次握手初始化连接阶段，客户会发送 SYN 段给服务器，接收服务器返回的确认和同步请求，在连接建立好后，双方交换了一些初始的状态信息，包括双方的 IP 地址和端口号。因此，对于流式套接字的 connect() 操作而言，connect() 函数完成的功能是：1）在调用方为套接字关联远程主机的地址和端口号；2）与远端主机建立连接。该函数的成功暗示着服务器是正在提供服务的且双方的路径是可达的。从使用次数上来看，connect() 函数只能在流式套接字上调用一次。

对于 UDP 来说，由于双方没有共享状态要交换，所以调用 connect() 函数完全是本地操作，不会产生任何网络数据。因此，对于数据报套接字的 connect() 操作而言，connect() 函数完成的功能是：在调用方为套接字关联远程主机的地址和端口号。由于没有网络通信行为发生，该函数的成功并不意味着对等方一定会对后续的数据请求产生回应，可能服务器是关闭的，也可能网络根本就没有连通。一个数据报套接字可以多次调用connect()函数，目的可能是：1）指定新的IP地址和端口号；2）断开套接字。对于第一个目的，通过再次调用connect()，可以使得数据报套接字更新所关联的远端端点地址；对于第二个目的，为了断开一个已连接的数据报套接字，在再次调用connect()函数时，把套接字地址结构的地址族成员设置为AF_UNSPEC，此时，后续的send()/WSASend()、recv()/WSARecv()函数都将返回错误。

6.3 基本函数与操作

以下我们围绕数据报套接字编程的几个基本操作具体介绍相关函数的使用。数据报套接字使用了一些与流式套接字相同的函数，不过对这些函数调用时，它们的参数赋值有一些差别。

6.3.1 创建和关闭套接字

要使用UDP通信，程序首先要求操作系统创建套接字抽象层的实例。在WinSock 2中，完成这个任务的函数是socket()和WSASocket()，它们的参数指定了程序所需的套接字类型，具体定义和用法参见5.3.1节，该函数的参数指定了程序所需的套接字类型。

在数据报套接字中，使用常量SOCK_DGRAM指明使用数据报传输服务。

6.3.2 指定地址

当套接字创建后，仅仅明确了该套接字即将使用的地址族，但尚未关联具体的端点地址，使用套接字的应用程序需要明确它们将要用于通信的本地和远程端点地址才能进行确定的数据传递。

bind()函数通过将一本地名字赋予一个未命名的套接字，实现套接字与本地地址的关联，具体定义和用法参见5.3.2节。

6.3.3 数据传输

数据报套接字创建好后，可以直接进行数据传输，由于没有连接维护双方的地址信息，因此传统数据报套接字的发送和接收需要显式处理远端地址。

1. 发送数据

数据报套接字通常使用sendto()函数进行数据的发送，该函数的定义如下：

```
int sendto(
  __in  SOCKET s,
  __in  const char *buf,
  __in  int len,
  __in  int flags,
  __in  const struct sockaddr *to,
  __in  int tolen
);
```

其中：

- s：数据报套接字的描述符；
- buf：指向要发送的字节序列的应用程序缓冲区；

- len：发送缓冲区的字节长度；
- flags：提供了一种改变套接字调用默认行为的方式，把 flags 设置为 0 用于指定默认的行为，另外数据传输还可以采用 MSG_DONTROUTE（不经过本地的路由机制）和 MSG_OOB（带外数据）两种方式进行；
- to：被声明为一个指向 sockaddr 结构的指针，对于 TCP/IP 应用程序，该指针通常先被转换为以 sockaddr_in 或 sockaddr_in6 结构保存的目的 IP 地址和端口号，然后在调用时进行指针的强制类型转换；
- tolen：指定地址结构的长度，通常为 sizeof(struct sockaddr_in) 或 sizeof(struct sockaddr_in6)。

如果函数调用成功，则返回发送数据的字节数；否则返回 SOCKET_ERROR。

2. 接收数据

数据报套接字通常使用 recvfrom() 函数进行数据的接收，该函数的定义如下：

```
int recvfrom(
    __in           SOCKET s,
    __out          char *buf,
    __in           int len,
    __in           int flags,
    __out          struct sockaddr *from,
    __in_outopt_  int *fromlen
);
```

其中：

- s：数据报套接字的描述符；
- buf：指向要保存接收数据的应用程序缓冲区；
- len：接收缓冲区的字节长度；
- flags：提供了一种改变套接字调用默认行为的方式，把 flags 设置为 0 用于指定默认的行为，另外数据传输还可以采用 MSG_DONTROUTE（不经过本地的路由机制）和 MSG_OOB（带外数据）两种方式进行；
- from：被声明为一个指向 sockaddr 结构的指针，当 recvfrom() 函数成功返回后，将本次接收到的数据报的来源地址写入 from 指针指向的结构中；
- fromlen：指明地址结构的长度。

如果函数调用成功，recvfrom() 函数的返回值指示了实际接收的字节总数；否则返回 SOCKET_ERROR。

6.4　编程举例

本节通过一个 Windows 控制台应用程序实现基于数据报套接字的回射功能。

6.4.1　基于数据报套接字的回射客户端编程操作

客户端程序的实现过程具体如下。

1. 创建客户端套接字

初始化 Windows Sockets DLL 后，为了进行网络操作，首先需要创建一个客户端的套接字，用于标识网络操作，同时将其与特定的传输服务提供者关联起来，具体步骤与 5.4.1 节类似，不同之处在于本示例套接字类型为数据报套接字，使用 UDP 协议进行网络传输。声明如下：

```
struct addrinfo *result = NULL, *ptr = NULL, hints;
ZeroMemory( &hints, sizeof(hints) );
hints.ai_family = AF_INET;
hints.ai_socktype = SOCK_DGRAM;
hints.ai_protocol = IPPROTO_UDP;
```

另一种常用的对地址进行获取和配置的方法是使用 gethostbyname() 和 gethostbyaddr()，详见 5.4.1 节示例。此时套接字的创建需要显式声明套接字的类型和相关协议类型：

```
SOCKET ConnectLessSocket= INVALID_SOCKET;
ConnectLessSocket= socket(AF_INET, SOCK_DGRAM, 0);
if (ConnectLessSocket== INVALID_SOCKET) {
    printf("Error at socket(): %ld\n", WSAGetLastError());
    WSACleanup();
    return 1;
}
```

以上代码示例了显式指明 AF_INET，使用 IPv4 协议簇，创建数据报套接字 SOCK_DGRAM，此时 socket() 函数的第三个参数协议字段默认为 UDP 协议。

2. 发送和接收数据

为了测试与服务器端的通信，客户端调用 sendto() 函数发送测试数据，并调用 recvfrom() 函数接收服务器的响应。代码如下：

```
int recvbuflen = DEFAULT_BUFLEN;
char *sendbuf = "this is a test";
char recvbuf[DEFAULT_BUFLEN];
int iResult;
// 发送缓冲区中的测试数据
iResult = sendto( ConnectLessSocket, sendbuf, (int)strlen(sendbuf), 0, result-
>ai_addr, (int)result->ai_addrlen);
if (iResult == SOCKET_ERROR) {
    printf("sendto failed with error: %d\n", WSAGetLastError());
    closesocket(ConnectLessSocket);
    WSACleanup();
    return 1;
}
freeaddrinfo(result);
printf("Bytes Sent: %ld\n", iResult);
// 接收数据
iResult = recvfrom(ConnectLessSocket, recvbuf, recvbuflen, 0, NULL, NULL);
if ( iResult > 0 )
    printf("Bytes received: %d\n", iResult);
else if ( iResult == 0 )
    printf("Connection closed\n");
else
    printf("recv failed with error: %d\n", WSAGetLastError());
```

在本例中，客户端只发送了一串字符就结束了本方的数据发送，UDP 协议是报文传输方式，因此，调用一次 recvfrom() 就可以完成服务器响应报文的接收。

3. 关闭套接字，释放资源

与 5.4.1 节流式套接字的实现类似，当客户端接收完数据后，调用 closesocket() 关闭套接字，当客户端不再使用 Windows Sockets DLL 时，调用 WSACleanup() 函数释放相关资源。

客户端的完整代码如下：

```
1  #include "stdafx.h"
2  #define WIN32_LEAN_AND_MEAN
3  #include <windows.h>
4  #include <winsock2.h>
5  #include <ws2tcpip.h>
6  #include <stdlib.h>
7  #include <stdio.h>
8  //连接到 WinSock 2 对应的 lib 文件：Ws2_32.lib、Mswsock.lib 和 AdvApi32.lib
9  #pragma comment (lib, "Ws2_32.lib")
10 #pragma comment (lib, "Mswsock.lib")
11 #pragma comment (lib, "AdvApi32.lib")
12 //定义默认的缓冲区长度和端口号
13 #define DEFAULT_BUFLEN 512
14 #define DEFAULT_PORT "27015"
15
16 int __cdecl main(int argc, char **argv)
17 {
18     WSADATA wsaData;
19     SOCKET ConnectLessSocket = INVALID_SOCKET;
20     struct addrinfo *result = NULL,hints;
21     char *sendbuf = "this is a test";
22     char recvbuf[DEFAULT_BUFLEN];
23     int iResult;
24     int recvbuflen = DEFAULT_BUFLEN;
25     //验证参数的合法性
26     if (argc != 2) {
27         printf("usage: %s server-name\n", argv[0]);
28         return 1;
29     }
30     //初始化套接字
31     iResult = WSAStartup(MAKEWORD(2,2), &wsaData);
32     if (iResult != 0) {
33         printf("WSAStartup failed with error: %d\n", iResult);
34         return 1;
35     }
36     ZeroMemory( &hints, sizeof(hints) );
37     hints.ai_family = AF_UNSPEC;
38     hints.ai_socktype = SOCK_DGRAM;
39     hints.ai_protocol = IPPROTO_UDP;
40     //解析服务器地址和端口号
41     iResult = getaddrinfo(argv[1], DEFAULT_PORT, &hints, &result);
42     if ( iResult != 0 ) {
43         printf("getaddrinfo failed with error: %d\n", iResult);
44         WSACleanup();
45         return 1;
46     }
47     //创建数据报套接字
48      ConnectLessSocket = socket(result->ai_family, result->ai_socktype,
           result->ai_protocol);
49     if (ConnectLessSocket == INVALID_SOCKET) {
```

```
50          printf("socket failed with error: %ld\n", WSAGetLastError());
51          WSACleanup();
52          return 1;
53      }
54      //发送缓冲区中的测试数据
55       iResult = sendto( ConnectLessSocket, sendbuf, (int)strlen(sendbuf), 0,
            result->ai_addr, (int)result->ai_addrlen);
56      if (iResult == SOCKET_ERROR) {
57          printf("sendto failed with error: %d\n", WSAGetLastError());
58          closesocket(ConnectLessSocket);
59          WSACleanup();
60          return 1;
61      }
62      freeaddrinfo(result);
63      printf("Bytes Sent: %ld\n", iResult);
64      //接收数据
65      iResult = recvfrom(ConnectLessSocket, recvbuf, recvbuflen, 0, NULL, NULL);
66      if ( iResult > 0 )
67          printf("Bytes received: %d\n", iResult);
68      else if ( iResult == 0 )
69          printf("Connection closed\n");
70      else
71          printf("recv failed with error: %d\n", WSAGetLastError());
72      //关闭套接字
73      closesocket(ConnectLessSocket);
74      //释放资源
75      WSACleanup();
76      return 0;
77  }
```

运行以上代码，客户端应用程序启动时，向服务器的 TCP 端口 27015 发送数据“this is a test”，接收服务器返回的应答，对发送和接收的字节数进行统计并显示，然后客户端关闭套接字，退出程序。客户端程序的运行界面如图 6-6 所示。

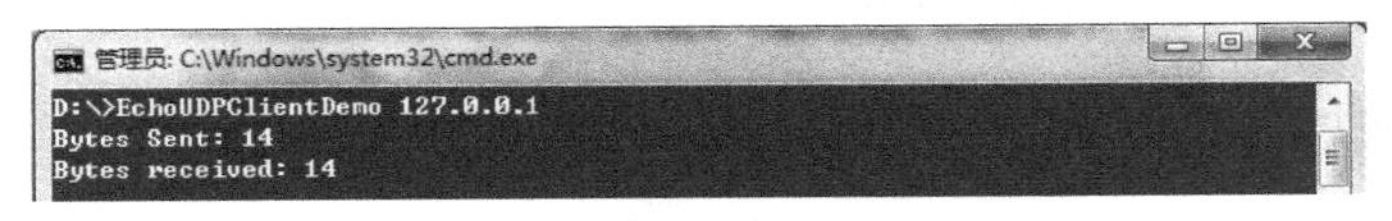

图 6-6　数据报套接字回射客户端程序的运行界面

6.4.2　基于数据报套接字的回射服务器端编程操作

服务器程序的实现过程具体如下：

1. 创建服务器套接字

初始化 Windows Sockets DLL 后，为了进行网络操作，首先需要创建一个服务器的套接字，用于标识网络操作，同时将其与特定的传输服务提供者关联起来，具体步骤与 5.4.2 节类似，不同之处在于本示例套接字类型为数据报套接字，使用 UDP 协议进行网络传输。声明如下：

```
struct addrinfo *result = NULL, *ptr = NULL, hints;
ZeroMemory(&hints, sizeof (hints));
hints.ai_family = AF_INET;
hints.ai_socktype = SOCK_DGRAM;
hints.ai_protocol = IPPROTO_UDP;
```

```
hints.ai_flags = AI_PASSIVE;
```

2. 为套接字绑定本地地址

与 5.4.2 节流式套接字的实现类似，通过 getaddrinfo() 函数获得的服务器地址结构 sockaddr 保存了服务器的地址族、IP 地址和端口号，调用 bind() 函数，将服务器套接字与服务器本地地址关联，并检查调用结果是否出错。

3. 发送和接收数据

为了测试与服务器端的通信，服务器端调用 recvfrom() 函数接收客户端发来的数据，对接收的字节数进行统计，并调用 sendto() 函数发回已收到的测试数据。代码如下：

```
#define DEFAULT_BUFLEN 512
char recvbuf[DEFAULT_BUFLEN];
int iResult, iSendResult;
int recvbuflen = DEFAULT_BUFLEN;
sockaddr_in clientaddr;
int clientlen = sizeof(sockaddr_in);
//接收数据，直到对等方关闭连接
printf("UDP server starting\n");
ZeroMemory(&clientaddr, sizeof(clientaddr));
iResult = recvfrom(ServerSocket, recvbuf, recvbuflen, 0,
    (SOCKADDR *)&clientaddr,&clientlen);
if (iResult > 0)
{
    //情况 1：成功接收到数据
    printf("Bytes received: %d\n", iResult);
    //将缓冲区的内容回送给客户端
    iSendResult = sendto( ServerSocket, recvbuf, iResult, 0,
        (SOCKADDR *)&clientaddr,clientlen );
    if (iSendResult == SOCKET_ERROR)
    {
        printf("sendto failed with error: %d\n", WSAGetLastError());
        closesocket(ServerSocket);
        WSACleanup();
        return 1;
    }
    printf("Bytes sent: %d\n", iSendResult);
}
else if (iResult == 0)
{
    //情况 2：连接关闭
    printf("Connection closing...\n");
}
else
{
    //情况 3：接收发生错误
    printf("recvfrom failed with error: %d\n", WSAGetLastError());
    closesocket(ServerSocket);
    WSACleanup();
    return 1;
}
```

4. 关闭套接字，释放资源

与 5.4.2 节流式套接字的实现类似，当服务器发送完数据时，继续接收其他客户端的请求，如果终止条件满足，则调用 closesocket() 关闭套接字，当服务器不再使用 Windows Sockets DLL 时，调用 WSACleanup() 函数释放相关资源。

服务器端的完整代码如下：

```
1  #undef UNICODE
2  #define WIN32_LEAN_AND_MEAN
3  #include <windows.h>
4  #include <winsock2.h>
5  #include <ws2tcpip.h>
6  #include <stdlib.h>
7  #include <stdio.h>
8  //连接到 WinSock 2 对应的 lib 文件: Ws2_32.lib
9  #pragma comment (lib, "Ws2_32.lib")
10 //定义默认的缓冲区长度和端口号
11 #define DEFAULT_BUFLEN 512
12 #define DEFAULT_PORT "27015"
13
14 int __cdecl main(void)
15 {
16     WSADATA wsaData;
17     int iResult;
18     SOCKET ServerSocket = INVALID_SOCKET;
19     struct addrinfo *result = NULL;
20     struct addrinfo hints;
21     int iSendResult;
22     char recvbuf[DEFAULT_BUFLEN];
23     int recvbuflen = DEFAULT_BUFLEN;
24     sockaddr_in clientaddr;
25     int clientlen = sizeof(sockaddr_in);
26
27     //初始化 WinSock
28     iResult = WSAStartup(MAKEWORD(2,2), &wsaData);
29     if (iResult != 0)
30     {
31         printf("WSAStartup failed with error: %d\n", iResult);
32         return 1;
33     }
34
35     ZeroMemory(&hints, sizeof(hints));
36     //声明 IPv4 地址族、数据报套接字、UDP 协议
37     hints.ai_family = AF_INET;
38     hints.ai_socktype = SOCK_DGRAM;
39     hints.ai_protocol = IPPROTO_UDP;
40     hints.ai_flags = AI_PASSIVE;
41     //解析服务器地址和端口号
42     iResult = getaddrinfo(NULL, DEFAULT_PORT, &hints, &result);
43     if ( iResult != 0 )
44     {
45         printf("getaddrinfo failed with error: %d\n", iResult);
46         WSACleanup();
47          return 1;
48     }
49     //为无连接的服务器创建套接字
50     ServerSocket = socket(result->ai_family, result->ai_socktype,
                              result->ai_protocol);
```

```
51      if(ServerSocket == INVALID_SOCKET)
52      {
53          printf("socket failed with error: %ld\n", WSAGetLastError());
54          freeaddrinfo(result);
55          WSACleanup();
56          return 1;
57      }
58
59      //为套接字绑定地址和端口号
60      iResult = bind( ServerSocket, result->ai_addr, (int)result->ai_addrlen);
61      if (iResult == SOCKET_ERROR)
62      {
63          printf("bind failed with error: %d\n", WSAGetLastError());
64          freeaddrinfo(result);
65          closesocket(ServerSocket);
66          WSACleanup();
67          return 1;
68      }
69      freeaddrinfo(result);
70
71      printf("UDP server starting\n");
72      ZeroMemory(&clientaddr, sizeof(clientaddr));
73      iResult = recvfrom(ServerSocket, recvbuf, recvbuflen, 0,
                          (SOCKADDR *)&clientaddr,&clientlen);
74      if (iResult > 0)
75      {
76          //情况1：成功接收到数据
77          printf("Bytes received: %d\n", iResult);
78          //将缓冲区的内容回送给客户端
79          iSendResult = sendto( ServerSocket, recvbuf, iResult, 0,
                                  (SOCKADDR *)&clientaddr,clientlen );
80          if (iSendResult == SOCKET_ERROR)
81          {
82              printf("send failed with error: %d\n", WSAGetLastError());
83              closesocket(ServerSocket);
84              WSACleanup();
85              return 1;
86          }
87          printf("Bytes sent: %d\n", iSendResult);
88      }
89      else if (iResult == 0)
90      {
91          //情况2：连接关闭
92          printf("Connection closing...\n");
93      }
94      else
95      {
96          //情况3：接收发生错误
97          printf("recv failed with error: %d\n", WSAGetLastError());
98          closesocket(ServerSocket);
99          WSACleanup();
100         return 1;
101         }
102
103         //关闭套接字，释放资源
104         closesocket(ServerSocket);
```

```
105            WSACleanup();
106            return 0;
107        }
```

运行以上代码，服务器应用程序启动时，在 UDP 端口 27015 上接收客户端发来的数据，统计并打印字节数，将接收到的数据发送回客户端。服务器端程序的运行界面如图 6-7 所示。

图 6-7　数据报套接字回射服务器端程序的运行界面

6.5　提高无连接程序的可靠性

6.5.1　UDP 协议的不可靠性问题

我们在 6.4.1 节对基于数据报套接字的回射客户端示例代码中，recvfrom() 函数指定的第 5 和第 6 个参数是空指针，说明客户进程想当然地认为应答数据报是服务器发来的，那么思考一下，该函数接收到的报文一定是服务器的响应报文吗？

显然不一定，UDP 是无连接的协议，数据接收没有初始状态，即任何进程（本客户进程所在主机上的进程，或不同主机上的进程）都可以向该客户的 IP 地址和端口发送数据报，即使设置了这两个参数，其功能也只是记录数据报的源地址，并不起到限定数据来源的作用。

示例中不关心数据来源，客户进程只要接收就认为是服务器的应答，我们在此处对接收的数据缓冲区中的内容是存在疑问的。

这个问题提醒了我们，UDP 协议是一个不可靠的协议，当应用程序使用它进行数据传输时，可能会带来很多不可靠的隐患，需要在程序编写过程中注意这个问题。

具体来说，UDP 协议的不可靠性问题主要体现在以下几个方面：

1）当客户发送请求报文后，等待服务器的应答，客户进程收到一个应答后，会将其存放到该套接字的接收缓冲区中，此时，如果刚好有其他进程给该客户的这个端点地址发送了一个数据报，则客户的套接字会误以为是服务器的应答，也会将其存放到这个接收缓冲区中。这样在客户的接收缓冲区中会出现噪声数据。那么客户应该如何分辨哪些是噪声数据，哪些是非噪声数据呢？

2）当客户发送请求报文后，等待服务器的应答，但是由于 UDP 协议是不可靠的，数据在网络中传输有可能会丢失。如果报文丢失，那么会对客户产生什么样的影响？客户该怎样处理呢？

3）由于通信前没有事先建立连接，客户在发送请求时并不知道服务器的状态。如果服务器还没有启动，当客户向服务器发送请求时，无法收到服务器的应答，那么这种情况又会对客户产生什么样的影响？客户该怎样处理呢？

4）由于通信前双方的处理能力未知且没有流量控制机制，发送端发送数据时并不清楚接收端的接收能力，如果快速设备无限制地向慢速设备发送 UDP 数据报，可能会由于接收方的接收缓冲区溢出而丢失大量数据，而且这种丢失对于通信双方而言都是不清楚的。

以上列举了当使用 UDP 协议传输数据时其不可靠的特性带给网络应用程序开发的诸多考

虑，我们尝试增加一些对数据报套接字传输功能的控制来优化无连接应用程序的运行可靠性。

6.5.2　排除噪声数据

UDP 是无连接的协议，数据接收没有初始状态，即任何进程（本客户进程所在主机上的进程，或不同主机上的进程）都可以向该客户的 IP 地址和端口发送数据报，如果不关心数据的来源和内容而盲目接收，那么接收方无法分辨哪些是待接收的正确数据，哪些是噪声。

噪声的产生主要有以下两种情形：

- 无关的数据源发送的无关数据，主要表现在数据来源的 IP 地址或端口号不是正确的发送方地址；
- 相关的数据源发送的无关数据，主要表现在数据来源的 IP 地址和端口号是正确的，但发送的数据是无关的，比如长度不足、类型不对或内容有误等。

针对第一种情形，我们可以通过增加对数据源的判断来确切地接收已知来源的数据，以 6.4.1 节回射客户端为例，为了辨别服务器发回的响应和噪声，修改代码示例如下：

```
int recvbuflen = DEFAULT_BUFLEN;
char *sendbuf = "this is a test";
char recvbuf[DEFAULT_BUFLEN];
int iResult;
struct sockaddr_in serveraddr,reply_addr;
int addrlen = sizeof(sockaddr_in);
//发送缓冲区中的测试数据
iResult = sendto( ConnectLessSocket, sendbuf, (int)strlen(sendbuf), 0,
    &serveraddr, addrlen);
if (iResult == SOCKET_ERROR) {
    printf("sendto failed with error: %d\n", WSAGetLastError());
    closesocket(ConnectLessSocket);
    WSACleanup();
    return 1;
}
printf("Bytes Sent: %ld\n", iResult);
//接收数据
iResult = recvfrom(ConnectLessSocket, recvbuf, recvbuflen, 0, &reply_addr,
    &addrlen);
if ( iResult > 0 && memcmp(pservaddr,preply_addr,len)==0 )
    printf("Bytes received: %d\n", iResult);
else if ( iResult == 0 )
    printf("Connection closed\n");
else
    printf("recv failed with error: %d\n", WSAGetLastError());
```

这里我们假定客户可能会收到来自无关数据源发送的数据，因此在发送数据时用 serveraddr 传入服务器的地址，而在接收数据报时用 reply_addr 记录当前报文的地址，每当客户接收到数据报时，对来源地址和服务器地址进行比较，只有相等时才输出结果。

如果客户在一段时间内只有一个唯一的服务器通信，那么对无关来源的判断还可以通过数据报套接字的连接模式来实现。在套接字发送和接收数据前，先调用 connect() 函数来注册通信的对方地址，那么该函数能够保证此后接收到的数据只能是连接声明的数据源发回的，其他数据源发送的数据报都不会被协议栈提交给该套接字。示例代码如下：

```
int recvbuflen = DEFAULT_BUFLEN;
char *sendbuf = "this is a test";
char recvbuf[DEFAULT_BUFLEN];
int iResult;
struct    sockaddr_in serveraddr;
int addrlen = sizeof(sockaddr_in);
//调用 connect() 函数使套接字进入连接模式
iResult = connect(ConnectLessSocket, &serveraddr, addrlen);
if (iResult == SOCKET_ERROR) {
    printf("connect failed with error: %d\n", WSAGetLastError());
    closesocket(ConnectLessSocket);
    WSACleanup();
    return 1;
}
//发送缓冲区中的测试数据
iResult = sendto( ConnectLessSocket, sendbuf, (int)strlen(sendbuf), 0, NULL, 0);
if (iResult == SOCKET_ERROR) {
    printf("sendto failed with error: %d\n", WSAGetLastError());
    closesocket(ConnectLessSocket);
    WSACleanup();
    return 1;
}
printf("Bytes Sent: %ld\n", iResult);
//接收数据
iResult = recvfrom(ConnectLessSocket, recvbuf, recvbuflen, 0, NULL, NULL);
if ( iResult > 0 )
    printf("Bytes received: %d\n", iResult);
else if ( iResult == 0 )
    printf("Connection closed\n");
else
    printf("recv failed with error: %d\n", WSAGetLastError());
```

除了对无关来源的判断外，针对第二种情形，我们还需要对数据内容特征进行判断，比如：

1）增加对数据长度的判断，过小的报文可能由于传输环节上的接收截断导致，需要丢弃。

2）增加对数据类型的定义和判断，当通信双方会交换多种类型的通信报文时，程序设计者习惯于在数据的开始部分增加固定位置和长度的类型字段。这种类型字段有助于进行数据内容和格式的标识，方便接收方处理，那么在接收数据后，应针对不同的数据类型进行不同的处理。

3）增加对数据发送源的身份鉴别为了保护资源的安全性，实际应用中的很多应用程序会增加对数据发送源的身份鉴别，比如合法的用户名口令、授权的 IP 地址等等。

6.5.3　增加错误检测功能

由于 UDP 协议是不可靠的，数据在网络中传输有可能会丢失，如果报文丢失，而接收方尚在 recvfrom() 函数调用上阻塞等待的话，应用程序就无法从该系统调用返回，处于盲目等待的状态。

为了避免这种情况发生，应用程序需要通过套接字选项 SO_RCVTIMEO 的设置来增加对 recvfrom() 的超时判断。示例代码如下：

```
//创建套接字
sockfd = socket(AF_INET, SOCK_DGRAM, 0);
//服务器地址赋值
```

```
......
//设置接收超时
nTimeOver=1000;//超时时限为1000ms
setsockopt(sockfd, SOL_SOCKET, SO_RCVTIMEO, (char*)&nTimeOver,
    sizeof(nTimeOver));
while(fgets(sendline,MAXLINE,fp)!=NULL)
{
    //发送请求
    //接收应答
}
......
```

这样修改后，客户端就不会一直盲目地接收，当接收超时时限到了，即使没有接收到应答，recvfrom() 函数也会返回。

数据报文的丢失可能有两种情况：

- 请求报文丢失；
- 响应报文丢失。

简单的超时判断并不能看出应用程序接收超时的真正原因，而这两种报文的丢失情况在有些应用中造成的影响完全不同。例如在银行系统中的一个常见情况：客户 A 向银行的服务器 B 发送一个请求报文，希望将 1 万美金转到 A 的账户上。如果请求报文丢失了，不会对客户和银行造成任何损失。但如果服务器 B 在收到这个请求报文后处理了这个请求，将 1 万美金转到了 A 的账户上，当它向客户 A 发回应答报文时丢失了，则会带来严重的经济问题，客户 A 可以否认自己收到过 1 万美金，而服务器 B 却已将 1 万美金转到 A 的账户上了。

为了给应用程序增加一定的可靠性，我们需要考虑的因素有很多，参考 TCP 协议的设计，TCP 增加了确认、超时、重传、流量控制、拥塞避免和慢启动等一系列机制来确保数据能够可靠地提交。我们不可能在应用程序上再造 TCP，这个代价可想而知，但可以参考 TCP 的一些方法来提高使用 UDP 协议传输的应用程序对错误的检查能力。

对于简单的请求 - 应答应用程序而言，在使用 UDP 协议时，为了保证可靠性需要具有错误检测功能，主要包括类似于 TCP 协议的两个重要特性：

- 序号：供客户端验证一个应答是否匹配相应的请求。
- 超时和重传：用于处理丢失的数据报。

这两个特性是使用简单的请求 - 应答方式的大多数现有 UDP 应用程序的一部分，例如 DNS 解析器、SNMP 代理、TFTP 文件传输和 RPC。这些应用不涉及海量数据传输，对于合理大小和频率的请求和应答，流量控制、拥塞避免和慢启动这些特性一般不用考虑。

接下来，我们参考 TCP 协议在设计时的一些考虑来探讨如何类似地给 UDP 应用程序增加上述特性。

1. 增加序号

增加序号比较简单，客户为每个请求赋予一个唯一的序号，要求服务器必须在返回该客户的应答中回射这个序号，这样客户就可以验证某个给定的应答是否匹配早先发出的请求。序号的取值一般设计为足够大的序号区间，以避免序号区间过小导致短时间内出现重复的序号，从而引起应用程序把重复序号携带的不同报文误认为是重复报文。参考 TCP 协议的设计，我们通常用 4 个字节来保存报文的序号，将其存放于 UDP 数据的开始部分，作为应用协议首部的一部分，如图 6-8 所示。

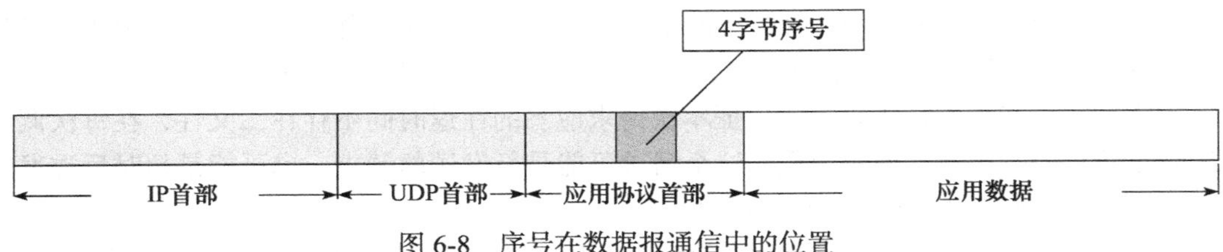

图 6-8 序号在数据报通信中的位置

2. 处理超时和重传

处理超时和重传需要设置超时时间，并对尚未确认的数据进行重传。其中最重要的部分是超时时间的取值，这个取值依赖于发送方与接收方往返时间（RTT）的正确测量。

老式方法是先发送一个请求并等待 *N* 秒钟。如果期间没有收到应答，那就重新发送同一个请求并再等待 *N* 秒钟。如此发送一定次数后放弃发送。这是线性重传计时器的一个例子，一些 TFTP 客户程序仍使用这种方法。

这个方法的问题在于数据报在网络上的往返时间是不一定的，局域网的往返时间远不足一秒钟，广域网上的往返时间却可能要好几秒钟。影响往返时间的因素包括距离、网络速度和拥塞。另外，客户和服务器之间的 RTT 会因网络条件的变化而随着时间迅速变化。更好的策略是把实际测量到的 RTT 及其随时间的变化考虑在内，设置超时时间，实现超时重传。该领域已有一些研究工作，应用比较广泛的是 Jacobson 的方法，他认为重传超时时间的计算除了要考虑对往返时间进行平滑处理外，还需要跟踪 RTT 的方差，在往返时间变化起伏很大时，基于均值和方差的计算效果更好。

在这里估算的基础是 RTT，要求每一次 RTT 要正确测量，但是当客户收到重传过的某个请求的某个应答时，它不能区分该应答对应哪一次请求，该问题被称为“重传多义性问题”，经典的解决方法有 Karn 算法。

另外，RFC 1323 中介绍了 TCP 用于应对“长胖管道”（有较高带宽或有较长 RTT 或两者兼有的网络）的一种 RTT 的测量方法。该方法利用了 TCP 的时间戳选项，每次发送一个请求时，把当前时间保存在该时间戳中，当收到一个应答时，从当前时间减去由服务器在其应答中回射的时间戳就算出了 RTT。每个请求携带一个将由服务器回射的时间戳，可以如此算出所收到的每个应答的 RTT，由于接收方能够判断重复请求，采用本方法不再有二义性，且客户和服务器之间不需要进行时钟同步。

总结来看，在增加了序号和超时重传机制后，使用数据报传递的数据形态和传输流程都发生了改变。

首先，应用程序间传递的数据不只是数据本身，还有与本次通信相关的控制信息：序号标识了数据报的唯一性，时间戳用于测量往返时间以计算超时时间间隔，图 6-9 列出了一种简化的数据格式。为了避免短时间内不同报文的序号重复，我们可以对序号设计简单的递增方式，比如按报文次序递增或按时间间隔递增等。

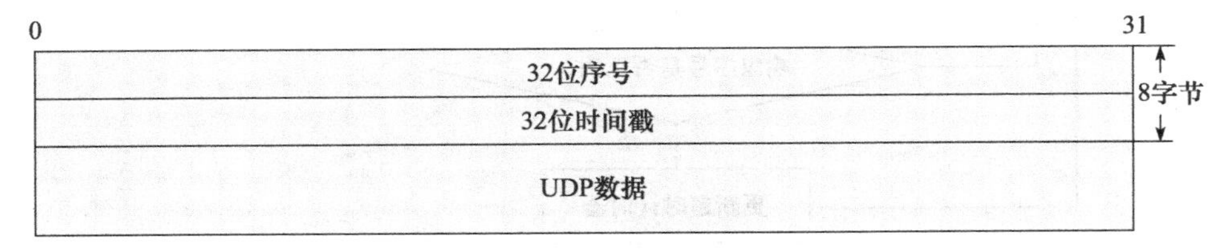

图 6-9 UDP 超时重传需要的格式字段

其次，应用程序需要增加对 RTT 的测量以及超时判断功能，能够缓存已发送但尚未确认的数据报，能够区分重复应答和新应答，应用程序的处理流程如图 6-10 所示。

由于请求可能丢失，所以为了保证本次请求应答的往返时间不存在二义性，在每次调用发送函数前获得一次最新的时间戳，这个请求可能是新发送的请求，也可能是超时后重发的请求，但时间戳始终是最新的发送时间戳。

在接收到请求时，对应于每个请求的响应，其序号标识了该响应是否是最新请求的应答，当收到一个数据报，且该数据报的序号并非期望的应答时，再次调用接收函数，但是不重传请求，也不重启运行中的重传计时器。

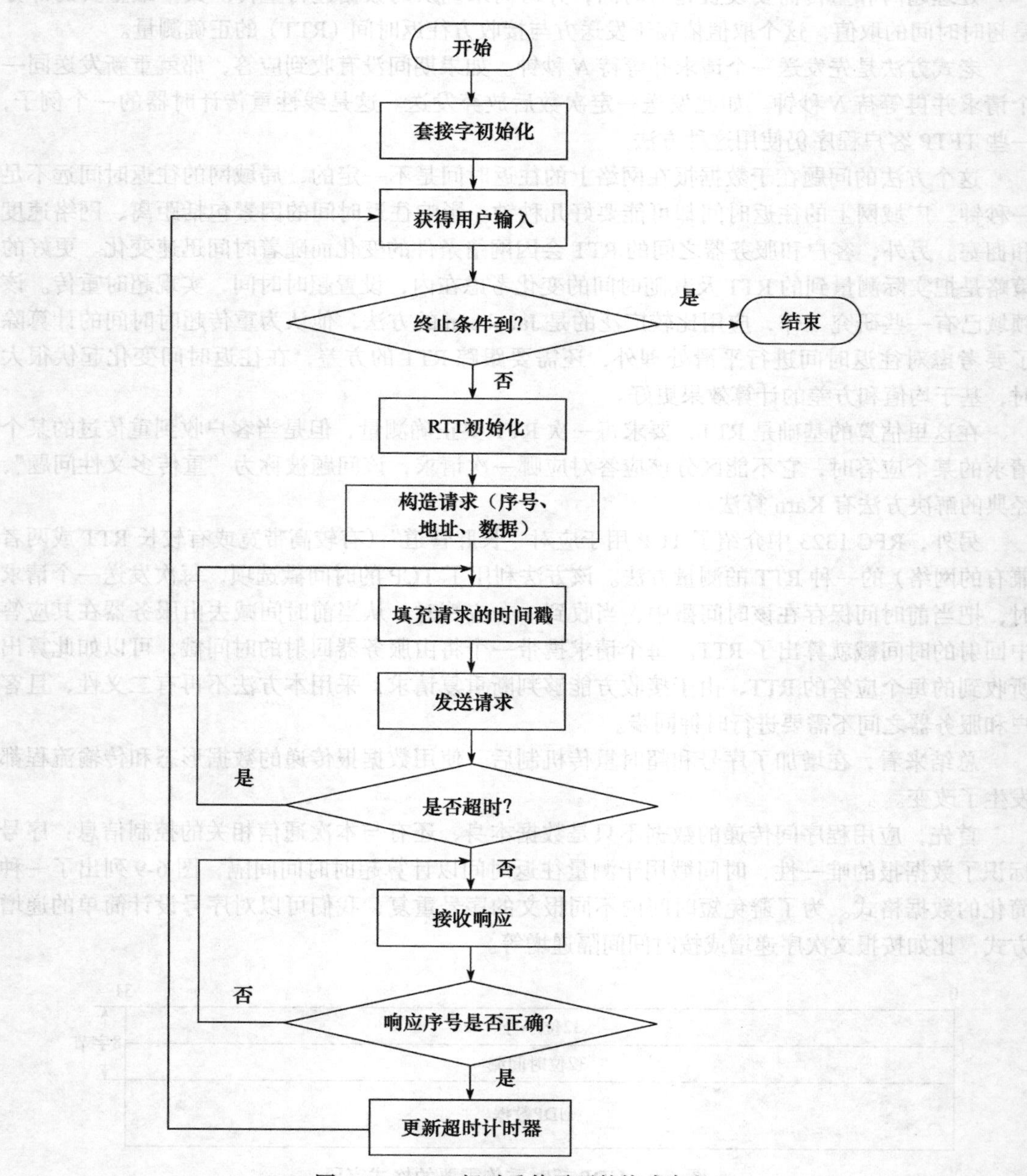

图 6-10 UDP 超时重传需要的格式字段

6.5.4　判断未开放的服务

由于 UDP 协议在通信前没有事先建立连接，客户在发送请求时并不知道服务器的状态。

利用 Wireshark 抓包观察当服务器未启动时客户的请求在通信协议层次会发生什么样的影响。以 6.4.1 节客户端程序为例，在客户所在主机上运行 Wireshark，启动客户端，向未开放服务的主机发送回射请求。观察如图 6-11 所示的 Wireshark 捕获细节，我们注意到，在客户所在主机发送数据报请求后，服务器尽管没有响应正确的回射应答，但是其协议栈返回了一个“端口不可达”的 ICMP 消息。

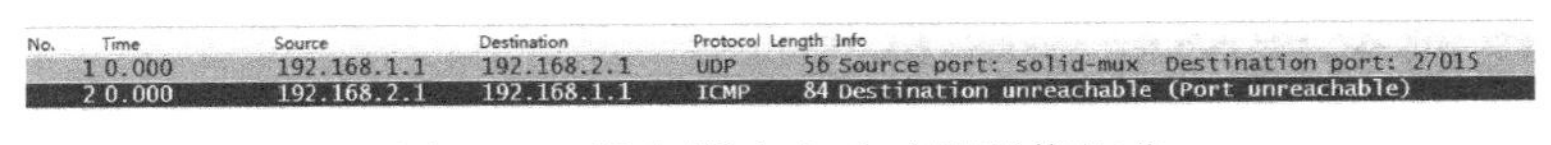

图 6-11　服务器未启动时的通信细节

该错误指示服务器尚未开放服务或服务被终止，后续的请求已经没有必要继续发送，程序设计者应在接收处理时对该类错误进行判断，决定是否要请求等待或释放资源等操作。

Windows Sockets 增加了 ICMP 错误的反馈，通过判断 recvfrom() 函数的返回值，可以观察到如果服务器还没有启动，当客户向服务器发送请求时，无法收到服务器的应答，客户的 recvfrom() 调用会返回错误，如图 6-12 所示。该错误指示请求被接收方拒绝，在 UDP 协议传输时，对方协议栈返回了 ICMP 端口不可达应答。

图 6-12　服务器未启动时回射客户端的执行结果

6.5.5　避免流量溢出

接下来我们思考无任何流量控制的 UDP 对数据报传输的影响。

从应用程序实现、套接字实现和协议实现三个层次来观察数据接收的过程。数据接收在实施过程中主要涉及两个缓冲区，一个是 UDP 套接字的接收缓冲区，在这个缓冲区中保存了 UDP 协议从网络中接收到的与该套接字相关的数据；另一个是应用程序的接收缓冲区，即调用 recvfrom() 函数时由用户分配的缓冲区 recvbuf，这个缓冲区用于保存从 UDP 套接字的接收缓冲区收到并提交给应用程序的网络数据。数据接收涉及两个层次的写操作：从网络上接收数据保存到 UDP 套接字的接收缓冲区，以及从 UDP 套接字的接收缓冲区复制数据到应用程序的接收缓冲区中，如图 6-13 所示。

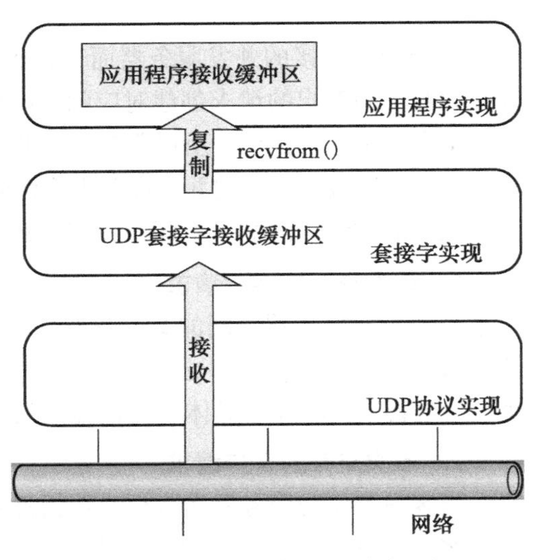

图 6-13　应用程序接收缓冲区与 UDP 套接字接收缓冲区

UDP 套接字的接收缓冲区大小限制了由 UDP 给某个特定套接字排队的 UDP 数据报数目。

在 Windows 系统中接收缓冲区的大小默认是 8KB，最大是 8MB(8192KB)。如果这个值过小，则数据溢出的可能性较大。

为了降低流量溢出给应用程序带来的不可靠性，一方面可以增大套接字的接收缓冲区，使得服务器有望接收更多的数据报（对数据报套接字的接收缓冲区大小的获取和设置与流式套接字类似，参考 5.7.2 节给出的示例代码）；另一方面可以在通信前由发送方和接收方对数据传送速度进行协商，限制单位时间内传送的数据量，从而达到一种静态流量控制的效果。

6.6 无连接服务器的并发性处理

无连接服务器对多个客户请求的处理可以采用循环和并发两种方式。

6.6.1 循环无连接服务器

大多数无连接服务器程序是循环迭代运行的，服务器等待一个客户请求，读入这个请求，处理这个请求，送回其应答，接着等待下一个客户请求。此类服务器对多个客户请求通过循环调用依次处理，一次只处理一个客户请求。循环无连接服务器的一些常见应用包括心跳服务器、时间服务器等。

对于简单的服务，服务器为每个请求进行的计算很少，一个循环的实现就可以很好地工作，这样的服务器设计逻辑简单，资源管理代价小。

6.6.2 并发无连接服务器

在 2.1.4 节我们讨论了引入并发服务器的几种情况，并发服务器通过使处理和 I/O 部分重叠而达到高性能，但这种服务器的开发和调试代价较高。

当客户请求的处理需要耗用过长时间时，我们期望无连接服务器程序具有某种形式的并发性。

对于面向连接的并发服务器而言，每个连接限制了独立的数据收发双方，并发处理往往设计为对不同客户的请求创建对应的子线程分别处理。由于每个客户在 TCP 连接上都有唯一的连接套接字进行标识，所以服务器的并发处理很简单。然而，当使用 UDP 时，由于没有连接存在，无连接服务器的并发性并不像面向连接那么容易设计。

根据客户请求的需求不同，我们将并发的无连接服务器设计分为以下两类。

1. 单次交互的客户请求

当客户与服务器之间的交互只有一次时，服务器读入客户请求后，创建一个子线程处理该请求，处理完后将应答通过原套接字发送给客户，在服务器的运行期间，多个线程共享一个端口进行数据收发。具体交互过程如图 6-14 所示。

2. 多次交互的客户请求

当客户需要与服务器多次交互数据报时，情况变得比较复杂。

客户只知道唯一的服务器知名端口号，此时并发服务器的设计必须解决的一个问题是：所有客户都发送请求给服务器的知名端口，那么服务器如何区分这是来自该客户的同一请求的后续数据报，还是来自其他客户的新请求呢？

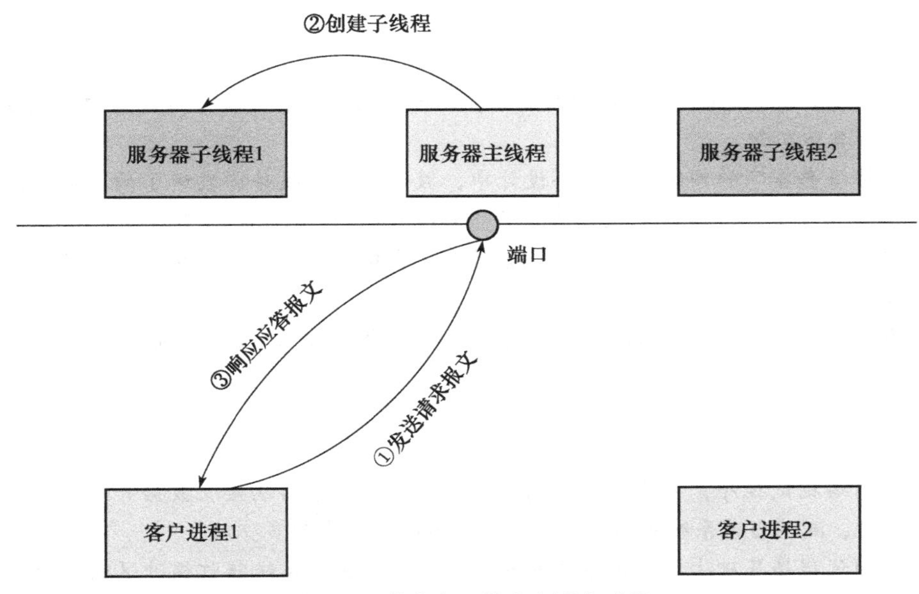

图 6-14　单次交互的客户请求过程

这个问题的典型解决方案是让服务器为每个客户创建一个新的套接字，在其上绑定一个临时端口，然后使用这个套接字处理该客户的后续所有数据交互。

这种解决方法带来另一个问题：客户如何获知服务器的后续响应？

为了解决这个问题，要求客户在查看到服务器的第一个应答时将其源端口号记录下来，并把这次请求的后续数据报发送到该端口上。

通过以上策略可以保证在并发的无连接服务器运行过程中，服务器可以区分新客户和老客户的不同请求，并进行正确的并发服务和通信，具体交互过程如图 6-15 所示。

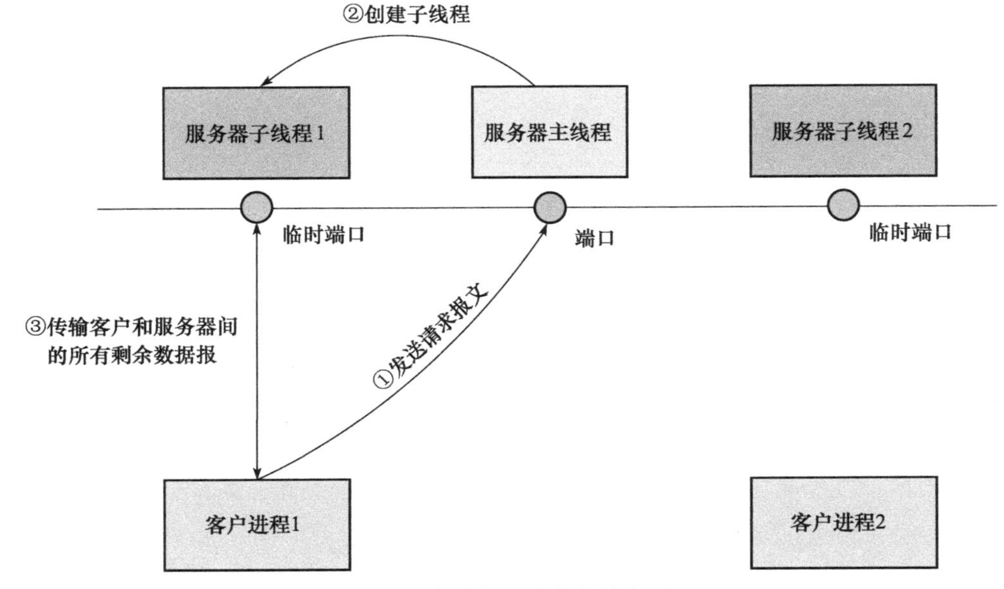

图 6-15　多次交互的客户请求过程

习题

1. 思考套接字接口层与 UDP 实现之间的关系，结合数据发送和接收分析数据的传递过程以及两个层次的具体工作。
2. 在基于数据报套接字的网络应用程序设计中，假设客户向服务器发送了两个数据报，一个报文长度为 800 字节，另一个报文长度为 1200 字节，设置服务器端的接收缓冲区为 1000 字节，进行三次接收操作，请思考，服务器在三次接收操作时各发生何种现象，实际接收到的字节长度为多少？
3. 总结使用 UDP 进行数据传输的应用程序应在哪些具体操作上考虑可靠性问题。

实验

1. 设计一个网络测试程序，客户端能够高速发送数据，服务器端接收数据并统计接收到的数据报文个数，测试当前系统和网络环境下服务器的丢包率为多少。
2. 在上题的测试程序基础上，修改系统的接收缓冲区，测试系统接收缓冲区的大小与程序丢包率之间的关系，并解释原因。

Chapter 7

第7章 原始套接字编程

原始套接字是允许访问底层传输协议的一种套接字类型，提供了普通套接字所不具备的功能，能够对网络数据包进行某种程度的控制操作。因此原始套接字通常用于开发简单网络性能监视程序以及网络探测、网络攻击等的工具。由于这种套接字类型给攻击者带来了数据包操控上的便利，在引入 Windows 环境时备受争议，甚至在 MSDN 中明确对该套接字的使用给出了警告。

本章全面讲述原始套接字的能力，原始套接字在创建、输入和输出过程中与流式套接字和数据报套接字的不同之处，以及如何使用原始套接字操作数据通信等。使用原始套接字编程操控协议更底层的数据，要求程序设计人员对 TCP/IP 协议有更加深入的理解。

7.1 原始套接字的功能

在上两章中我们熟悉了流式套接字和数据报套接字两类常用的网络编程方法。从用户的角度看，在 TCP/IP 协议簇中，流式套接字和数据报套接字这两类套接字分别对应于传输层的 TCP 和 UDP 协议，几乎所有的应用数据传输都可以用这两类套接字实现。

但是，当我们面对如下问题时，流式套接字和数据报套接字却显得无能为力，比如：

- 怎样发送一个自定义的 IP 数据包？
- 怎样接收 ICMP 协议承载的差错报文？
- 怎样使主机捕获网络中其他主机间的报文？
- 怎样伪装本地的 IP 地址？
- 怎样模拟 TCP 或 UDP 协议的行为实现对协议的灵活操控？

Berkeley 套接字将流式套接字和数据报套接字定义为标准套接字，用于在主机之间通过 TCP 和 UDP 来传输数据。为了保证 Internet 的使用效率，除了传输数据之外，操作系统的协议栈还处理了大量的非数据流量，如果程序员在创建应用时也需要对这些非数据流量进行控制，那么需要另一种套接字，即原始套接字。这种套接字越过了TCP/IP协议栈的部分层次，为程序员提供了完全且直接的数据包级的Internet访问能力，如图7-1所示。

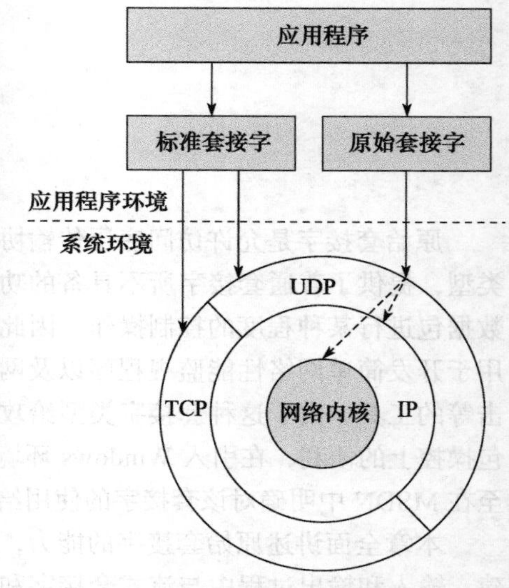

图 7-1 标准套接字与原始套接字

从图中可以看出，对于使用普通流式套接字和数据报套接字的应用程序，它们只能控制数据包的数据部分，也就是除了传输层首部和网络层首部以外的，需要通过网络传输的数据部分。而传输层首部和网络层首部则由协议栈根据创建套接字时指定的参数负责填充。显然，对于这两部分信息，开发者是无法管理的。但是原始套接字则有所不同，通过它不但可以控制传输层的首部，还可以控制网络层的首部，这给程序员提供了很大的灵活性，同时，原始套接字为网络程序提供的这种灵活性给网络安全带来了一定的安全隐患。

具体而言，原始套接字提供普通TCP和UDP套接字不提供的以下三种能力：

1）发送和接收ICMPv4、IGMPv4和ICMPv6等分组。原始套接字能够处理在IP头中预定义的网络层上的协议分组，如ICMP、IGMP等。举例来说，ping程序使用原始套接字发送ICMP回射请求并接收ICMP回射应答。多播路由守护程序也使用原始套接字发送和接收IGMPv4分组。

这个能力还使得使用ICMP和IGMP构造的应用程序能够完全作为用户进程处理，而不必往内核中额外添加代码。

2）发送和接收内核不处理其协议字段的IPv4数据包。对于8位IPv4协议字段，大多数内核仅仅处理该字段值为1（ICMP协议）、2（IGMP协议）、6（TCP协议）、17（UDP协议）的数据报，然而为协议字段定义的其他值还有很多，在IANA的“Protocol Numbers”中有详细的定义。举例来说，OSPF路由协议既不使用TCP也不使用UDP，而是直接通过IP协议承载，协议类型为89。如果想在一个没有安装OSPF路由协议的系统上处理OSPF数据报文，那么实现OSPF的程序必须使用原始套接字读写这些IP数据包，因为内核不知道如何处理协议字段为89的IPv4数据包，这个能力还延续到IPv6。

3）控制IPv4首部。使用原始套接字不仅能够直接处理IP协议承载的协议分组，而且能够直接控制IP首部，通过设置IP_HDRINCL套接字选项可以控制IPv4首部字段的自行构造。我们可以利用该选项构造特殊的IP首部以达到某些探测和访问需求。

7.2 原始套接字编程模型

7.2.1 原始套接字编程的适用场合

尽管原始套接字的功能强大，可以构造TCP和UDP的协议数据完成数据传输，但是这种套接字类型也并不是在所有的情况下都适用。

在网络层上，原始套接字基于不可靠的IP分组传输服务，与数据报套接字类似，这种服务的特点是无连接、不可靠。无连接的特点决定了原始套接字的传输非常灵活，具有资源消耗小、处理速度快的优点。而不可靠的特点意味着在网络质量不好的环境下，数据包丢失会比较严重，因此上层应用程序选择网络协议时需要考虑网络应用程序运行的环境，数据在传输过程中的丢失、乱序、重复所带来的不可靠性问题。结合原始套接字的开发层次和能力，原始套接字适合于在以下场合选择使用：

1）特殊用途的探测应用。原始套接字提供了直接访问硬件通信的相关能力，其工作层次决定了此类套接字具有灵活的数据构造能力，应用程序可以利用原始套接字操控 TCP/IP 数据包的结构和内容，实现面向特殊用途的探测和扫描。因此，原始套接字适用于要求数据包构造灵活性高的应用。

2）基于数据包捕获的应用。对于从事协议分析或网络管理的人来说，各种入侵检测、流量监控以及协议分析软件是必备的工具，这些软件都具有数据包捕获和分析的功能。原始套接字能够操控网卡进入混杂模式的工作状态，从而达到捕获流经网卡的所有数据包的目的。基于此，使用原始套接字可以满足数据包捕获和分析的应用需求。

3）特殊用途的传输应用。原始套接字能够处理内核不认识的协议数据，对于一些特殊应用，我们希望不增加内核功能，而是完全在用户层面完成对某类特殊协议的支持，原始套接字能够帮助应用数据在构造过程中修改 IP 首部协议字段值，并接收处理这些内核不认识的协议数据，从而完成了协议功能在用户层面的扩展。

原始套接字的灵活性决定了这种编程方法受到了许多黑客和网络管理人员的欢迎，但是由于涉及复杂的控制字段构造和解释工作，使用这种套接字类型完成网络通信并不容易，需要程序设计者对 TCP/IP 协议有深入的理解，同时具备深厚的网络程序设计经验。

7.2.2　原始套接字的通信过程

基于上述对原始套接字应用场合的分析，使用此类套接字编写的程序往往面向特定应用，侧重于网络数据的构造与发送或者捕获与分析。

使用原始套接字传送数据与使用数据报套接字的过程类似，不需要建立连接，而是在网络层上直接根据目的地址构造 IP 分组进行数据传送。以下从发送和接收两个角度来分析原始套接字的通信过程。

（1）基于原始套接字的数据发送过程

在通信过程中，数据发送方根据协议要求，将要发送的数据填充进发送缓冲区，同时给发送数据附加上必要的协议首部，全部填写好后，将数据发送出去。其基本通信过程如下：

1）Windows Sockets DLL 初始化，协商版本号；

2）创建套接字，指定使用原始套接字进行通信，根据需要设置 IP 控制选项；

3）指定目的地址和通信端口；

4）填充首部和数据；

5）发送数据；

6）关闭套接字；

7）结束对 Windows Sockets DLL 的使用，释放资源。

在数据发送前，应用程序需要首先进行 Windows Sockets DLL 初始化，并创建好原始套接字，为网络通信分配必要的资源。

发送数据需要填充目的地址并构造数据，在步骤 2，根据应用的不同，原始套接字可以有两种选择：仅构造 IP 数据或构造 IP 首部和 IP 数据。此时程序设计人员需要根据实际需要对套接字选项进行配置。

（2）基于原始套接字的数据接收过程

在通信过程中，数据接收方设定好接收条件后，从网络中接收到与预设条件相匹配的网络数据，如果出现了噪声，对数据进行过滤。其基本通信过程如下：

1）Windows Sockets DLL 初始化，协商版本号；

2）创建套接字，指定使用原始套接字进行通信，并声明特定的协议类型；

3）根据需要设定接收选项；

4）接收数据；

5）过滤数据；

6）关闭套接字；

7）结束对 Windows Sockets DLL 的使用，释放资源。

在数据接收前，应用程序需要首先进行 Windows Sockets DLL 初始化，并创建好套接字，为网络通信分配必要的资源。

网络接口提交给原始套接字的数据并不一定是网卡接收到的所有数据，如果希望得到特定类型的数据包，在步骤 3，应用程序可能需要对套接字的接收进行控制，设定接收选项。

由于原始套接字的数据传输也是无连接的，网络接口提交给原始套接字的数据很可能存在噪声，因此在接收到数据后，需要对数据进行一定条件的过滤。

综上所述，在使用原始套接字进行数据传输的编程过程中，增加了诸多操作，如套接字选项的设置、传输协议首部的构造、网卡工作模式的设定以及接收数据的过滤与判断等，这些操作要求程序设计人员在原始套接字的创建、接收与发送过程中充分理解其操作技巧和数据形态。

7.3 原始套接字的创建、输入与输出

上一节给出了原始套接字的编程模型，使用原始套接字通信的基本函数与数据报套接字类似，但是由于工作的层次更低，原始套接字在创建、输入和输出过程中与数据报套接字有一些不同之处，本节具体阐述如何使用原始套接字。

7.3.1 创建原始套接字

要使用原始套接字，程序首先要求操作系统创建套接字抽象层的实例。在 WinSock 2 中，完成这个任务的函数是 socket() 和 WSASocket()，它们的参数指定了程序所需的套接字类型，具体定义参见 5.3.1 节。

在原始套接字中，我们使用常量 SOCK_RAW 指明套接字类型。

由于原始套接字提供管理下层传输的能力，它们可能会被恶意利用，这是一个安全问题，因此只有具有管理员（administrator）权限的用户才能创建原始套接字，否则在 bind() 函数调用时会失败，错误码为 WSAEACCES。原始套接字对创建者的系统角色提出了更高的要求，只有具有管理员权限的用户才能够创建原始套接字，这么做可以防止普通用户向网络发出恶意构造的 IP 数据包。

对于第 3 个参数（协议参数）而言，在使用流式套接字和数据报套接字时，我们习惯于用 0 代表默认协议，即系统为所选类型的套接字使用该套接字类型对应的默认协议，因为对于 AF_INET 地址族而言，系统为流式套接字默认使用 TCP 协议，而对数据报套接字默认使用 UDP 协

议。通常来说，对于某一给定的地址族，系统为特定的套接字只支持一种协议，如果对于某一给定地址族的特定套接字支持不止一种类型协议，那么需要在协议字段明确指明协议类型。

原始套接字能够操控的协议类型有很多，协议字段此时通常不为 0，而是由一个协议类型的宏定义具体指明。协议参数的设置要根据具体情况来确定，它依赖于原始套接字所要实现的目的以及系统的环境等多种因素。

Windows Sockets 在 winsock2.h 中预定义了 20 种左右的协议类型，并定义了它所能支持的最大数目 IPPROTO_MAX（256），当超过这个数目时，则不能成功创建原始套接字。常用的协议类型如表 7-1 所示。

表 7-1 常用协议定义列表

协　议	值	含　义
IPPROTO_IP	0	IP 协议
IPPROTO_ICMP	1	ICMP 协议
IPPROTO_IGMP	2	IGMP 协议
BTHPROTO_RFCOMM	3	蓝牙通信协议
IPPROTO_IPV4	4	IPv4 协议
IPPROTO_TCP	6	TCP 协议
IPPROTO_UDP	17	UDP 协议
IPPROTO_ IPV6	41	IPv6 协议
IPPROTO_ ICMPV6	58	ICMPv6 协议
IPPROTO_ RAW	255	原始 IP 包

原始套接字不存在端口号的概念，但是仍然可以显式地给该套接字关联本地和远端地址，涉及端点地址关联的函数主要为：

- 本地地址关联——bind() 函数。可以在原始套接字上调用 bind() 函数，不过比较少见。其功能是指定从这个原始套接字发送的所有数据包的源 IP 地址（只在 IP_HDRINCL 套接字选项未开启的前提下有效），由于原始套接字不存在端口号的概念，bind() 函数仅仅设置本地 IP 地址。使用原始套接字比较常见的情况是不调用 bind()，此时内核把源 IP 地址动态设置为外出接口的 IP 地址。
- 远端地址关联——connect() 函数或 WSAConnect() 函数。可以在原始套接字上调用 connect() 函数或 WSAConnect() 函数，不过比较少见。其功能是指定从这个原始套接字发送的所有数据包的目的 IP 地址，由于原始套接字不存在端口号的概念，connect() 函数或 WSAConnect() 函数仅设置远端 IP 地址，这个函数同样也起到了注册远端地址的作用，因此在后续的数据发送中可以不必指定目的地址。

7.3.2　使用原始套接字接收数据

通常，使用原始套接字接收数据可以调用 recvfrom() 或 WSARecvFrom() 函数实现。我们在处理这种套接字接收时关心两个问题：接收数据的内容和接收数据的类型。

1. 接收数据的内容

从接收数据的内容来看，不论套接字如何设置发送选项，对于 IPv4，原始套接字接收到的数据都是包括 IP 首部在内的完整数据包，对于 IPv6，原始套接字接收到的都是去掉了

IPv6 首部和所有扩展首部的净载荷。

2. 接收数据的类型

从接收数据的类型来看，数据从协议栈提交到使用套接字的应用程序涉及两层数据的提交，如图 7-2 所示。

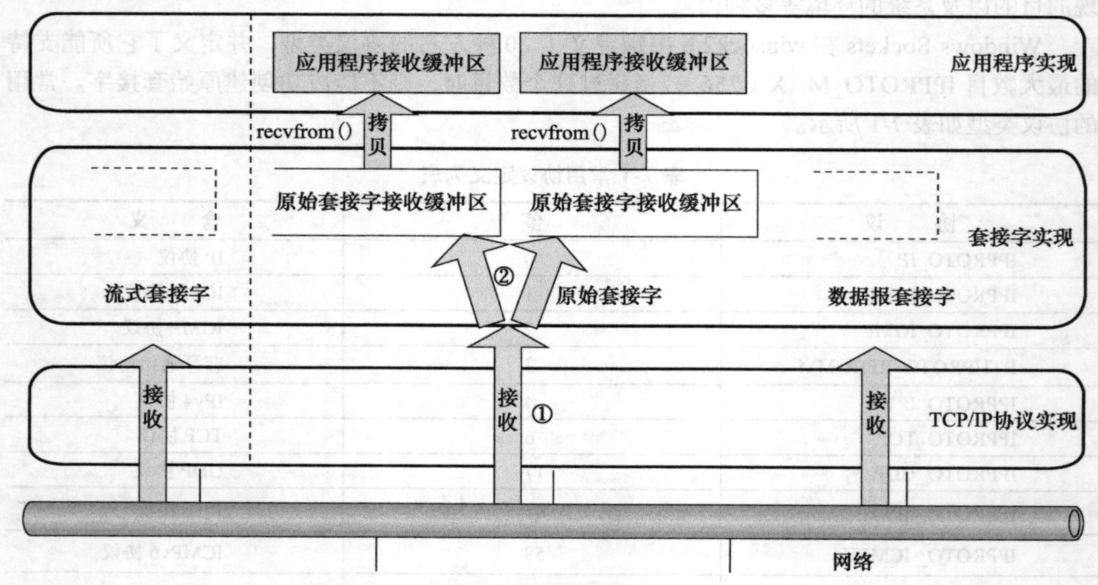

图 7-2 使用原始套接字接收数据的过程

第一个层次：参考图 7-2 中步骤①，在接收到一个数据包之后，协议栈把满足以下条件的 IP 数据包传递到套接字实现的原始套接字部分：

- 非 UDP 分组或 TCP 分组；
- 部分 ICMP；
- 所有 IGMP 分组；
- 协议栈不认识其协议字段的所有 IP 数据包；
- 重组后的分片数据。

第二个层次：参考图 7-2 中步骤②，当协议栈有一个需传递到原始套接字的 IP 数据包时，它将检查所有进程的所有打开的原始套接字，寻找满足接收条件的套接字，如果满足以下条件，每个匹配的套接字的接收缓冲区中都将接收到数据包的一份拷贝：

- 匹配的协议：对应于 socket() 函数或 WSASocket()，如果在创建原始套接字时指定了非 0 的协议参数，那么接收到的数据包 IP 首部中的协议字段必须与指定的协议参数相匹配；
- 匹配的目的地址：对应于 bind() 函数，如果通过 bind() 函数将原始套接字绑定到某个固定的本地 IP 地址，那么接收到的数据包的目的地址必须与绑定地址相符，如果没有将原始套接字绑定到本地的某个 IP 地址，那么不考虑数据包的目标 IP，将符合其他条件的所有 IP 数据包都复制到该套接字的接收缓冲区中；
- 匹配的源地址：对应于 connect() 函数或 WSAConnect() 函数，如果通过调用 connect() 函数或 WSAConnect() 函数为原始套接字指定了外部地址，那么接收到的数据包的源 IP 地址必须与上述已连接的外部 IP 地址相匹配，如果没有为该原始套接字指定外部地址，那么所有来源的满足其他条件的 IP 数据包都将被复制到套接字的接收缓冲区中。

正确理解原始套接字能够接收到的数据内容和数据类型是很重要的。另外，从以上分析来看，默认情况下，协议栈实现并不会把所有网卡收到的数据包都复制到原始套接字上，那么进一步思考一个问题：既然原始套接字能够接收到的数据包是有限制的，那么如何在第一个层次上扩展原始套接字被复制的数据类型呢？

在一些应用中，我们希望能够接收到所有发给网卡的数据，甚至接收到所有流经网卡但并非发送给本机的数据，这种情况下，通过设置接收选项 SIO_RCVALL 就能够达到这一目的。

WinSock 2 支持 SIO_RCVALL 套接字控制命令，SIO_RCVALL 命令允许指定的套接字接收所有经过本机的 IP 分组，为捕获网络底层数据包提供了一种有效的方法。设置该套接字控制命令是通过函数 WSAIoctl() 实现的，WSAIoctl() 函数是一个 WinSock 2 的函数，提供了对套接字的控制能力，其定义见 4.5.4 节。

当设置网卡全部接收选项时，传递给函数 WSAIoctl() 的套接字的地址族是 AF_INET，协议类型是 IPPROTO_IP，此外该套接字需要同一个明确的本地接口进行绑定。具体使用步骤为：

1）创建原始套接字，由于 IPv6 尚未实现 SIO_RCVALL，因而套接字地址族必须是 AF_INET，协议必须是 IPPROTO_IP；

2）将套接字绑定到指定的本地接口；

3）调用 WSAIoctl() 为套接字设置 SIO_RCVALL I/O 控制命令；

4）调用接收函数，捕获 IP 数据包。

该函数的使用示例代码如下：

```
#include <winsock2.h>
#include "wstcpip.h"
#pragma comment(lib, "ws2_32.lib")
void main(int argc, char **argv)
{
    SOCKADDR_IN sa;
    SOCKET sock;
    DWORD dwBufferLen[10] ;
    DWORD Optval= 1 ;
    DWORD dwBytesReturned = 0 ;
    //Windows Sockets DLL 初始化
    ……
    //创建套接字
    if (( sock = socket ( AF_INET,  SOCK_RAW, IPPROTO_IP)) ==SOCKET_ERROR)
    {
        //错误处理
        ……
    }
    //地址初始化
    ……
    if (bind(sock, (PSOCKADDR)&sa, sizeof(sa)) == SOCKET_ERROR)
    {
        //错误处理
        ……
    }
    if(WSAIoctl(sock, SIO_RCVALL , &Optval, sizeof(Optval),  &dwBufferLen,
        sizeof(dwBufferLen), &dwBytesReturned , NULL , NULL )== SOCKET_ERROR )
    {
```

```
        //错误处理
        ……
    }
    //接收数据
    ……
}
```

另外，使用原始套接字接收数据是在无连接的方式下进行的，原始套接字很可能接收到很多非预期的数据包，比如设计一个 ping 程序来发送 ICMP ECHO 请求，并接收响应，在等待 ICMP 响应时，其他类型的 ICMP 消息也可能到达该套接字，此时应用程序应具备一定的数据过滤能力，从数据来源、数据包协议类型等方面对接收到的数据进行判断，保留匹配的数据包。

7.3.3 使用原始套接字发送数据

在原始套接字上发送数据是以无连接的方式完成的，创建好原始套接字后可以直接将构造好的数据发送出去，但是由于原始套接字工作的层次比数据报套接字更低，在发送目标和发送内容方面有一些区别。

1. 发送数据的目标

从发送数据的目标来看，原始套接字不存在端口号的概念，对目的地址描述时，端口是忽略的，但是仍然可以在连接模式和非连接模式两种方式下为该套接字关联远端地址。

（1）非连接模式

在非连接模式下，应用程序在每次数据发送前指定目的 IP，然后调用 sendto() 函数或 WSASendTo() 函数将数据发送出去，并在数据接收时，调用 recvfrom() 函数或 WSARecvFrom() 函数，从函数返回参数中读取接收的数据包的来源地址。这种模式也同样适用于广播地址或多播地址的发送，此时需要通过 setsockopt() 函数设置选项 SO_BROADCAST 以允许广播数据的发送。

（2）连接模式

在连接模式下，应用程序首先调用 connect() 函数或 WSAConnect() 函数指明远端地址，即确定了唯一的通信对方地址，在之后的数据发送和接收过程中，不用每次重复指明远程地址就可以发送和接收报文，此时，send() 函数 /WSASend() 函数和 sendto() 函数 /WSASendTo() 函数可以通用，recv() 函数 /WSARecv() 函数和 recvfrom() 函数 /WSARecvFrom() 函数也可以通用。

2. 发送数据的内容

从发送数据的内容来看，原始套接字的发送内容涉及多种协议首部的构造，对于 IPv4（或 IPv6）数据的发送，IP 首部控制选项为协议首部的填充提供了两个层次的选择：如果是 IPv4，选项为 IP_HDRINCL，选项级别为 IPPROTO_IP；如果是 IPv6，选项为 IPV6_HDRINCL，选项级别为 IPPROTO_IPV6。以 IPv4 数据的发送为例，图 7-3 展示了选项开启和不开启时发送内容覆盖的范围。

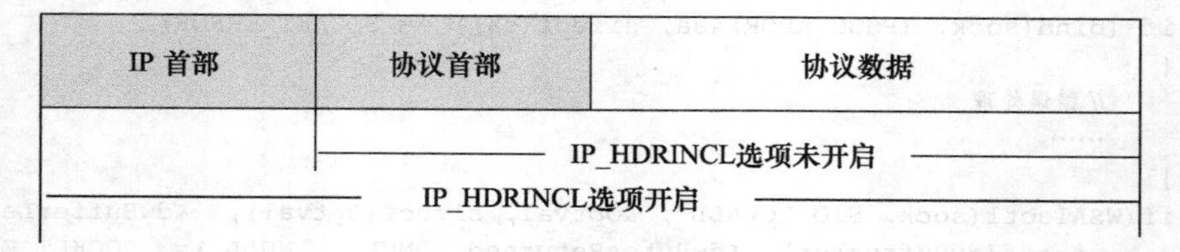

图 7-3 原始套接字构造数据的两个层次

（1）IP 首部控制选项未开启

在原始套接字创建后默认发送的数据是 IP 数据部分，那么不需要设置 IP 首部控制选项，此时程序设计人员负责构造 IP 协议承载的协议首部和协议数据，IP 协议首部是由协议栈负责填充的。如果希望对 IP 首部的部分字段的默认值进行更改，套接字提供了一些 IPPROTO_IP 层次上的选项（具体见 4.5.4 节），允许程序员以套接字选项设置的方式进行修改，这样可以简化数据构造的复杂性。

（2）IP 首部控制选项开启

如果希望对 IP 首部进行个性化填充，则需要设置 IP 首部控制选项，此时包括 IP 首部在内的整个数据包都由用户来完成构造，而协议栈则极少参与数据包的形成过程。在这种情况下，用户不但可以构造知名协议的完整数据包，如 TCP、UDP 等，还可以实现自定义的协议，并最终将其封装在 IP 数据包中，此外，用户还可以更改 IP 首部的部分内容，如生成分片数据包、修改源 IP 地址等。

尽管使用了 IP 首部控制选项，协议栈并不是完全不干涉数据包的构造过程，比如：协议栈会自己计算 IP 首部的检验和；如果用户将源 IP 地址设置为 INADDR_ANY，则协议栈将把它设置为外出接口的主 IP 地址等等。

7.4　编程举例

7.4.1　使用原始套接字实现 ping

ping 是很多操作系统上用来检验主机是否连通网络，以及探测远程主机是否存活的实用工具之一，它通过向远程主机发送 ICMP 协议包并检查取回的远程主机响应包来实现上述功能。基于 ICMP ECHO 原理，结合原始套接字的编程方法，就可以实现具有 ping 功能的工具了。

1. ICMP 协议简介

由于 IP 协议提供的是一种不可靠的无连接数据传递服务，因此它提高了资源的利用率，是一种尽力传输的服务。但是，IP 协议缺少差错控制和辅助机制，位于网络层的 ICMP 协议却恰好弥补了 IP 协议的缺陷，它使用 IP 协议进行信息传递，在 IP 主机、路由器之间传递控制消息。控制消息包括网络是否通畅、主机是否可达、路由是否可用等网络本身的消息。这些控制消息虽然并不传输用户数据，但是对于用户数据的传递起着重要的作用。

ICMP 报文有两种类型：差错报文和查询报文。

差错报文一般由路由器或目的主机产生，向主机或路由器报告在传输 IP 数据包时可能遇到的一些问题。所有的差错报文都包含数据部分，这个数据部分包括原始数据包的 IP 首部以及数据包中的前 8 个字节的数据。这样做的理由是：原始数据包的首部可以提供原始的源端点地址和报文的协议类型，前 8 个字节的数据提供了有关端口号以及 TCP 的序号信息，这些信息已足以使得差错报文与特定协议（协议字段）和进程（端口号）联系起来，帮助发送者获知差错报文产生的请求源信息，不过不同的协议实现可能在具体实施时会对差错报文携带的数据量有不同要求。

查询报文主要用于帮助用户从另一个主机或路由器获取特定的信息。源端将查询报文发出后，目的端将使用 ICMP 规定的格式进行应答，查询和应答报文都封装在标准的 IP 数据包中。

ICMP 协议结构包含一个 8 字节的首部和一个可变长的数据部分，对于每种类型的报文而言，它们的首部格式可能不同，但前 4 个字节都是相同的，如图 7-4 所示。

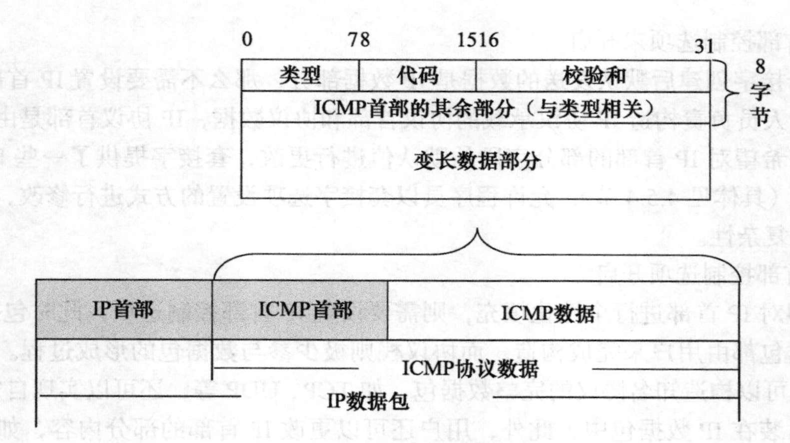

图 7-4　ICMP 报文的封装及首部结构

2. ping 程序实现

原始套接字提供了操控网络层协议的能力，帮助设计者构造、发送和接收 ICMP 协议的数据包。ping 程序使用了 ICMP 协议的 ECHO 类型请求报文，对 ping 的实现主要涉及 ICMP ECHO 请求的发送和响应的接收，另外在每次请求和响应过程中计算响应间隔时间，以帮助用户判断对方主机的状态和网络的状况。

（1）定义 ICMP 消息结构

为了方便对 ICMP ECHO 类型消息的处理，首先以结构的方式定义 ICMP 的请求和应答所涉及的消息结构。

ICMP 首部定义如下：

```
// ICMP 首部结构
typedef struct tagICMPHDR
    {
    u_char      Type;                        // 类型
    u_char      Code;                        // 代码
    u_short     Checksum;                    // 校验和
    u_short     ID;                          // 标识
    u_short     Seq;                         // 序号
}ICMPHDR, *PICMPHDR;
```

我们希望在每次 ICMP ECHO 请求和应答中获知从请求发送到接收到应答的间隔时间，在通信双方没有时钟同步的情况下，不能简单靠对方通告时间信息来判断。因此，在 ICMP ECHO 请求的构造中，增加了 4 字节的时间戳字段，每次请求方在发送请求时获取当前系统时间，填入时间戳字段，并要求接收方对发送的数据原封不动地返回，在接收到本次应答后，再次获取当前系统时间，与接收到的数据包中携带的时间戳相减即得到往返时间间隔。

基于以上考虑，ICMP ECHO 请求的消息结构定义如下：

```
// ICMP 回射请求结构
typedef struct tagECHOREQUEST
{
    ICMPHDR     icmpHdr;                     // ICMP 协议首部
    DWORD dwTime;                            // 时间戳
    char  cData[REQ_DATASIZE];               // ICMP 数据
    }ECHOREQUEST, *PECHOREQUEST;
```

我们在 7.3.2 节讨论了原始套接字接收数据的内容，对于原始套接字而言，它所接收到的数据是包含 IP 首部在内的完整数据包，因此，接收到数据后，需要分配一个包含 IP 首部结构、ICMP 首部和 ICMP 数据的缓冲区，该结构定义如下：

```
// ICMP 回射应答结构
typedef struct tagECHOREPLY
{
    IPHDR          ipHdr;                 //IP 协议首部
    ECHOREQUEST  echoRequest;             //ICMP 请求结构
    char           cFiller[256];          //填充
}ECHOREPLY, *PECHOREPLY;
```

其中，IP 首部的结构定义如下：

```
// IP 首部结构
typedef struct tagIPHDR
{
    u_char     VIHL;                      //版本号和首部长度
    u_char     TOS;                       //服务类型
    short      TotLen;                    //总长度
    short      ID;                        //标识
    short      FlagOff;                   //分片标志和分片偏移
    u_char     TTL;                       //TTL
    u_char     Protocol;                  //协议
    u_short    Checksum;                  //校验和
    struct     in_addr iaSrc;             //源 IP 地址
    struct     in_addr iaDst;             //目的 IP 地址
}IPHDR, *PIPHDR;
```

（2）创建主程序框架——main()

创建一个控制台程序，在主程序框架中检查输入参数的合法性，完成 Windows Sockets DLL 的初始化，调用 Ping() 函数实现 ping 的具体操作，最后对套接字资源进行释放。main() 函数的实现代码如下：

```
1  void main(int argc, char **argv)
2  {
3      WSADATA wsaData;
4      WORD wVersionRequested = MAKEWORD(1,1);
5      int nRet;
6      //检查输入合法性
7      if (argc != 2)
8      {
9          fprintf(stderr,"\nUsage: ping hostname\n");
10         return;
11     }
12     //初始化套接字
13     nRet = WSAStartup(wVersionRequested, &wsaData);
14     if (nRet)
15     {
16         fprintf(stderr,"\nError initializing WinSock\n");
17         return;
18     }
19     //核对套接字版本
20     if (wsaData.wVersion != wVersionRequested)
```

```
21   {
22      fprintf(stderr,"\nWinSock version not supported\n");
23      return;
24   }
25   //调用 Ping() 函数完成具体功能
26   Ping(argv[1]);
27   //释放 WinSock
28   WSACleanup();
29 }
```

（3）搭建 ping 的功能框架——Ping()

Ping() 函数实现了 ping 的主体功能。代码如下：

```
1  void Ping(LPCSTR pstrHost)
2  {
3     //定义变量
4     SOCKET          rawSocket;
5     LPHOSTENT       lpHost;
6     struct          sockaddr_in saDest;
7     struct          sockaddr_in saSrc;
8     DWORD          dwTimeSent;
9     DWORD          dwElapsed;
10    u_char          cTTL;
11    int             nLoop;
12    int             nRet;
13    //创建原始套接字，指定协议类型为 IPPROTO_ICMP
14    rawSocket = socket(AF_INET, SOCK_RAW, IPPROTO_ICMP);
15    if (rawSocket == SOCKET_ERROR)
16    {
17       ReportError("socket()");
18       return;
19    }
20    //根据用户指定的地址获取目标 IP
21    lpHost = gethostbyname(pstrHost);
22    if (lpHost == NULL)
23    {
24       fprintf(stderr,"\nHost not found: %s\n", pstrHost);
25       return;
26    }
27    //填充套接字的目的端点地址
28    saDest.sin_addr.s_addr = *((u_long FAR *) (lpHost->h_addr));
29    saDest.sin_family = AF_INET;
30    saDest.sin_port = 0;
31
32    //在控制台输出当前的工作
33    printf("\nPinging %s [%s] with %d bytes of data:\n", pstrHost,
         inet_ntoa(saDest.sin_addr), REQ_DATASIZE);
34    //对目标地址连续 ping 4 次
35    for (nLoop = 0; nLoop < 4; nLoop++)
36    {
37       //发送 ICMP 请求
38       SendEchoRequest(rawSocket, &saDest);
39       //等待响应到达
40       nRet = WaitForEchoReply(rawSocket);
41       if (nRet == SOCKET_ERROR)
42       {
```

```
43              ReportError("select()");
44              break;
45          }
46          if (!nRet)
47          {
48              printf("\nTimeOut");
49              break;
50          }
51          //接收响应
52          dwTimeSent = RecvEchoReply(rawSocket, &saSrc, &cTTL);
53          //计算响应间隔时间
54          dwElapsed = GetTickCount() - dwTimeSent;
55          //输出结果
56          printf("\nReply from: %s: bytes=%d time=%ldms TTL=%d",inet_ntoa
                (saSrc.sin_addr), REQ_DATASIZE, dwElapsed, cTTL);
57      }
58      printf("\n");
59      //关闭套接字
60      nRet = closesocket(rawSocket);
61      if (nRet == SOCKET_ERROR)
62          ReportError("closesocket()");
63  }
```

第 13~19 行代码创建具有 IPPROTO_ICMP 协议类型的原始套接字，准备处理 ICMP 协议的消息。

第 20~33 行代码对用户输入的目标主机名进行转换，得到结构化的目的地址信息。

第 34~57 行代码完成 ping 的主要功能，循环调用函数 SendEchoRequest() 完成 ICMP ECHO 请求的构造和发送，调用函数 WaitForEchoReply() 等待响应到达，调用函数 RecvEchoReply() 接收响应，之后对每一次请求的往返时间进行计算和输出。

3. 构造并发送 ICMP ECHO 请求数据包——SendEchoRequest()

SendEchoRequest() 函数填充 ICMP ECHO 请求报文结构，并调用 sendto() 函数完成单次 ICMP ECHO 请求的发送，代码如下：

```
1  int SendEchoRequest(SOCKET s,LPSOCKADDR_IN lpstToAddr)
2  {
3      static ECHOREQUEST echoReq;
4      static nId = 1;
5      static nSeq = 1;
6      int nRet;
7      //填充 ICMP ECHO 请求
8      echoReq.icmpHdr.Type = ICMP_ECHOREQ;
9      echoReq.icmpHdr.Code = 0;
10     echoReq.icmpHdr.Checksum = 0;
11     echoReq.icmpHdr.ID = nId++;
12     echoReq.icmpHdr.Seq = nSeq++;
13     //填充 ICMP ECHO 数据
14     for (nRet = 0; nRet < REQ_DATASIZE; nRet++)
15         echoReq.cData[nRet] = ' '+nRet;
16     //获得当前的时钟并填充
17     echoReq.dwTime = GetTickCount();
18     //计算校验和
19     echoReq.icmpHdr.Checksum = in_cksum((u_short *)&echoReq, sizeof(ECHOREQUEST));
```

```
20      //Send the echo request
21      nRet = sendto(s,                                    //套接字
                      (LPSTR)&echoReq,                      //缓冲区
                      sizeof(ECHOREQUEST),                  //缓冲区长度
                      0,                                    //发送标志
                      (LPSOCKADDR)lpstToAddr,               //目的地址
                      sizeof(SOCKADDR_IN));                 //地址长度
22    if (nRet == SOCKET_ERROR)
23        ReportError("sendto()");
24    return (nRet);
25  }
```

（4）等待 ICMP ECHO 应答——WaitForEchoReply()

WaitForEchoReply() 函数采用 select 模型来等待 ICMP ECHO 应答，该函数的具体使用在第 8 章详细介绍，代码如下：

```
1  int WaitForEchoReply(SOCKET s)
2  {
3     struct timeval Timeout;
4     fd_set readfds;
5     //设置读等待套接字数组
6     readfds.fd_count = 1;
7     readfds.fd_array[0] = s;
8     Timeout.tv_sec = 5;
9     Timeout.tv_usec = 0;
10    //等待套接字上的网络事件
11    return(select(1, &readfds, NULL, NULL, &Timeout));
12 }
```

（5）接收 ICMP ECHO 应答——RecvEchoReply()

RecvEchoReply() 函数接收 ICMP ECHO 应答，并提取出其携带的时间戳返回，代码如下：

```
1  DWORD RecvEchoReply(SOCKET s, LPSOCKADDR_IN lpsaFrom, u_char *pTTL)
2  {
3     ECHOREPLY echoReply;
4     int nRet;
5     int nAddrLen = sizeof(struct sockaddr_in);
6     //接收回射应答
7     nRet = recvfrom(s,                                  //套接字
                      (LPSTR)&echoReply,                  //接收缓冲区
                      sizeof(ECHOREPLY),                  //缓冲区长度
                      0,                                  //接收标志
                      (LPSOCKADDR)lpsaFrom,               //数据来源地址
                      &nAddrLen);                         //来源地址长度
8     //判断接收返回至
9     if (nRet == SOCKET_ERROR)
10        ReportError("recvfrom()");
11    //返回发送时间和 IP 头中的 TTL
12    *pTTL = echoReply.ipHdr.TTL;
13    return(echoReply.echoRequest.dwTime);
14 }
```

执行上述程序，运行结果如图 7-5 所示。其中“ myping 192.168.2.1”命令对应本示例程序，“ping 192.168.2.1”命令对应系统自带的 ping 程序的输出结果。

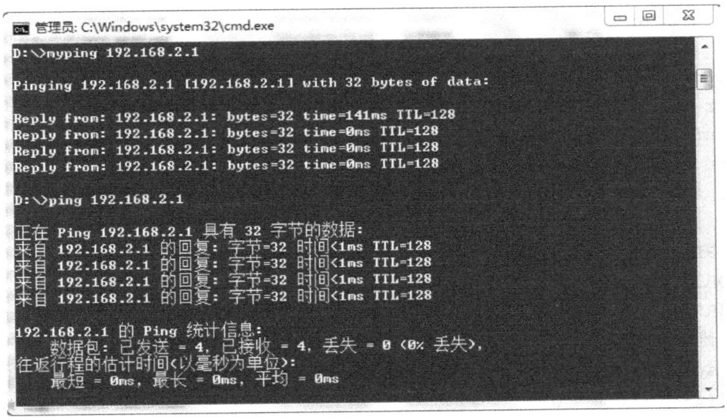

```
管理员: C:\Windows\system32\cmd.exe
D:\>myping 192.168.2.1

Pinging 192.168.2.1 [192.168.2.1] with 32 bytes of data:

Reply from: 192.168.2.1: bytes=32 time=141ms TTL=128
Reply from: 192.168.2.1: bytes=32 time=0ms TTL=128
Reply from: 192.168.2.1: bytes=32 time=0ms TTL=128
Reply from: 192.168.2.1: bytes=32 time=0ms TTL=128

D:\>ping 192.168.2.1

正在 Ping 192.168.2.1 具有 32 字节的数据:
来自 192.168.2.1 的回复: 字节=32 时间<1ms TTL=128
来自 192.168.2.1 的回复: 字节=32 时间<1ms TTL=128
来自 192.168.2.1 的回复: 字节=32 时间<1ms TTL=128
来自 192.168.2.1 的回复: 字节=32 时间<1ms TTL=128

192.168.2.1 的 Ping 统计信息:
    数据包: 已发送 = 4，已接收 = 4，丢失 = 0 (0% 丢失)，
往返行程的估计时间(以毫秒为单位):
    最短 = 0ms，最长 = 0ms，平均 = 0ms
```

图 7-5　ping 程序的实现截图

7.4.2　使用原始套接字实现数据包捕获

网络嗅探器在网络安全方面扮演了很重要的角色，通过使用网络嗅探器可以对网络上传输的数据包进行捕获和分析，以供协议分析和网络安全防御之用。

我们在 7.3.2 节讨论了使用原始套接字在数据接收时能够接收到的具体数据内容和类型。从接收数据的类型来看，数据从协议栈提交到使用套接字的应用程序涉及交付原始套接字和交付应用程序两个层次的数据提交，并不是所有网卡上经过的数据都会被原始套接字接收到。另外，我们还探讨了 I/O 控制函数 WSAIoctl() 对 SIO_RCVALL 套接字控制命令的支持。当设置 SIO_RCVALL 命令后，允许指定的套接字接收所有流经本机的 IP 数据包，这为捕获网络底层数据包提供了一种有效的方法。

1. 数据包捕获原理

通常的套接字程序只能响应与自己的 MAC 地址相匹配的或是以广播形式发出的数据帧，对于其他形式的数据帧，网络接口采取的动作是直接丢弃。为了使网卡能够接收所有经过它的数据帧，需要将网卡设置为混杂模式。

使用 SIO_RCVALL 命令可以在原始套接字上设置网卡以混杂模式工作，在此基础上从网卡上接收数据和对数据进行解析。

2. 数据包捕获实现

基于原始套接字编程，以下给出具有简单数据包捕获功能的具体例子：

```
1  #include “winsock2.h”
2  #include "mstcpip.h"
3  #pragma comment(lib,"ws2_32.lib")
4  //定义默认的缓冲区长度和端口号
5  #define DEFAULT_BUFLEN 65535
6  #define DEFAULT_NAMELEN 512
7
8  int _tmain(int argc, _TCHAR* argv[])
9  {
10     WSADATA wsaData;
11     SOCKET SnifferSocket = INVALID_SOCKET;
12     char recvbuf[DEFAULT_BUFLEN];
```

```
13      int iResult;
14      int recvbuflen = DEFAULT_BUFLEN;
15      struct hostent *local;
16      char HostName[DEFAULT_NAMELEN];
17      struct in_addr addr;
18      struct sockaddr_in LocalAddr, RemoteAddr;
19      int addrlen = sizeof(struct sockaddr_in);
20      int in=0,i=0;
21      DWORD dwBufferLen[10];
22      DWORD Optval= 1 ;
23      DWORD dwBytesReturned = 0 ;
24      //初始化套接字
25      iResult = WSAStartup(MAKEWORD(2,2), &wsaData);
26      if (iResult != 0) {
27          printf("WSAStartup failed with error: %d\n", iResult);
28          return 1;
29      }
30      //创建原始套接字
31      printf( "\n创建原始套接字 ...");
32      SnifferSocket = socket ( AF_INET, SOCK_RAW, IPPROTO_IP);
33      if (SnifferSocket == INVALID_SOCKET) {
34          printf("socket failed with error: %ld\n", WSAGetLastError());
35          WSACleanup();
36          return 1;
37      }
38      //获取本机名称
39      memset( HostName, 0, DEFAULT_NAMELEN);
40      iResult = gethostname( HostName, sizeof(HostName));
41      if ( iResult ==SOCKET_ERROR) {
42        printf("gethostname failed with error: %ld\n", WSAGetLastError());
43        WSACleanup();
44        return 1;
45      }
46      //获取本机可用 IP
47      local = gethostbyname( HostName);
48      printf ("\n本机可用的 IP 地址为: \n");
49      if( local ==NULL)
50      {
51          printf("gethostbyname failed with error: %ld\n", WSAGetLastError());
52          WSACleanup();
53          return 1;
54      }
55      while (local->h_addr_list[i] != 0) {
56          addr.s_addr = *(u_long *) local->h_addr_list[i++];
57          printf("\tIP Address #%d: %s\n", i, inet_ntoa(addr));
58      }
59        printf ("\n请选择捕获数据待使用的接口号: ");
60      scanf_s( "%d", &in);
61        memset( &LocalAddr, 0, sizeof(LocalAddr));
62      memcpy( &LocalAddr.sin_addr.S_un.S_addr, local->h_addr_list[in-1],
            sizeof(LocalAddr.sin_addr.S_un.S_addr));
63      LocalAddr.sin_family = AF_INET;
64      LocalAddr.sin_port=0;
65      //绑定本地地址
```

```
66        iResult = bind( SnifferSocket, (struct sockaddr *) &LocalAddr,
              sizeof(LocalAddr));
67      if( iResult == SOCKET_ERROR){
68          printf("bind failed with error: %ld\n", WSAGetLastError());
69          closesocket(SnifferSocket);
70          WSACleanup();
71          return 1;
72      }
73      printf(" \n成功绑定套接字和#%d号接口地址", in);
74      //设置套接字接收命令
75       iResult = WSAIoctl(SnifferSocket, SIO_RCVALL , &Optval, sizeof(Optval),
             &dwBufferLen, sizeof(dwBufferLen), &dwBytesReturned , NULL , NULL );
76      if ( iResult == SOCKET_ERROR ){
77          printf("WSAIoctl failed with error: %ld\n", WSAGetLastError());
78          closesocket(SnifferSocket);
79          WSACleanup();
80      }
81      //开始接收数据
82      printf(" \n开始接收数据");
83      do
84      {
85          //接收数据
86           iResult = recvfrom( SnifferSocket, recvbuf, DEFAULT_BUFLEN, 0 ,
                 (struct sockaddr *)&RemoteAddr,&addrlen);
87          if (iResult > 0)
88              printf ("\n接收到来自%s的数据包,长度为%d.",
                  inet_ntoa(RemoteAddr.sin_addr),iResult );
89          else
90              printf("recvfrom failed with error: %ld\n", WSAGetLastError());
91      } while(iResult > 0);
92      return 0;
93  }
```

第32~39行代码完成原始套接字的创建，套接字地址族为AF_INET，协议是IPPROTO_IP，套接字类型为SOCK_RAW。

主机可能是多网卡的，但数据包的捕获需要明确指定一个本地的网络接口地址，为此程序增加了本机IP地址获取与选择的功能，第41~48行代码完成了获得主机名称的工作，第49~65行代码根据获得的主机名得到该主机的多个网卡地址，打印到界面中让用户选择。

当用户选择了某个网卡时，第72~80行代码对用户指定的IP地址与创建好的原始套接字进行绑定，由于此时工作在网络层，没有端口的概念，因此绑定地址的端口号设为0。

在绑定主机IP地址后，第82~89行代码调用WSAIoctl()函数为套接字设置SIO_RCVALL控制命令，将网卡设置为混杂模式。

在所有的前期工作准备完毕后，第90~100行代码调用接收函数recvfrom()接收数据包，在该示例中没有对数据包的内容进行解析，只是简单输出了数据包的长度和来源地址。

该程序的运行截图如图7-6所示。

本程序实现了数据包捕获程序的框架，捕获后协议数据的分析和统计功能比较简单。根据实际分析需求，对捕获数据的分析工作可以进一步扩展，比如给出当前已接收数据包的源/目的IP地址和端口号、分类统计一段时间内的协议流量、针对特殊字段的内容进行网络数据捕获等等。

```
C:\Windows\system32\cmd.exe
创建原始套接字...
本机可用的IP地址为:
        IP Address #1: 10.101.20.125
        IP Address #2: 192.168.2.4
        IP Address #3: 192.168.2.1

请选择捕获数据待使用的接口号: 1

成功绑定套接字和#1号接口地址
开始接收数据
接收到来自202.196.62.254的数据包, 长度为64.
接收到来自10.101.20.254的数据包, 长度为64.
接收到来自202.196.62.254的数据包, 长度为64.
接收到来自10.101.20.30的数据包, 长度为161.
接收到来自10.101.20.30的数据包, 长度为160.
接收到来自10.101.20.30的数据包, 长度为165.
接收到来自10.101.20.30的数据包, 长度为129.
接收到来自10.101.20.30的数据包, 长度为129.
接收到来自10.101.20.147的数据包, 长度为161.
接收到来自10.101.20.147的数据包, 长度为160.
接收到来自10.101.20.147的数据包, 长度为165.
```

图 7-6　数据包捕获程序的实现截图

7.5　Windows 对原始套接字的限制

原始套接字提供了普通套接字所不具备的功能，能够对网络数据包进行某种程度的控制操作，成为开发简单网络性能监视程序、网络探测、网络攻击等的有效工具。由于这种灵活性给攻击者带来了数据包操控上的便利，在 Windows 环境下，原始套接字的支持一直是一个备受争议的问题，不同版本的 Windows 环境对原始套接字的限制也是有所区别的。

在 Windows 环境中，WinSock 是 IP 协议的服务提供者，目前只有 WinSock 2 支持原始套接字。它提供了两种基本的原始套接字类型：

1）使用熟知协议类型的原始套接字。位于 IP 首部协议类型域的类型值是熟知协议，可由 WinSock 服务提供者识别，例如 ICMP（协议类型为 1）、ICMPv6（协议类型为 58）等。

2）使用任何协议类型的原始套接字。不考虑 WinSock 服务提供者是否对它提供直接支持，例如流控制传输协议（ Stream Control Transmission Protocol，SCTP）。

由于原始套接字提供了直接操纵底层传输服务的能力，对网络安全构成了威胁，Windows 限制只有管理员组的成员可以在 Windows 2000 以及更高的版本中创建原始套接字。在 Windows NT 4.0 上，任何人都可以创建原始套接字，但非管理员不能对该套接字执行任何操作，而 Windows Me/98 则对原始套接字的使用没有施加任何限制。

随着 Windows 版本的提高，对原始套接字的限制更加严格，在 Windows 7、Windows Vista、Windows XP SP2 和 Windows XP SP3 中，通过原始套接字发送数据的能力受到了诸多限制，这些限制主要包括：

1）TCP 的数据不能通过原始套接字发送。

2）如果源 IP 地址不正确，则 UDP 的数据不能通过原始套接字发送。所谓不正确是指为数据包设置的源地址不属于本机有效的 IP 地址，这样限制了恶意代码通过伪造源 IP 地址进行拒绝服务攻击的能力，同时还限制了发送 IP 欺骗数据包的能力。

3）当设置协议类型为 IPPROTO_TCP 时，不允许将原始套接字绑定到本地地址（当协议类型为其他协议时，绑定是允许的）。

在 Windows Server 版本中对原始套接字支持较好，上述限制不适用于 Windows Server 2003、Windows Server 2008 以及 Windows SP2 以前的操作系统。

从 Windows 对原始套接字的限制情况来看，一些原始套接字本来具有的功能在目前常用的 Windows 系统中都做了限制。尽管原始套接字提供了这些能力，但仍然无法充分发挥其灵活性，在现实应用中，如果原始套接字无法满足需求，程序员需要将编程层次再下降一层，比如使用 WinPcap 编程直接操控数据帧来达到更加灵活的数据构造和捕获效果。

习题

1. 原始套接字在处理数据发送和接收时与流式套接字和数据报套接字有哪些不同？
2. 某程序员在 Windows 7 环境下，使用原始套接字构造 TCP 的 SYN 请求实现半开端口扫描，但结果发现网络中并没有看到 SYN 请求的发送，请分析原因并给出解决思路。

实验

1. 使用原始套接字编程，实现 UDP 回射客户端的主要功能。该客户端具备 IP 原始数据包的构造、发送和接收功能。其实现过程是：从控制台获取用户输入，将用户输入的字符串作为 UDP 的数据填充回射请求，发送给回射服务器，接收服务器发回的响应，并将响应打印到命令行中。
2. 设计一个路径探测器，能够实现类似于 traceroute 的功能，获取从探测源到达目的主机的路由器路径和延迟。

Chapter 8

第8章 网络通信中的I/O操作

前面几章介绍了套接字编程的基础技术，可以实现简单的客户与服务器的通信。但是在实际应用中，面对多个客户的请求，服务器要考虑效率与公平性，这对服务器的性能提出了更高的要求。为了灵活高效地处理网络通信，服务器和客户的设计需要根据现实需求，选择合适的套接字I/O模型。

在Windows平台构建高效、实用的客户/服务器程序，选择合适的网络通信I/O模型是程序设计的重要环节。除了最基本的阻塞模型外，Windows平台还提供了其他6种套接字I/O模型，即非阻塞模型、I/O复用模型、WSAAsyncSelect模型、WSAEventSelect模型、重叠I/O模型和完成端口模型，本章以流式套接字的回射服务器在以上模型中的实现为主线，阐述这些模型的使用方法、技术细节及优缺点。

8.1 I/O设备与I/O操作

8.1.1 I/O设备

在计算机中，用于处理输入与输出操作的设备有许多，通常可以分成以下三类：

1）I/O类设备：又称为慢速外设，这类设备主要与用户打交道，数据交换速度相对较慢，通常是以字节为单位进行数据交换，主要有显示器、键盘、打印机、扫描仪、传感器、控制杆、键盘、鼠标等。

2）存储类设备：这类设备主要用于存储程序和数据，数据交换速度较快，通常以许多字节组成的块为单位进行数据交换，主要有磁盘设备、磁带设备、光盘等。

3）网络通信类设备：这类设备数据交换速度通常高于慢速外设，但低于存储类设备，主要有各种网络接口、调制解调器等。网络通信类设备在使用和管理上与上述两类设备有很大的不同。

各类I/O设备之间有很大的差别，甚至每一类中也有相当大的差异，主要差别包括：

- 数据率：数据传送速率可能会相差几个数量级。
- 应用程序：设备用于做什么，对软件、操作系统策略以及支持使用的程序都有影响。例如，用于文件操作的磁盘需要文件管理软件的支持，在虚拟存储方案中，磁盘用做页面调度的后备存储器，取决于虚存硬件和软件的使用。此外，这些应用程序对磁盘调度算法有一定的影响。另一个例子是，终端可以被普通用户使用，也可以被系统管理员使用，这两种使用情况隐含着不同的特权级别，从而在操作系统中可能有不同的优先级。
- 控制的复杂度：打印机仅需要一个相对比较简单的控制接口，而磁盘的控制接口就要复杂得多，这些差别对操作系统的影响可以用控制该设备的 I/O 模块的复杂度来描述。
- 传送单位：数据可以按照字节流或者字符流的形式传送（如终端 I/O），也可以按多个字节组成的数据块传送（如磁盘 I/O）。
- 数据表示：不同的设备使用不同的数据编码方案，包括字符代码和奇偶约定的差异等。
- 错误条件：错误的本质、报告错误的方式、错误的后果以及可以得到的响应范围随设备的不同而不同。

这些差异的存在使得不论从操作系统的角度，还是从用户进程的角度，都很难实现一种统一的、一致的输入 / 输出方法。

8.1.2 网络通信中的 I/O 等待

使用网络设备进行数据的发送与接收也面临与传统 I/O 操作类似的环节，网络操作经常会面临 I/O 事件的等待，这些等待事件大致分为以下几类：

- 等待输入操作：等待网络中有数据可被接收；
- 等待输出操作：等待套接字实现中有足够的缓冲区保存待发送的数据；
- 等待连接请求：等待有新的客户建立连接或对等方断开连接；
- 等待连接响应：等待服务器对连接的响应；
- 等待异常：等待网络连接异常或有带外数据可被接收。

以第一类等待输入操作事件为例，Windows Sockets 提供了 4 个函数进行数据接收，包括函数 recv()、recvfrom()、WSARecv() 和 WSARecvFrom()，那么在这些接收函数进行 I/O 事件等待时，究竟哪些因素制约了函数的返回时间呢？

在前面的章节中我们探讨过数据接收所涉及的基本操作，从应用程序实现、套接字实现和协议实现三个层次来观察数据接收的过程，数据接收在实施过程中主要涉及两个缓冲区：套接字的接收缓冲区和应用程序的接收缓冲区，数据接收也涉及两个层次的写操作，如图 8-1 所示。那么，一次数据的接收主要有两类等待：

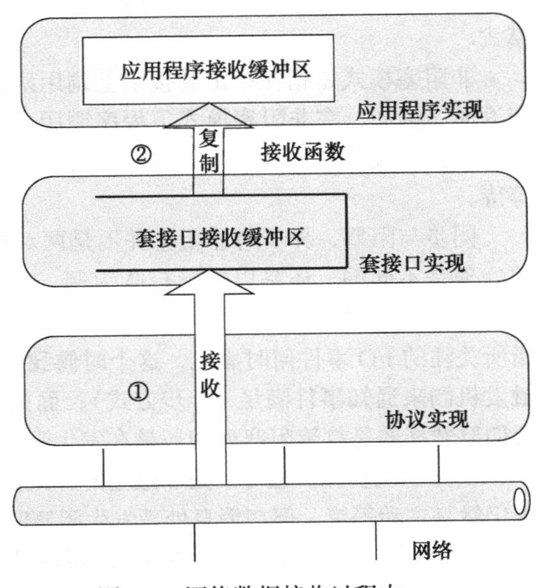

图 8-1 网络数据接收过程中涉及的两步等待操作

第一类等待：等待数据到达网络，当分组到达时，它被复制到套接字口的接收缓冲区。

第二类等待：等待将数据从套接字的接收缓冲区复制到应用程序缓冲区。

实质上，第一类等待代表等待网络 I/O 条件的满足，第二类等待代表等待具体处理 I/O。不同的网络 I/O 模型的差别主要集中在对第一类等待的处理上，或者以阻塞方式持续等待条件满足，或者以轮询方式查看 I/O 条件是否满足，又或者以被动反馈的方式来获取 I/O 条件满足的具体通知等等。

8.1.3 套接字的 I/O 模式

在使用套接字技术开发网络应用程序时，需要根据实际需求来选择套接字的 I/O 模式和 I/O 模型。

首先说明**同步**和**异步**概念。这两个概念与消息的通知机制有关。对于消息处理者而言，在同步的情况下，由处理消息者自己去等待消息是否被触发；在异步的情况下，由触发机制来通知处理消息者，然后进行消息的处理。

举例来看，当我们去银行办理业务时，可能选择排队等候，也可能取一个写有排号的小纸条，等到排号到时由柜台通知办理业务。前者（排队等候）相当于同步等待消息，而后者（等待别人通知）相当于异步等待消息。在异步消息处理中，等待消息者（等待办理业务的人）往往注册一个回调机制，在所等待的事件被触发时由触发机制（柜台）通过某种机制（写在小纸条上的排号）找到等待该事件的人。

这里要注意：同步和异步仅仅是关于所关注的消息如何通知的机制，而不是处理消息的机制。

从消息的处理机制来看，套接字编程可以分为**阻塞**和**非阻塞**两种 I/O 模式。

阻塞模式是指在指定套接字上调用函数执行操作时，在没有完成操作之前，函数不会立即返回。例如，服务器程序在阻塞模式下调用 accept() 函数时会阻塞，直到接收到一个来自客户的连接请求后才会从阻塞等待中返回。在之前的范例中，套接字的工作模式默认为阻塞模式。

非阻塞模式是指在指定套接字上调用函数执行操作时，无论操作是否完成，函数都会立即返回。例如，在非阻塞模式下程序调用 recv() 函数接收数据时，程序会直接读取套接字实现中的接收缓冲区，无论是否读取到数据，函数都会立即返回，而不会一直在此函数上阻塞等待。

同步与阻塞，异步与非阻塞并不是两对相同的概念，这里要注意理解消息的通知和消息的处理是不同的。还是以银行排队为例，如何获知轮到办理业务的时机是消息的通知方式，而办理业务是对这个消息的处理，两者是有区别的。在真实的 I/O 操作时，消息的通知仅仅指所关注的 I/O 事件何时满足，这个时候我们可以选择持续等待事件满足（同步方式）或通过触发机制来通知事件满足（异步方式）；而如何处理这个 I/O 事件则是对消息的处理，在这里我们要选择的是持续阻塞处理还是在发生阻塞的情况下跳出阻塞等待。

实际上同步操作也可以是非阻塞的，比如以轮询的方式处理网络 I/O 事件，消息的通知方式仍然是主动等待，但在消息处理发生阻塞时并不等待；异步操作也是可以被阻塞住的，比如在使用 I/O 复用模型时，当关注的网络事件没有发生时，程序会在 select() 函数调用处阻塞。

同步和异步、阻塞与非阻塞的处理方式是网络通信中 I/O 处理的常用方式，它们有其各自的适用场合，要根据实际需求来选择网络应用程序使用的 I/O 模式。

在实际开发过程中，网络应用程序可能是简单的一个套接字处理少量的 I/O 事件完成单一的功能，也可能是多个套接字处理多种 I/O 事件并发完成复杂的功能，此时 I/O 模型能够为应用程序的处理提供指导。Windows 平台提供了 7 种套接字的 I/O 模型，即阻塞 I/O 模型、非阻塞 I/O 模型、I/O 复用模型、WSAAsyncSelect 模型、WSAEventSelect 模型、重叠 I/O 模型和完成端口模型。

8.2　阻塞 I/O 模型

在默认的情况下，新建的套接字都是阻塞模式的。在阻塞模型中，应用程序会持续等待网络事件的发生，直到网络 I/O 条件满足为止。

8.2.1　阻塞 I/O 模型的编程框架

1. 阻塞 I/O 模型的编程框架解析

当套接字创建后，在阻塞 I/O 模型下，发生网络 I/O 时应用程序的执行过程是：执行系统调用，应用程序将控制权交给内核，一直等待到网络事件满足，操作被处理完成后，控制权返还给应用程序。以面向连接的数据接收为例，在阻塞的 I/O 模型下，套接字的编程框架如图 8-2 所示。

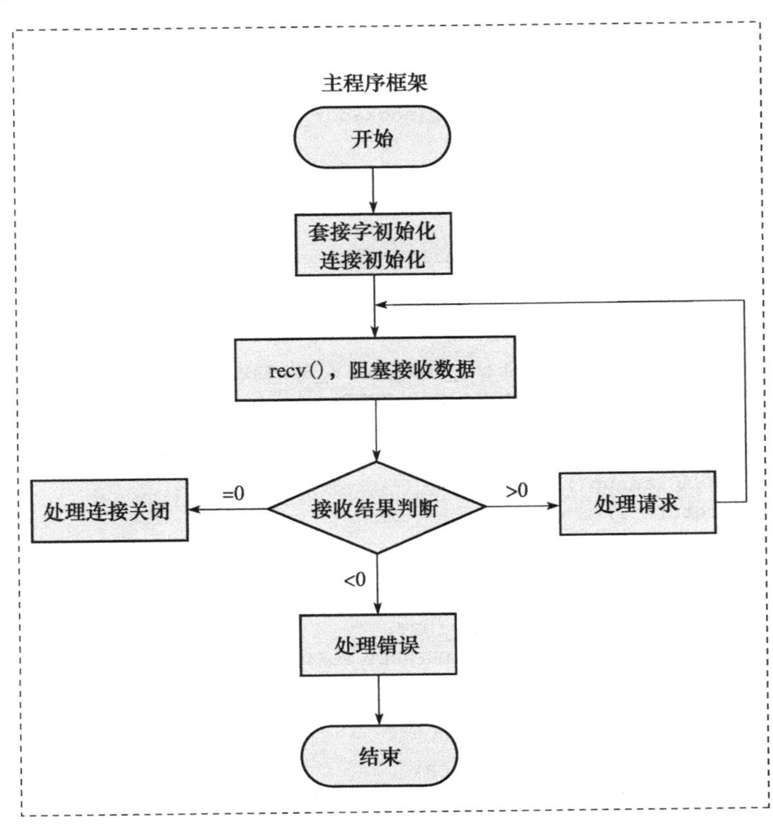

图 8-2　阻塞 I/O 模型下套接字的接收处理

2. 基于阻塞 I/O 模型的套接字通信服务器示例

以下示例实现了基于阻塞 I/O 模型的面向连接通信服务器，该服务器的主要功能是接收客户使用 TCP 协议发来的数据，打印接收到的数据的字节数。为了简化服务器的处理功能，把注意力放在 I/O 处理的差别上，服务器设计为循环服务器，每次处理单个客户的请求，当一个客户断开连接后再处理下一个客户的请求。

代码示例如下：

```
1  #include <windows.h>
2  #include <winsock2.h>
3  #include <ws2tcpip.h>
4  #include <stdlib.h>
5  #include <stdio.h>
6  //连接到 WinSock 2 对应的 lib 文件：ws2_32.lib
7  #pragma comment (lib, "Ws2_32.lib")
8  //定义默认的缓冲区长度和端口号
9  #define DEFAULT_BUFLEN 512
10 #define DEFAULT_PORT 27015
11 int _tmain(int argc, _TCHAR* argv[])
12 {
13     WSADATA wsaData;
14     int iResult;
15     SOCKET ServerSocket = INVALID_SOCKET;
16     SOCKET AcceptSocket = INVALID_SOCKET;
17     char recvbuf[DEFAULT_BUFLEN];
18     int recvbuflen = DEFAULT_BUFLEN;
19     sockaddr_in addrClient;
20     int addrClientlen = sizeof(sockaddr_in);
21     //初始化 WinSock
22     iResult = WSAStartup(MAKEWORD(2,2), &wsaData);
23     if (iResult != 0)
24     {
25         printf("WSAStartup failed with error: %d\n", iResult);
26         return 1;
27     }
28     //创建用于监听的套接字
29     ServerSocket = socket(AF_INET,SOCK_STREAM, IPPROTO_IP);
30     if(ServerSocket == INVALID_SOCKET)
31     {
32         printf("socket failed with error: %ld\n", WSAGetLastError());
33         WSACleanup();
34         return 1;
35     }
36     //为套接字绑定地址和端口号
37     SOCKADDR_IN addrServ;
38     addrServ.sin_family = AF_INET;
39     addrServ.sin_port = htons(DEFAULT_PORT);          //监听端口为 DEFAULT_PORT
40     addrServ.sin_addr.S_un.S_addr = htonl(INADDR_ANY);
41     iResult = bind(ServerSocket, (const struct sockaddr*)&addrServ,
         sizeof(SOCKADDR_IN));
42     if (iResult == SOCKET_ERROR)
43     {
44         printf("bind failed with error: %d\n", WSAGetLastError());
45         closesocket(ServerSocket);
46         WSACleanup();
```

```
47            return 1;
48        }
49        //监听套接字
50        iResult = listen(ServerSocket, SOMAXCONN);
51        if(iResult == SOCKET_ERROR)
52        {
53            printf("listen failed !\n");
54            closesocket(ServerSocket);
55            WSACleanup();
56            return -1;
57        }
58        printf("TCP server starting\n");
59        int err;
60        //循环等待客户请求建立连接，并处理连接请求
61        while(true)
62        {
63         AcceptSocket = accept(ServerSocket, (sockaddr FAR*)&addrClient,
                &addrClientlen);
64            if( AcceptSocket == INVALID_SOCKET)
65            {
66                printf("accept failed !\n");
67                closesocket(ServerSocket);
68                WSACleanup();
69                return 1;
70            }
71            //循环接收数据
72            while( TRUE)
73            {
74                memset(recvbuf,0,recvbuflen);
75                iResult = recv(AcceptSocket, recvbuf, recvbuflen, 0);
76                if (iResult > 0)
77                {
78                    //情况1：成功接收到数据
79                    printf("\nBytes received: %d\n", iResult);
80                    //处理数据请求
81                    //……
82                    //继续接收
83                    continue;
84                }
85                else if (iResult == 0)
86                {
87                    //情况2：连接关闭
88                    printf("Current Connection closing,
                        waiting for the next connection...\n");
89                    closesocket(AcceptSocket);
90                    break;
91                }
92                else
93                {
94                    //情况3：接收发生错误
95                    printf("recv failed with error: %d\n",WSAGetLastError() );
96                    closesocket(AcceptSocket);
97                    closesocket(ServerSocket);
98                    WSACleanup();
99                    return 1;
100               }
```

```
101                 }
102         }
103         //关闭套接字，释放资源
104         closesocket(ServerSocket);
105         closesocket(AcceptSocket);
106         WSACleanup();
107         return 0;
108     }
```

8.2.2 阻塞 I/O 模型评价

阻塞 I/O 模型是网络通信中进行 I/O 操作的一种常用模型，这种模型的优点是使用非常简单直接。但是当需要处理多个套接字连接时，串行处理多套接字的 I/O 操作会导致处理时间延长、程序执行效率降低等问题。在这种情况下，如何及时处理多个 I/O 请求是关键。

针对这一问题，有两个解决思路。

思路一：使用多线程并发处理多个 I/O 请求。

在这种思路下，我们将对多个 I/O 请求的串行等待改为多线程等待，即一种 I/O 操作使用一个线程，但是这样的实现方案会增加线程的启动和终止以及维护线程运行和同步等操作，进而增大了程序的复杂性和系统开销。

思路二：异步、非阻塞处理多个 I/O 请求。

在这种情况下，仍然用单线程实现网络操作，但是在对 I/O 处理上应用一些机制来及时捕获 I/O 条件满足的时机，用单线程模拟多线程的执行效果，此时的关键问题是如何确定网络事件何时发生。

本章以下小节讨论以非阻塞、异步的方式处理网络 I/O 操作的一系列模型。

8.3 非阻塞 I/O 模型

区别于阻塞 I/O 模型，在非阻塞模型中，应用程序不会持续等待网络事件的发生，而是以轮询的方式不断地询问网络状态，直到网络 I/O 条件满足为止。

8.3.1 非阻塞 I/O 模型的相关函数

在 Windows Sockets 中，可以调用 ioctlsocket() 函数将套接字设置为非阻塞模式，该函数的定义如下：

```
int ioctlsocket(
  __in     SOCKET s,
  __in     long cmd,
  __in_out u_long *argp
);
```

其中：

- s：套接字句柄。
- cmd：在套接字 s 上执行的命令。它的可选值主要有：
  - FIONBIO：参数 argp 指向一个无符号长整型数值。将 argp 设置为非 0 值，表示启用套接字的非阻塞模式；将 argp 设置为 0，表示禁用套接字的非阻塞模式。
  - FIONREAD：返回一次调用接收函数可以读取的数据量，即决定可以从套接字 s 中

读取的网络输入缓冲区中挂起的数据的数量，参数 argp 指向一个无符号长整型数值，用于保存调用 ioctlsocket() 函数的结果。

- SIOCATMARK：用于决定是否所有带外数据都已经被读取。

● argp：指针变量，指明 cmd 命令的参数。

在 ioctlsocket() 函数中使用 FIONBIO，并将 argp 参数设置为非 0 值，可以将已创建的套接字设置为非阻塞模式。

8.3.2 非阻塞 I/O 模型的编程框架

1. 非阻塞 I/O 模型的编程框架解析

套接字创建后，在非阻塞 I/O 模型下，发生网络 I/O 时应用程序的执行过程是：执行系统调用，如果当前 I/O 条件不满足，应用程序立刻返回。在大多数情况下，调用失败的出错代码是 WSAEWOULDBLOCK，这意味着请求的操作在调用期间没有完成。然后应用程序等待一段时间，再次执行该系统调用，直到它返回成功为止。以面向连接的数据接收为例，在非阻塞的 I/O 模型下，套接字的编程框架如图 8-3 所示。

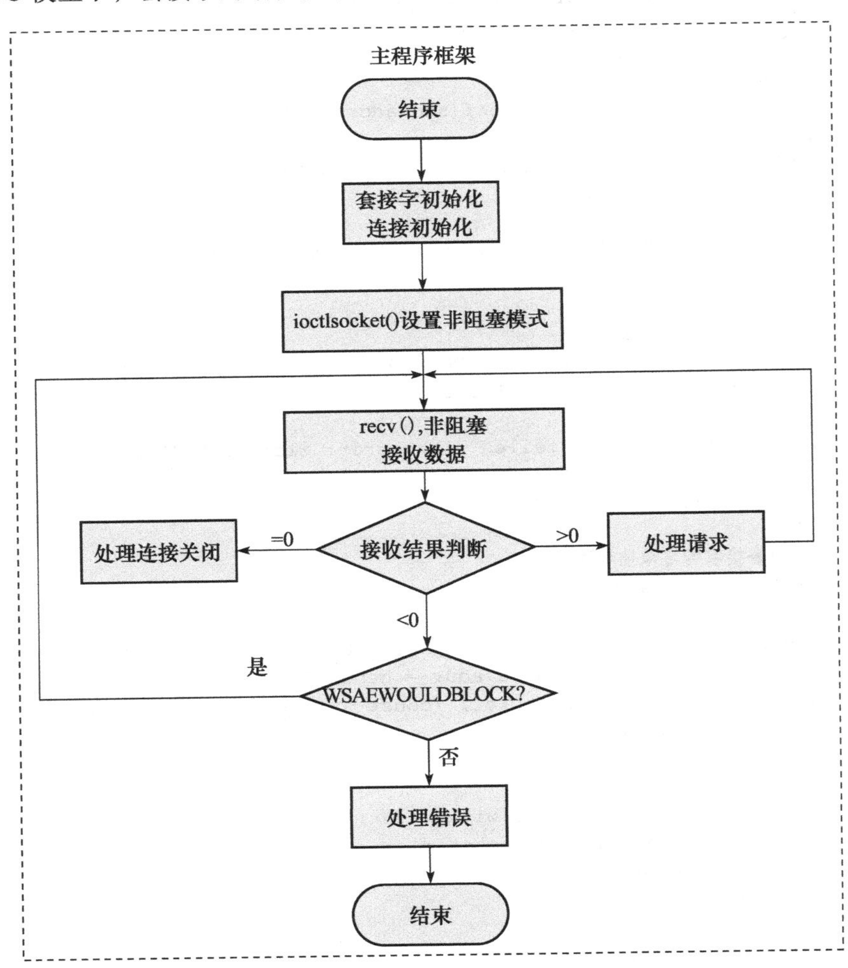

图 8-3　非阻塞 I/O 模型下套接字的接收处理

2. 基于非阻塞 I/O 模型的套接字通信服务器示例

以下示例实现了基于非阻塞 I/O 模型的面向连接通信服务器，该服务器的主要功能是接收客户使用 TCP 协议发来的数据，打印接收到的数据的字节数。

```
1  #include <windows.h>
2  #include <winsock2.h>
3  #include <ws2tcpip.h>
4  #include <stdlib.h>
5  #include <stdio.h>
6  //连接到 WinSock 2 对应的 lib 文件: Ws2_32.lib
7  #pragma comment (lib, "Ws2_32.lib")
8  //定义默认的缓冲区长度和端口号
9  #define DEFAULT_BUFLEN 512
10 #define DEFAULT_PORT 27015
11 int _tmain(int argc, _TCHAR* argv[])
12 {
13     WSADATA wsaData;
14     int iResult;
15     SOCKET ServerSocket = INVALID_SOCKET;
16     SOCKET AcceptSocket = INVALID_SOCKET;
17     char recvbuf[DEFAULT_BUFLEN];
18     int recvbuflen = DEFAULT_BUFLEN;
19     sockaddr_in addrClient;
20     int addrClientlen = sizeof(sockaddr_in);
21     //初始化 WinSock
22     iResult = WSAStartup(MAKEWORD(2,2), &wsaData);
23     if (iResult != 0)
24     {
25         printf("WSAStartup failed with error: %d\n", iResult);
26         return 1;
27     }
28     //创建用于监听的套接字
29     ServerSocket = socket(AF_INET,SOCK_STREAM, IPPROTO_IP);
30     if(ServerSocket == INVALID_SOCKET)
31     {
32         printf("socket failed with error: %ld\n", WSAGetLastError());
33         WSACleanup();
34         return 1;
35     }
36     //为套接字绑定地址和端口号
37     SOCKADDR_IN addrServ;
38     addrServ.sin_family = AF_INET;
39     addrServ.sin_port = htons(DEFAULT_PORT);    //监听端口为 DEFAULT_PORT
40     addrServ.sin_addr.S_un.S_addr = htonl(INADDR_ANY);
41     iResult = bind(ServerSocket, (const struct sockaddr*)&addrServ,
           sizeof(SOCKADDR_IN));
42     if (iResult == SOCKET_ERROR)
43     {
44         printf("bind failed with error: %d\n", WSAGetLastError());
45         closesocket(ServerSocket);
46         WSACleanup();
47         return 1;
48     }
49     //设置套接字为非阻塞模式
50     int iMode =1 ;
51     iResult = ioctlsocket (ServerSocket, FIONBIO, (u_long *) &iMode );
```

```
52        if (iResult == SOCKET_ERROR)
53        {
54            printf("ioctlsocket failed with error: %ld\n", WSAGetLastError());
55            closesocket(ServerSocket);
56            WSACleanup();
57            return 1;
58        }
59        // 监听套接字
60        iResult = listen(ServerSocket, SOMAXCONN);
61        if(iResult == SOCKET_ERROR)
62        {
63            printf("listen failed !\n");
64            closesocket(ServerSocket);
65            WSACleanup();
66            return -1;
67        }
68        printf("TCP server starting\n");
69        int err;
70        // 循环等待客户请求建立连接，并处理连接请求
71        while(true)
72        {
73         AcceptSocket = accept(ServerSocket, (sockaddr FAR*)&addrClient,
              &addrClientlen);
74            if( AcceptSocket == INVALID_SOCKET)
75            {
76                err = WSAGetLastError();
77                if(err == WSAEWOULDBLOCK)   // 无法立即完成非阻塞套接字上的操作
78                {
79                    Sleep(1000);
80                    continue;
81                }
82                else
83                {
84                    printf("accept failed !\n");
85                    closesocket(ServerSocket);
86                    WSACleanup();
87                    return 1;
88                }
89            }
90            // 循环接收数据
91            while( TRUE)
92            {
93                memset(recvbuf,0,recvbuflen);
94                iResult = recv(AcceptSocket, recvbuf, recvbuflen, 0);
95                if (iResult > 0)
96                {
97                    // 情况 1: 成功接收到数据
98                    printf("\nBytes received: %d\n", iResult);
99                    // 处理数据请求
100                           // ……
101                           // 跳出轮询接收
102                           continue;
103                       }
104                       else if (iResult == 0)
105                       {
106                           // 情况 2: 连接关闭
```

```
107                     printf("Current Connection closing,
                              waiting for the next connection...\n");
108                     closesocket(AcceptSocket);
109                     break;
110                 }
111                 else
112                 {
113                     //情况 3：接收发生错误
114                     err =WSAGetLastError();
115                     if (err = WSAEWOULDBLOCK)
116                     {
117                         //无法立即完成非阻塞套接字上的操作
118                         Sleep(1000);
119                         printf("\n当前 I/O 不满足，等待毫秒轮询" );
120                         continue;
121                     }
122                     else
123                     {
124                         printf("recv failed with error: %d\n",err );
125                         closesocket(AcceptSocket);
126                         closesocket(ServerSocket);
127                         WSACleanup();
128                         return 1;
129                     }
130                 }
131             }
132         }
133         //关闭套接字，释放资源
134         closesocket(ServerSocket);
135         closesocket(AcceptSocket);
136         WSACleanup();
137         return 0;
138     }
```

本示例主要涉及两个常见的 I/O 操作：accept() 和 recv()。由于客户的连接请求和数据的到达时间是不确定的，在阻塞模型中，这两个函数在等待 I/O 条件满足的过程中是阻塞等待的，而在非阻塞模型中函数的处理方式不同。

第 49~58 行代码将套接字类型设置为非阻塞模式，调用 accept() 等待客户连接请求和调用 recv() 函数接收数据时，由于套接字是非阻塞的，所以即使没有 I/O 条件满足，程序也会返回。如果函数的返回值等于 SOCKET_ERROR，并不意味着真的出现了错误，调用 WSAGetLastError() 函数获取错误码，如果错误码为 WSAEWOULDBLOCK，则表示无法立即完成非阻塞套接字上的操作，即网络中尚无连接请求或数据到达。此时需要考虑再次尝试进行 accept() 或 recv() 操作，在示例代码调用 Sleep() 函数休息 1000ms，然后执行 continue 语句返回至循环语句的开始部分，重新调用函数进行 I/O 尝试。

在第 74~81 行代码和第 113~121 行代码都采用了这种方式对 accept() 函数和 recv() 函数的错误码进行判断和处理。

由此，通过简单的轮询方式实现了对多个套接字 I/O 条件的判断和处理。

8.3.3 非阻塞 I/O 模型评价

非阻塞 I/O 模型使用简单的方法来避免套接字在某个 I/O 操作上阻塞等待，应用进程不

再睡眠等待，而是可以在等待 I/O 条件满足的这段时间内做其他的事情。在函数轮询的间隙可以对其他套接字的 I/O 操作进行类似的尝试，这样对于多个套接字的网络 I/O 而言，非阻塞的方法可以避免串行等待 I/O 带来的效率低下问题。

但是由于应用程序需不断尝试接口函数的调用，直到成功完成指定的操作，这对 CPU 时间是较大的浪费。另外，如果设置了较长的延迟时间，那么最后一次成功的 I/O 操作对于 I/O 事件发生而言有滞后时间，因此这种方法并不适合对实时性要求比较高的应用。

8.4　I/O 复用模型

I/O 复用模型也称为选择模型或 select 模型，它可以使 Windows Sockets 应用程序同时对多个套接字进行管理。

8.4.1　I/O 复用模型的相关函数

调用 select() 函数可以获取一组指定套接字的状态，这样可以保证及时捕获到最先满足条件的 I/O 事件，进而对 select() 函数中观测的多个不同套接字上的不同网络事件进行及时处理。

select() 函数可以决定一组套接字的状态，通常用于操作处于就绪状态的套接字。在 select() 函数中使用 fd_set 结构来管理多个套接字，该结构的定义如下：

```
typedef struct fd_set {
  u_int    fd_count;
  SOCKET   fd_array[FD_SETSIZE];
} fd_set;
```

其中，参数 fd_count 表示集合中包含的套接字数量，参数 fd_array 表示集合中包含的套接字数组。FD_SETSIZE 的默认值为 64，不过可以在 winsock2.h 中更改其大小。

select() 函数的原型定义如下：

```
int select(
  __in       int nfds,
  __in_out   fd_set *readfds,
  __in_out   fd_set *writefds,
  __in_out   fd_set *exceptfds,
  __in       const struct timeval *timeout
);
```

其中：

- nfds：是为了与 Berkeley 套接字兼容而保留的，在执行函数时会被忽略；
- readfds：指向一个套接字集合，用来检查其可读性；
- writefds：指向一个套接字集合，用来检查其可写性；
- exceptfds：指向一个套接字集合，用来检查错误；
- timeout：指定此函数等待的最长时间，如果是阻塞模式的操作，则将此参数设置为 NULL，表明最长时间为无限大。

函数调用成功，返回发生网络事件的所有套接字数量的总和，如果超过了时间限制，返回 0，失败则返回 SOCKET_ERROR。

select() 函数的三个参数 readfds、writefds 和 exceptfds 中，至少要有一个不能为 NULL，

而且任何非 NULL 的套接字句柄集合中至少要包含一个句柄，否则 select() 函数将没有可以等待的套接字。

readfds 中含有待检查可读性的套接字，在满足以下条件时 select() 函数返回：

- 当套接字处于监听状态时，有连接请求到来；
- 当套接字不处于监听状态时，套接字输入缓冲区有数据可读；
- 连接已经关闭、重置或终止。

writefds 中含有待检查可写性的套接字，在满足以下条件时 select() 函数返回：

- 已经调用非阻塞的 connect() 函数，并且连接成功；
- 有数据可以发送。

exceptfds 中含有待检查带外数据以及异常错误条件的套接字，在满足以下条件时 select() 函数返回：

- 已经调用非阻塞的 connect() 函数，但连接失败；
- 有带外数据可以读取。

为了对 fd_set 集合进行操作，winsock2.h 中定义了 4 个宏来实现对套接字描述符集合的各种操作。对于内部表示，fd_set 结构中的套接字句柄并不像 Berkeley UNIX 中那样表示为位标识，它们的数据表示是不透明的，因此，使用以下的几个宏可以在不同的套接字环境中提高其可移植性：

- FD_CLR(s,*set)：从集合 set 中删除套接字 s；
- FD_ISSET(s,*set)：若套接字 s 为集合中的一员，返回值非零，否则为零；
- FD_SET(s,*set)：将套接字 s 添加到集合 set 中；
- FD_ZERO(*set)：将 set 集合初始化为空集 NULL。

使用 select() 函数的基本过程如下：

1）调用 FD_ZERO() 初始化套接字集合。

2）调用 FD_SET() 将感兴趣的套接字添加到 fd_set 集合中。

3）调用 select() 函数，此后程序处于等待状态，等待集合中套接字上的 I/O 活动，每个 I/O 活动都会设置相应集合中的套接字句柄，当需要返回时，它将返回集合中设置的套接字句柄总数，并更新相关集合：删除不存在的等待 I/O 操作的套接字句柄，留下需要处理的套接字。

4）调用 FD_ISSET() 检查特定的套接字是否还在集合中，如果仍在集合中，则可以对其进行与集合相对应的 I/O 处理。

8.4.2　I/O 复用模型的编程框架

1. I/O 复用模型的编程框架解析

套接字创建后，在 I/O 复用模型下，当发生网络 I/O 时，应用程序的执行过程是：向 select() 函数注册等待 I/O 操作的套接字，循环执行 select() 系统调用，阻塞等待，直到网络事件发生或超时返回，对返回的结果进行判断，针对不同的等待套接字进行对应的网络处理。

以面向连接的数据接收为例，在 I/O 复用模型下，套接字的编程框架如图 8-4 所示。

2. 基于 I/O 复用模型的套接字通信服务器示例

以下示例实现了基于 I/O 复用模型的面向连接通信服务器，该服务器的主要功能是接收客户使用 TCP 协议发来的数据，打印接收到的数据的字节数。

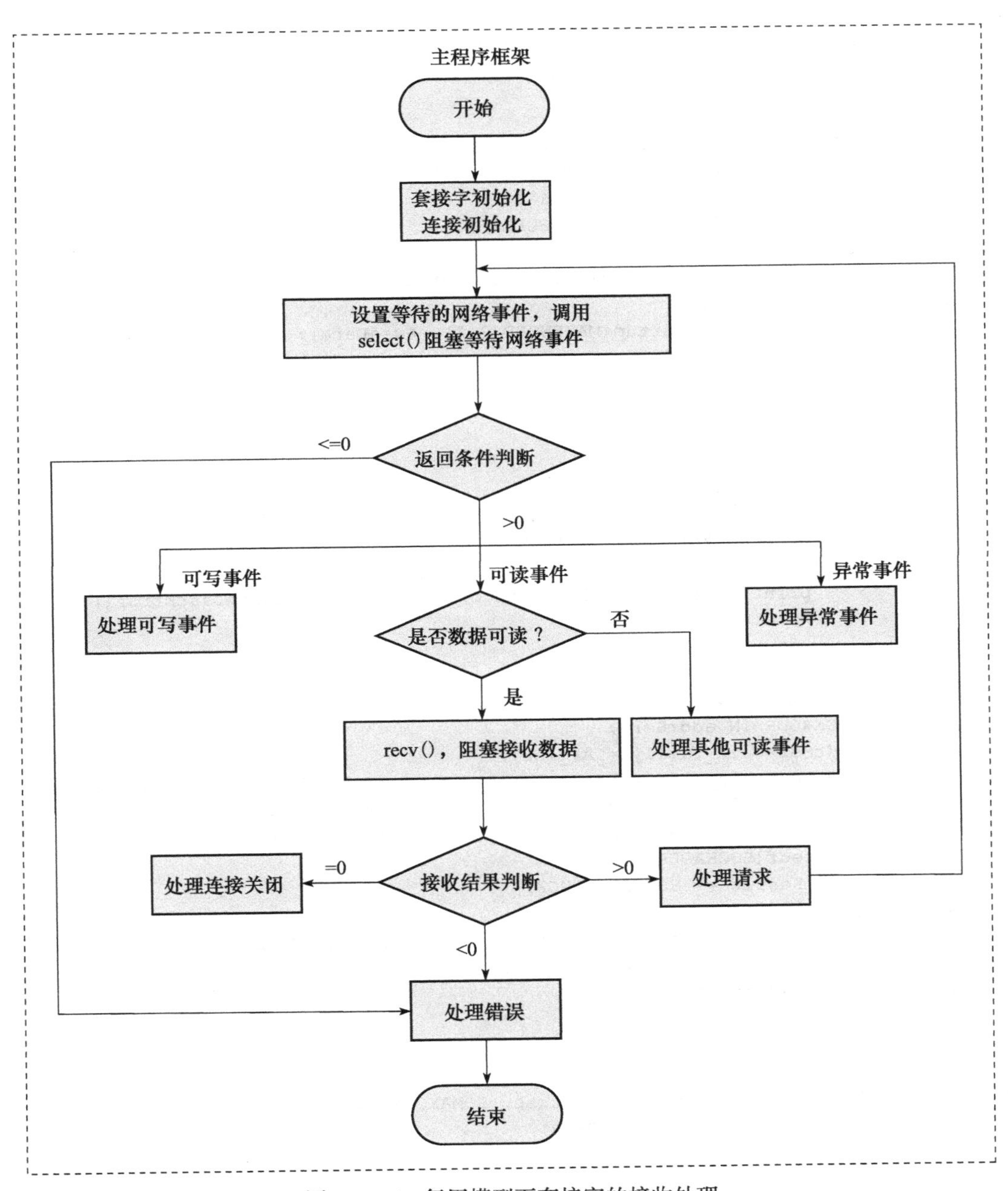

图 8-4　I/O 复用模型下套接字的接收处理

```
 1  #include <windows.h>
 2  #include <winsock2.h>
 3  #include <ws2tcpip.h>
 4  #include <stdlib.h>
 5  #include <stdio.h>
 6  // 连接到 WinSock 2 对应的 lib 文件: Ws2_32.lib
 7  #pragma comment (lib, "Ws2_32.lib")
 8  // 定义默认的缓冲区长度和端口号
 9  #define DEFAULT_BUFLEN 512
10  #define DEFAULT_PORT 27015
```

```
11  int _tmain(int argc, _TCHAR* argv[])
12  {
13      WSADATA wsaData;
14      int iResult;
15      SOCKET ServerSocket = INVALID_SOCKET;
16      SOCKET AcceptSocket = INVALID_SOCKET;
17      char recvbuf[DEFAULT_BUFLEN];
18      int recvbuflen = DEFAULT_BUFLEN;
19      sockaddr_in addrClient;
20      int addrClientlen = sizeof(sockaddr_in);
21      //初始化 WinSock
22      iResult = WSAStartup(MAKEWORD(2,2), &wsaData);
23      if (iResult != 0)
24      {
25          printf("WSAStartup failed with error: %d\n", iResult);
26          return 1;
27      }
28      //创建用于监听的套接字
29      ServerSocket = socket(AF_INET,SOCK_STREAM, IPPROTO_IP);
30      if(ServerSocket == INVALID_SOCKET)
31      {
32          printf("socket failed with error: %ld\n", WSAGetLastError());
33          WSACleanup();
34          return 1;
35      }
36      //为套接字绑定地址和端口号
37      SOCKADDR_IN addrServ;
38      addrServ.sin_family = AF_INET;
39      addrServ.sin_port = htons(DEFAULT_PORT);      //监听端口为 DEFAULT_PORT
40      addrServ.sin_addr.S_un.S_addr = htonl(INADDR_ANY);
41      iResult = bind(ServerSocket, (const struct sockaddr*)&addrServ,
          sizeof(SOCKADDR_IN));
42      if (iResult == SOCKET_ERROR)
43      {
44          printf("bind failed with error: %d\n", WSAGetLastError());
45          closesocket(ServerSocket);
46          WSACleanup();
47          return 1;
48      }
49      //监听套接字
50      iResult = listen(ServerSocket, SOMAXCONN);
51      if(iResult == SOCKET_ERROR)
52      {
53          printf("listen failed !\n");
54          closesocket(ServerSocket);
55          WSACleanup();
56          return -1;
57      }
58      printf("TCP server starting\n");
59      fd_set fdRead,fdSocket;
60      FD_ZERO( &fdSocket );
61      FD_SET( ServerSocket, &fdSocket);
62      while( TRUE)
63      {
64          //通过 select (等待数据到达事件)
65          //如果有事件发生，移除 fdRead 集合中没有未决 I/O 操作的套接字句柄，然后返回
```

```
66          fdRead = fdSocket;
67          iResult = select( 0, &fdRead, NULL, NULL, NULL);
68          if (iResult >0)
69          {
70              //有网络事件发生
71              //确定有哪些套接字有未决的I/O，并进一步处理这些I/O
72              for (int i=0; i<(int)fdSocket.fd_count; i++)
73              {
74                  if (FD_ISSET( fdSocket.fd_array[i] ,&fdRead))
75                  {
76                      if( fdSocket.fd_array[i] == ServerSocket)
77                      {
78                          if( fdSocket.fd_count < FD_SETSIZE)
79                          {
80                              //同时复用的套接字数量不能大于FD_SETSIZE
81                              //有新的连接请求
82                              AcceptSocket = accept(ServerSocket,
                                  (sockaddr FAR*)&addrClient, &addrClientlen);
83                              if( AcceptSocket == INVALID_SOCKET)
84                              {
85                                  printf("accept failed !\n");
86                                  closesocket(ServerSocket);
87                                  WSACleanup();
88                                  return 1;
89                              }
90                              //增加新的连接套接字进行复用等待
91                              FD_SET( AcceptSocket, &fdSocket);
92                              printf("接收到新的连接：%s\n",
                                      inet_ntoa( addrClient.sin_addr));
93                          }
94                          else
95                          {
96                              printf("连接个数超限！\n");
97                              continue;
98                          }
99                      }
100                     else
101                     {
102                         //有数据到达
103                         memset(recvbuf,0,recvbuflen);
104                         iResult = recv(fdSocket.fd_array[i], recvbuf, recvbuflen,0);
                            if (iResult > 0)
105                         {
106                             //情况1：成功接收到数据
107                             printf("\nBytes received: %d\n", iResult);
108                             //处理数据请求
109                             //
110                         }
111                         else if (iResult == 0)
112                         {
113                             //情况2：连接关闭
114                             printf("Current Connection closing...\n");
115                             closesocket(fdSocket.fd_array[i]);
116                             FD_CLR(fdSocket.fd_array[i], &fdSocket);
117                         }
118                         else
```

```
119                     {
120                         //情况3：接收失败
121                         printf("recv failed with error: %d\n",
                              WSAGetLastError() );
122                         closesocket(fdSocket.fd_array[i]);
123                         FD_CLR(fdSocket.fd_array[i], &fdSocket);
124                     }
125                 }
126             }
127             //如果还有其他类型的等待的套接字，需要依次判断
128             //……
129         }
130     }
131     else
132     {
133         printf("select failed with error: %d\n",WSAGetLastError() );
134         break;
135     }
136   }
137   //关闭套接字，释放资源
138   closesocket(ServerSocket);
139   WSACleanup();
140   return 0;
141 }
```

在 I/O 复用模型下，套接字以阻塞模式运行，但是仍然可以用单个线程达到多线程并发执行的效果，以上代码用 select() 函数对一个监听套接字和多个连接套接字上等待的网络事件进行同时监控，并在任何满足 I/O 条件的套接字返回时，根据套接字的类型进行分别处理。

如果是监听套接字等待的网络连接事件，则第 76~99 行代码接受连接请求，判断当前的连接个数是否超过 select() 函数能够监管的最大个数 FD_SETSIZE。如果没有超限，则将新返回的连接套接字增加到 fdRead 集合中，在下一次 select() 调用时，新连接上的套接字的网络事件也被 select() 函数监管。

如果是连接套接字上等待的网络数据到达事件，则第 100~126 行代码在当前满足网络 I/O 条件的套接字上接收网络数据，打印接收到的数据长度，并判断接收返回值。

8.4.3 I/O 复用模型评价

从表面上看，与阻塞 I/O 模型相比，I/O 复用模型似乎没有明显的优越性，在使用了系统调用 select() 后，要求两次系统调用而不是一次，还稍显劣势。但是使用 I/O 复用模型的好处在于 select() 函数可以等待多个套接字准备好，即使程序在单个线程中仍然能够及时处理多个套接字的 I/O 事件，达到跟多线程操作类似的效果，这避免了阻塞模式下的线程膨胀的问题。

尽管 select() 函数可以管理多个套接字，但其数量仍然是有限的，套接字集合中默认包含 64 个元素，最多可以管理的套接字数量为 1024 个。另外，用集合的方式管理套接字比较烦琐，而且每次在使用套接字进行网络操作前都需要调用 select() 函数判断套接字的状态，这也给 CPU 带来了额外的系统调用开销。

另外，select() 函数还有其他方面的应用。在工业控制以及实时性要求较高的环境下，高精度的定时器对提高工作效率有很重要的意义，除了应用于网络中多个 I/O 事件的捕获之外，select() 函数的超时处理能力还可以应用于对精度要求比较高的定时应用中。

我们知道在 MFC 中有一个设置定时器函数 SetTimer()，用它设置一个时间周期，然后就可以在 OnTimer() 的消息响应函数中定时完成周期性的用户指定的任务。但是这个定时器有一个不足之处，就是它的精度只能到毫秒级。select() 函数对超时时间的精度可以帮助设计者提高定时器的设置精度，通过设置超时时间参数可以将其改造成一个精度可达百万分之一秒（微秒级）的定时器，比 SetTimer() 要精确得多。下面的代码实现了这个微秒级的定时器：

```
#include <winsock2.h>
#include <stdio.h>
void main(int arg, char *args[])
{
    WSADATA wsadata;
    //初始化 WinSock 2
    WSAStartup(MAKEWORD(2,2), &wsadata);
    while (1)
    {
        SOCKET sock;
        sock = socket(AF_INET, SOCK_STREAM, IPPROTO_TCP);
        //设置定时周期。第一个元素指示秒，第二个元素指示微秒。该定时周期为 1 微妙
        struct timeval tv = {0, 1};
        fd_set fd = {1, sock};
        select(sock, &fd, &fd, &fd, &tv);
        printf("1 微秒到 !\n");
    }
}
```

8.5　基于消息的 WSAAsyncSelect 模型

WSAAsyncSelect 模型又称为异步选择模型，是为了适应 Windows 的消息驱动环境而设置的。引入 Berkeley 套接字后，该模型在 Windows Sockets 1.1 版本中增加，以 Windows 系统中最常用的消息机制来反馈网络 I/O 事件，达到了收发数据的异步通知效果。这种模型在现在许多性能要求不高的网络应用程序中应用广泛，MFC 中的 CSocket 类也使用了它。

8.5.1　Windows 的消息机制与使用

Windows 操作系统最大的特点就是其图形化的操作界面，该界面是建立在消息处理机制基础上的。Windows 程序的本质是借着消息来推动，程序不断等待，等待任何可能的输入，然后做判断，根据不同的消息调用消息处理函数进行适当的处理。这种输入是操作系统捕捉到后以消息形式（一种数据结构）进入程序之中的。

1. 消息的基本概念

对于一个 Win32 程序来说，消息系统十分重要，它是一个程序运行的动力源泉。一个消息是系统定义的一个 32 位的值，它唯一地定义了一个事件，当事件发生时，向 Windows 发出一个通知，告诉应用程序某个事情发生了。例如，单击鼠标、改变窗口尺寸、按下键盘上的一个键都会使 Windows 发送一个消息给应用程序。

Windows 操作系统中包括以下几种消息：

1）标准 Windows 消息。这种消息以 WM_ 打头。

2）通知消息。通知消息是针对标准 Windows 控件的消息。这些控件包括：按钮（Button）、组合框（ComboBox）、编辑框（TextBox）、列表框（ListBox）、ListView 控件、

Treeview 控件、工具条（Toolbar）、菜单（Menu）等。每种消息以不同的字符串打头。

3）自定义消息。编程人员还可以自定义消息，这种消息一般在 WM_USER 基础标识之上增加一个不会冲突的消息标识。

消息本身是作为一个记录传递给应用程序的，这个记录中包含了消息的类型以及其他信息。消息的记录类型被定义为 MSG，MSG 含有来自 Windows 应用程序消息队列的消息信息，它在 Windows 中声明如下：

```
typedef struct tagMsg
{
    HWND    hwnd;
    UINT    message;
    WPARAM  wParam;
    LPARAM  lParam;
    DWORD   time;
    POINT   pt;
}MSG;
```

其中：

- hwnd：接收该消息的窗口句柄；
- message：消息的常量标识符；
- wParam：32 位消息的特定附加信息，确切含义依赖于消息值；
- lParam：32 位消息的特定附加信息，确切含义依赖于消息值；
- time：消息创建时的时间；
- pt：消息创建时的鼠标 / 光标在屏幕坐标系中的位置。

消息可以由系统或者应用程序产生，消息产生后，系统会根据消息做出响应。

Windows 的消息系统是由 3 个部分组成的：

1）消息队列。Windows 能够为所有的应用程序维护一个消息队列。应用程序必须从消息队列中获取消息，然后分派给某个窗口。

2）消息循环。通过这个循环机制，应用程序从消息队列中检索消息，再把它分派给适当的窗口，然后继续从消息队列中检索下一条消息，再分派给适当的窗口，依次进行。

3）窗口过程。每个窗口都有一个窗口过程来接收传递给窗口的消息，它的任务就是获取消息然后响应它。窗口过程是一个回调函数，处理了一个消息后，它通常要返回一个值给 Windows。（注意回调函数是程序中的一种函数，它由 Windows 或外部模块调用。）

2. SDK 下的消息机制实现

为了能够支持消息的实现，需要窗口来提供消息队列以接收特定的消息，需要窗口过程来响应特定的消息，需要消息循环来检索消息。

一个消息从产生到被一个窗口响应涉及 5 个步骤：

1）系统中发生了某个事件；

2）Windows 把这个事件翻译为消息，然后把它放到消息队列中；

3）应用程序从消息队列中接收到这个消息，把它存放在 TMsg 记录中；

4）应用程序把消息传递给一个适当的窗口过程；

5）窗口过程响应这个消息并进行处理。

步骤 3 和步骤 4 构成了应用程序的消息循环。消息循环往往是 Windows 应用程序的核心，因为消息循环使一个应用程序能够响应外部的事件。消息循环的任务就是从消息队列中检索消息，然后把消息传递给适当的窗口。

在 Win32 SDK 中提供了与消息实现相关的一系列方法，具体而言，主要函数有以下几种。

（1）注册窗口函数：RegisterClass() 和 RegisterClassEx()

函数 RegisterClass() 和 RegisterClassEx() 注册窗口类，该窗口类会在随后调用 CreateWindow() 函数或 CreateWindowEx() 函数中使用。两个函数的原型定义如下：

```
ATOM RegisterClass(
    CONST WNDCLASS *lpWndClass
);
ATOM RegisterClassEx(
    CONST WNDCLASSEX *Ipwcx
);
```

其中，参数 lpWndClass 或 Ipwcx 指向一个 WNDCLASS 结构的指针。在将它传递给函数之前，必须在该结构中填充适当的类属性。

如果函数成功，返回值是唯一标识已注册类的一个原子；如果函数失败，返回值为 0。若想获得更多错误信息，可以调用 GetLastError() 函数获得错误号。

（2）创建窗口函数：CreateWindow() 和 CreateWindowEx()

函数 CreateWindow() 和 CreateWindowEx() 负责创建窗口，窗口可能是一个重叠式窗口、弹出式窗口或子窗口。两个函数的原型定义如下：

```
HWND CreateWindow(
    LPCTSTR  lpClassName,
    LPCTSTR  lpWindowName,
    DWORD    dwStyle,
    int      x,
    int      y,
    int      nWidth,
    int      nHeight,
    HWND     hWndParent,
    HMENU    hMenu,
    HINSTANCE hInstance,
    LPVOID   lpParam
);
HWND CreateWindowEx(
    DWORD   dwExStyle,
    LPCTSTR lpClassName,
    LPCTSTR lpWindowName,
    DWORD   dwStyle,
    int     x,
    int     y,
    int     nWidth,
    int     nHeight,
    HWND    hWndParent,
    HMENU   hMenu,
    HINSTANCE hInstance,
    LPVOID  lpParam
);
```

这两个函数负责创建窗口，指定窗口类、窗口标题、窗口风格以及窗口的初始位置及大小（可选的）。函数也指示该窗口的父窗口或所属窗口（如果存在的话）及窗口的菜单。若要使用除 CreateWindow() 函数支持的风格以外的扩展风格，则使用 CreateWindowEx() 函数代替

CreateWindow() 函数。其中：

- lpClassName：指向注册窗口类名的指针，由之前调用的 RegisterClass() 函数或 RegisterClassEx() 函数创建。
- lpWindowName：指向一个指定窗口名的空结束的字符串指针。如果窗口有标题条，则窗口名称显示在标题条中。当使用 CreateWindow() 函数创建控件时，可使用 lpWindowName 来指定控制文本。
- dwStyle：指定创建窗口的风格。该参数可以是下列窗口风格的组合：
  - WS_BORDER：创建一个单边框的窗口；
  - WS_CAPTION：创建一个有标题条的窗口（包括 WS_BODER 风格）；
  - WS_CHILD：创建一个子窗口，这个风格不能与 WS_POPUP 风格合用；
  - WS_CHLDWINDOW：与 WS_CHILD 样式相同；
  - WS_CLIPCHILDREN：在创建父窗口时使用该样式，当在父窗口中执行绘制操作时，并不绘制子窗口占用的区域；
  - WS_CLIPSIBLINGS：当两个窗口相互重叠时，设置了该样式的子窗口重绘时不能绘制被重叠的部分；
  - WS_DISABLED：创建一个初始状态为禁止的子窗口，一个禁止状态的窗口不能接收来自用户的输入信息；
  - WS_DLGFRAME：创建一个带对话框边框风格的窗口，这种风格的窗口不能带标题条；
  - WS_GROUP：指定一组控件的第一个控件；
  - WS_HSCROLL：创建一个有水平滚动条的窗口；
  - WS_ICONIC：创建一个初始状态为最小化状态的窗口，与 WS_MINIMIZE 风格相同；
  - WS_MAXIMIZE：创建一个初始状态为最大化状态的窗口；
  - WS_MAXIMIZEBOX：创建一个带有最大化按钮的窗口，该风格不能与 WS_EX_CONTEXTHELP 风格同时出现，同时必须指定 WS_SYSMENU 风格；
  - WS_OVERLAPPED：创建一个层叠的窗口，一个层叠的窗口有一个标题条和一个边框，与 WS_TILED 风格相同；
  - WS_OVERLAPPEDWINDOW：创建一个具有 WS_OVERLAPPED、WS_CAPTION、WS_SYSMENU、WS_THICKFRAME、WS_MINIMIZEBOX、WS_MAXIMIZEBOX 风格的层叠窗口，与 WS_TILEDWINDOW 风格相同；
  - WS_POPUP：创建一个弹出式窗口；
  - WS_POPUPWINDOW：创建一个具有 WS_BORDER、WS_POPUP、WS_SYSMENU 风格的窗口，WS_CAPTION 和 WS_POPUPWINDOW 必须同时设定才能使窗口控制菜单可见；
  - WS_SIZEBOX：创建一个可调边框的窗口，与 WS_THICKFRAME 风格相同；
  - WS_SYSMENU：创建一个在标题条上带有窗口菜单的窗口，必须同时设定 WS_CAPTION 风格；
  - WS_TABSTOP：创建一个控件，这个控件在用户按下 Tab 键时可以获得键盘焦点；
  - WS_THICKFRAME：创建一个具有可调边框的窗口，与 WS_SIZEBOX 风格相同；

- WS_TILED：创建一个层叠的窗口，与 WS_OVERLAPPED 风格相同；
- WS_TILEDWINDOW：创建一个具有 WS_OVERLAPPED、WS_CAPTION、WS_SYSMENU、WS_THICKFRAME、WS_MINIMIZEBOX 和 WS_MAXMIZEBOX 风格的层叠窗口，与 WS_OVERLAPPEDWINDOW 风格相同；
- WS_VISIBLE：创建一个初始状态为可见的窗口；
- WS_VSCROLL：创建一个有垂直滚动条的窗口。

● X：指定窗口的初始水平位置。
● Y：指定窗口的初始垂直位置。
● nWidth：指定窗口的宽度。
● nHeight：指定窗口的高度。
● hWndParent：指向被创建窗口的父窗口或所有者窗口的句柄。
● hMenu：菜单句柄，或依据窗口风格指明一个子窗口标识。
● hlnstance：与窗口相关联的模块实例的句柄。
● lpParam：指向一个值的指针，该值传递给窗口 WM_CREATE 消息。

CreateWindowEx() 函数与 CreateWindow() 函数相比，增加了窗口的扩展样式，用 dwExStyle 参数来指明。

如果函数成功，返回值为新窗口的句柄，如果函数失败，返回值为 NULL。若想获得更多错误信息，可以调用 GetLastError() 函数获得错误号。

（3）接收消息函数：GetMessage()、PeekMessage() 和 WaitMessage()

GetMessage() 函数从调用线程的消息队列里取得一个消息并将其放于指定的结构。该函数的原型定义如下：

```
BOOL GetMessage(
    LPMSG   lpMsg,
    HWND    hWnd,
    UINT    wMsgFilterMin,
    UINT    wMsgFilterMax
);
```

此函数可取得与指定窗口联系的消息和由 PostThreadMesssge() 寄送的线程消息。此函数接收一定范围的消息值。GetMessage() 不接收属于其他线程或应用程序的消息。获取消息成功后，线程将从消息队列中删除该消息。函数会一直等待直到有消息到来才有返回值。

其中：

● lpMsg：指向 MSG 结构的指针，该结构从线程的消息队列里接收消息信息。
● hWnd：取得其消息的窗口的句柄。当其值取 NULL 时，GetMessage() 为任何属于调用线程的窗口检索消息，线程消息通过 PostThreadMessage() 寄送给调用线程。
● wMsgFilterMin：指定被检索的最小消息值的整数。
● wMsgFilterMax：指定被检索的最大消息值的整数。

如果函数取得 WM_QUIT 之外的其他消息，返回非零值。如果函数取得 WM_QUIT 消息，返回值是零。如果出现了错误，返回值是 -1。若想获得更多错误信息，可以调用 GetLastError() 函数获得错误号。

除了 GetMessage() 函数外，PeekMessage() 函数和 WaitMessage() 函数也可以用于消息的接收。

PeekMessage() 函数用于查看应用程序的消息队列，该函数的原型定义如下：

```
BOOL PeekMessage(
    LPMSG  lpMsg,
    HWND   hWnd,
    UINT   wMsgFilterMin,
    UINT   wMsgFilterMax,
    UINT   wRemoveMsg
);
```

如果消息队列中有消息就将其放入 lpMsg 所指的结构中，不过，与 GetMessage() 不同的是，PeekMessage() 函数不会等到有消息放入队列时才返回。同样，如果 hWnd 为 NULL，则 PeekMessage() 获取属于调用该函数应用程序的任一窗口的消息，如果 hWnd=-1，那么函数只返回把 hWnd 参数为 NULL 的 PostAppMessage() 函数送去的消息。如果 wMsgFilterMin 和 wMsgFilterMax 都是 0，则 PeekMessage() 就返回所有可得到的消息。函数获取之后将删除消息队列中的除 WM_PAINT 消息之外的其他消息，而 WM_PAINT 则在其处理之后才被删除。

其中：

- lpMsg：指向 MSG 结构的指针，该结构从线程的消息队列里接收消息信息。
- hWnd：其消息被检查的窗口句柄。
- wMsgFilterMin：指定被检索的最小消息值的整数。
- wMsgFilterMax：指定被检索的最大消息值的整数。
- wRemoveMsg：确定消息如何被处理。此参数可取下列值之一：
  - PM_NOREMOVE：PeekMessage() 处理后，消息不从队列里除掉；
  - PM_REMOVE：PeekMessage() 处理后，消息从队列里除掉；
  - PM_NOYIELD：可将该参数随意组合到 PM_NOREMOVE 或 PM_REMOVE，此标志使系统不释放等待调用程序空闲的线程；
  - PM_QS_INPUT：Windows NT 5.0 和 Windows 98，只处理鼠标和键盘消息；
  - PM_QS_PAINT：Windows NT 5.0 和 Windows 98，只处理画图消息；
  - PM_QS_POSTMESSAGE：Windows NT 5.0 和 Windows 98，只处理所有被寄送的消息，包括计时器和热键；
  - PM_QS_SENDMESSAGE：Windows NT 5.0 和 Windows 98，只处理所有发送消息。

如果消息可得到，函数 PeekMessage() 的返回为非零值；如果没有消息可得到，返回值是零。

当一个应用程序无事可做时，WaitMessage() 函数将控制权交给另外的应用程序，同时将该应用程序挂起，直到一个新的消息被放入应用程序的队列之中才返回。该函数的原型定义如下：

```
BOOL  WaitMessage(VOID);
```

如果函数调用成功，返回非零值；如果函数调用失败，返回值是 0。若想获得更多错误信息，可以调用 GetLastError() 函数获得错误号。

（4）转换消息函数：TranslateMessage()

TranslateMessage() 函数将虚拟键消息转换为字符消息。字符消息被寄送到调用线程的消息队列里，在下一次线程调用函数 GetMessage() 或 PeekMessage() 时被读出。该函数的原型定义如下：

```
BOOL TranslateMessage(
    const MSG  *lpMsg
);
```

其中，lpMsg 指向含有消息的 MSG 结构的指针，该结构里含有用函数 GetMessage() 或 Peek Message() 从调用线程的消息队列里取得的消息信息。

如果消息被转换（即字符消息被寄送到调用线程的消息队列里），返回非零值。如果消息是 WM_KEYDOWN、WM_KEYUP、WM_SYSKEYDOWN 或 WM_SYSKEYUP，返回非零值，不考虑转换。如果消息没被转换（即字符消息没被寄送到调用线程的消息队列里），返回值是 0。

（5）分发消息函数：DispatchMessage()

DispatchMessage() 函数分发一个消息给窗口程序。该函数的原型定义如下：

```
LRESULT DispatchMessage(
   const MSG  *lpmsg
);
```

其中，lpmsg 指向含有消息的 MSG 结构的指针。

返回值是窗口程序返回的值。尽管返回值的含义依赖于被调度的消息，但返回值通常被忽略。

在一个典型的 Win32 程序的主体中，通常使用 while 语句实现消息循环。程序通过 GetMessage() 函数从与某个线程相对应的消息队列里面把消息取出来，放到类型为 MSG 的消息变量 msg 中；然后 TranslateMessage() 函数把消息转化为字符消息，并存放到相应的消息队列里面；最后 DispatchMessage() 函数把消息分发到相关的窗口过程去处理。窗口过程根据消息的类型对不同的消息进行相关的处理。在 SDK 编程过程中，用户需要在窗口过程中分析消息的类型及其参数的含义。

3. MFC 下的消息机制实现

MFC 类库是一套 Windows 下 C++ 编程的最为流行的类库。MFC 的框架结构合理地封装了 Win32 API 函数，并设计了一套方便的消息映射机制。在 MFC 的框架结构下，"消息映射"是通过巧妙的宏定义形成一张消息映射表格来进行的。这样一旦消息发生，框架就可以根据消息映射表格来进行消息映射和命令传递。

在 MFC 下建立消息映射和消息处理的通常步骤如下：

1）定义消息。Microsoft 推荐用户自定义消息至少是 WM_USER+100，因为很多新控件也要使用 WM_USER 消息，示例如下：

```
#define WM_MYMESSAGE (WM_USER + 100)
```

2）实现消息处理函数。该函数使用 WPRAM 和 LPARAM 参数，并返回 LPESULT。

```
LPESULT CMainFrame::OnMyMessage(WPARAM wParam, LPARAM lParam)
{
      // TODO: 处理用户自定义消息，填空就是要填到这里。
      return 0;
}
```

3）在类的头文件的 AFX_MSG 块中说明消息处理函数：

```
// {{AFX_MSG(CMainFrame)
afx_msg LRESULT OnMyMessage(WPARAM wParam, LPARAM lParam);
//}}AFX_MSG
DECLARE_MESSAGE_MAP()
```

4）在用户类的消息块中，使用 ON_MESSAGE 宏指令将消息映射到消息处理函数中。

```
ON_MESSAGE( WM_MYMESSAGE, OnMyMessage )
```

8.5.2 WSAAsyncSelect 模型的相关函数

WSAAsyncSelect 模型的核心是 WSAAsyncSelect() 函数，它自动将套接字设置为非阻塞模式，使 Windows 应用程序能够接收网络事件消息。该函数的定义如下：

```
int WSAAsyncSelect(
  __in  SOCKET s,
  __in  HWND hWnd,
  __in  unsigned int wMsg,
  __in  long lEvent
);
```

其中：

- s：关心某网络事件的套接字；
- hWnd：网络事件发生时用于接收消息的窗口句柄；
- wMsg：网络事件发生时接收到的消息；
- lEvent：套接字感兴趣的网络事件。

WSAAsyncSelect() 函数调用后，当检测到 lEvent 参数指定的网络事件发生时，Windows Sockets 实现会向 hWnd 指定的窗体发送消息 wMsg。如果函数成功，则返回 0；否则返回 SOCKET_ERROR。

参数 lEvent 可以包含的网络事件如表 8-1 所示。

表 8-1 Windows Sockets 中定义的网络事件

事件	说明	事件触发时调用的函数
FD_READ	设置接收读就绪通知事件	recv(), recvfrom(), WSARecv(), WSARecvFrom()
FD_WRITE	设置接收写就绪通知事件	send(), sendto(), WSASend(), WSASendTo()
FD_OOB	设置接收带外数据到达通知事件	recv(), recvfrom(), WSARecv(), WSARecvFrom()
FD_ACCEPT	设置接收接入连接通知事件	accept(), WSAAccept()
FD_CONNECT	设置接收完成连接通知事件	无
FD_CLOSE	设置接收 Socket 关闭通知事件	无
FD_QOS	设置接收 Socket 服务质量（QoS）发生变化的通知事件	使用 SIO_GET_QOS 命令的 WSAIoctl() 函数
FD_GROUP_QOS	设置接收 Socket 组服务质量（QoS）发生变化的通知事件	保留
FD_ROUTING_INTERFACE_CHANGE	设置接收指定目标地址路由接口发生变化的通知事件	使用 SIO_ROUTING_INTERFACE_CHANGE 命令的 WSAIoctl() 函数
FD_ADDRESS_LIST_CHANGE	设置接收 Socket 协议簇本地地址列表发生变化的通知事件	使用 SIO_ADDRESS_LIST_CHANGE 命令的 WSAIoctl() 函数

如果对多个网络事件都关心，则可以将以上的事件执行按位或操作，例如，应用程序希望接收到读就绪和连接关闭的通知事件，则对 WSAAsyncSelect() 函数的 lEvent 参数同时使用 FD_READ 和 FD_CLOSE 事件，代码示例如下：

```
iResult = WSAAsyncSelect(s, hWnd, wMsg, FD_READ|FD_CLOSE);
```

这里要注意对同一个套接字的多次 WSAAsyncSelect() 调用之间的影响。当我们对同一个套接字执行一次 WSAAsyncSelect() 时，会取消之前对该套接字的 WSAAsyncSelect() 或 WSAEventSelect() 调用所声明的网络事件。例如，下面的代码两次调用 WSAAsyncSelect() 函数，先后为套接字 s 的不同事件指定了不同的消息：

```
iResult = WSAAsyncSelect(s, hWnd, wMsg1, FD_READ);
iResult = WSAAsyncSelect(s, hWnd, wMsg2, FD_WRITE);
```

其结果是，第二次调用 WSAAsyncSelect() 函数会取消第一次调用对 FD_READ 事件的注册，也就是说，只有当 FD_WRITE 事件发生时，套接字 s 才会收到 wMsg2 指定的消息，wMsg1 消息不会再发出。

因此，对同一个套接字而言，不能为不同的事件指定不同的消息，如果关注多个事件，需要用按位或的操作来实现。

如果要取消指定套接字上的所有通知事件，则可以在调用 WSAAsyncSelect() 函数时将事件参数 lEvent 设置为 0，例如：

```
iResult = WSAAsyncSelect(s, hWnd, 0, 0);
```

8.5.3　WSAAsyncSelect 模型的编程框架

1. WSAAsyncSelect 模型的编程框架解析

WSAAsyncSelect 模型为套接字关心的网络事件绑定用户自定义的消息，当网络事件发生时，相应的消息被发送给关心该事件的套接字所在的窗口，从而使应用程序可以对该事件做相应的处理。

以面向连接的数据接收为例，在 WSAAsyncSelect 模型下，套接字的编程框架如图 8-5 所示。

在消息驱动下，原来顺序执行的程序改为由两个相对独立的执行部分构成：

1）主程序框架。这部分主要完成套接字的创建和初始化的工作，根据程序工作的环境不同，主程序框架中的功能可能会有一些差别。如果是基于 SDK 的应用程序，为了对消息队列进行创建和维护，需要创建维护消息资源的窗口并对消息进行循环转换和分发；如果是基于 MFC 的应用程序，MFC 已对消息映射机制进行了合理的封装，主程序框架部分不需要手工维护消息队列。

2）消息处理框架。在网络事件发生后，消息产生，该消息被主程序框架捕获到，消息处理框架部分被执行，主要完成消息类型的判断和网络事件的具体处理。在基于 SDK 的应用程序中，这部分功能是在窗口过程中完成的，窗口过程只有一个；而在基于 MFC 的应用程序中，这部分功能是在独立的消息处理函数中完成的，且消息处理函数可能会存在多个。

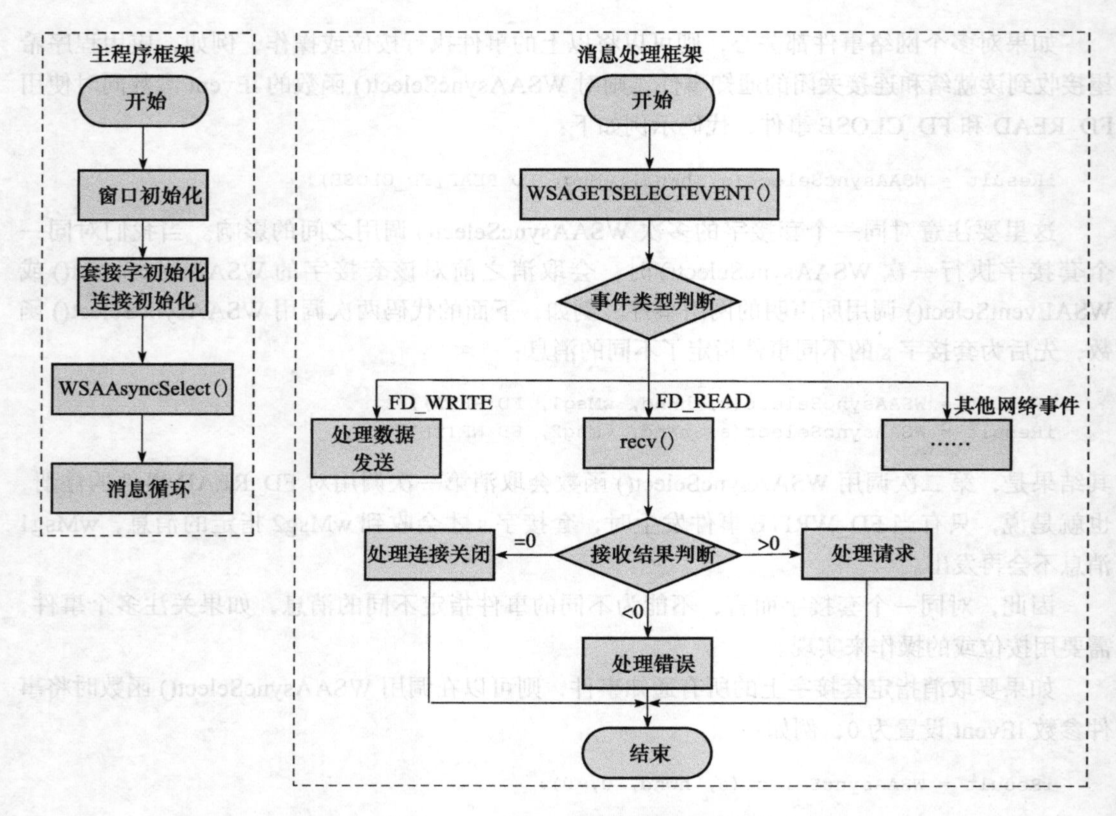

图 8-5　WSAAsyncSelect 模型下套接字的接收处理

整体来看，基于 WSAAsyncSelect 模型的网络应用程序的基本流程如下：

1）定义套接字网络事件对应的用户消息。

2）如果不存在窗口，则创建窗口和窗口例程支持函数。

3）调用 WSAAsyncSelect() 函数为套接字设置网络事件、用户消息和消息接收窗口之间的关系。

4）增加消息循环的具体功能，或者添加消息与消息处理函数的映射关系。

5）添加消息处理框架的具体功能，判断是哪个套接字上发生了网络事件。使用 WSAGETSELECTEVENT 宏了解所发生的网络事件，从而进行相应的处理。

依赖于不同的消息实现机制，在 WSAAsyncSelect 模型下应用程序的处理过程有较大的差别，我们分 SDK 环境和 MFC 环境两种情况举例说明套接字的创建及接收的基本过程。

以下示例实现了基于 WSAAsyncSelect 模型的面向连接通信服务器，该服务器的主要功能是接收客户使用 TCP 协议发来的数据，打印接收到的数据的字节数。

2. 在 SDK 下实现基于 WSAAsyncSelect 模型的套接字通信服务器

（1）第一步：创建接收事件的窗口

由于命令行程序本身没有窗口，也没有接收消息的消息队列，所以这些工作需要程序员手工创建，CreateWorkerWindow() 函数实现了窗口的创建。

该函数的具体实现代码如下：

```
1  HWND CreateWorkerWindow(void)
2  {
```

```
3      WNDCLASS wndclass;                          //定义 RegisterClass() 函数注册的
                                                    //窗口类属性
4      CHAR *ClassName = "SelectWindow";           //窗口类名
5      HWND hWnd;                                  //新建的窗口句柄
6      wndclass.style = CS_HREDRAW | CS_VREDRAW;   //窗口类型
7      wndclass.lpfnWndProc = (WNDPROC)WndProc;    //指定窗口例程
8      wndclass.cbClsExtra = 0;                    //指定窗口类结构后面额外分配的字节数
9      wndclass.cbWndExtra = 0;                    //指定窗口实例后面额外分配的字节数
10     wndclass.hInstance = NULL;                  //包含窗口类对应的窗口例程的实例句柄
11     wndclass.hIcon = LoadIcon(NULL, IDI_ERROR); //类图标句柄
12     wndclass.hCursor = LoadCursor(NULL, IDC_ARROW);
                                                    //光标句柄
13     wndclass.hbrBackground =(HBRUSH) GetStockObject(WHITE_BRUSH);
                                                    //刷子句柄(白色)
14     wndclass.lpszMenuName = NULL;               //窗口中无菜单
15     wndclass.lpszClassName = ClassName;         //窗口类名为"SelectWindow"
16     //注册窗口类
17     if (RegisterClass(&wndclass) == 0)
18     {
19         printf("RegisterClass() failed with error %d\n", GetLastError());
20         return NULL;
21     }
22     //创建接收消息的窗口
23     if ((hWnd = CreateWindow(ClassName,         //窗口类名
24                          "",                    //窗口实例的标题名
25                          WS_OVERLAPPEDWINDOW,
                                                    //窗口的风格
26                          CW_USEDEFAULT,CW_USEDEFAULT,
                                                    //窗口左上角坐标为默认值
27                          CW_USEDEFAULT,CW_USEDEFAULT,
                                                    //窗口的高和宽为默认值
28                          NULL,                  //此窗口无父窗口
29                          NULL,                  //此窗口无主菜单
30                          NULL,                  //应用程序的当前句柄
31                          ULL)) == NULL) //不使用该项
32     {
33         printf("CreateWindow() failed with error %d\n", GetLastError());
34         return NULL;
35     }
36     return hWnd;
37 }
```

输入参数：无。

输出参数：窗口句柄。

- 非 NULL：表示成功；
- NULL：表示失败。

程序创建窗口时，可以创建预先定义的窗口类或自定义的窗口类。创建自定义的窗口类时，在使用该窗口类前必须注册该窗口类。使用 RegisterClass() 函数注册窗口类。

第 5~21 行代码创建了一个窗口结构 WNDCLASS，该结构包含了 RegisterClass() 函数注册的类属性，并调用 RegisterClass() 函数对窗口结构进行注册。

第 22~35 行代码调用 CreateWindow() 函数创建接收消息的窗口。

（2）第二步：定义窗口例程

窗口例程具体实现消息处理框架的功能，取出消息，判断消息类型，进行相应的网络处理。

该函数的具体实现代码如下：

```
1  LRESULT CALLBACK WndProc(HWND hwnd, UINT uMsg, WPARAM wParam, LPARAM lParam)
2  {
3       sockaddr_in addrClient;
4       int addrClientlen =sizeof( sockaddr_in);
5       char recvbuf[DEFAULT_BUFLEN];
6       int recvbuflen = DEFAULT_BUFLEN;
7       SOCKET s,AcceptSocket;
8       int iResult;
9       if( uMsg == WM_SOCKET)
10      {
11          s = wParam;    //取有事件发生的套接字句柄
12          if ( WSAGETSELECTERROR (lParam))
13              printf("套接字错误，错误号为:%d\n", WSAGETSELECTERROR (lParam));
14          else
15          {
16              switch ( WSAGETSELECTEVENT (lParam))
17              {
18              //判断消息类型
19              case FD_ACCEPT:
20                  //检测到有新的连接进入
21                  AcceptSocket = accept(s, (sockaddr FAR*)&addrClient,
                        &addrClientlen);
22                  if( AcceptSocket == INVALID_SOCKET)
23                  {
24                      printf("accept failed !\n");
25                      closesocket(s);
26                  }
27                  printf("接收到新的连接: %s\n", inet_ntoa( addrClient.sin_addr));
28                  //增加新的连接套接字进行等待
29                  WSAAsyncSelect( AcceptSocket, hwnd, WM_SOCKET,
                        FD_READ|FD_WRITE|FD_CLOSE);
30                  break;
31              case FD_READ:
32                  //有数据到达
33                  memset(recvbuf,0,recvbuflen);
34                  iResult = recv(s, recvbuf, recvbuflen, 0);
35                  if (iResult >= 0)
36                  {
37                      //情况 1: 成功接收到数据
38                      printf("\nBytes received: %d\n", iResult);
39                      //处理数据请求
40                      //……
41                  }
42                  else
43                  {
44                      //情况 2: 接收失败
45                      printf("recv failed with error:%d\n",WSAGetLastError() );
46                      closesocket(s);
47                  }
48                  break;
49              case FD_WRITE:
50                  {}
51                  break;
52              case FD_CLOSE:
53                  //情况 3: 连接关闭
```

```
54                  printf("Current Connection closing...\n");
55                  closesocket(s);
56                  break;
57              default:
58              break;
59              }
60          }
61      }
62      //如果不是用户自定义消息，则调用默认的窗口例程
63      return DefWindowProc(hwnd, uMsg, wParam, lParam);
64  }
```

输入参数：

- HWND hwnd：窗口句柄；
- UINT uMsg：消息；
- WPARAM wParam：消息传入参数，此处传入的是套接字；
- LPARAM lParam：消息传入参数，此处传入的是事件类型。

输出参数：

- TRUE：表示成功；
- FALSE：表示失败。

窗口例程是一个回调函数，网络事件到达后，窗口例程被执行。

第 12 ～ 13 行代码首先检查 lParam 参数的高位，以判断是否在套接字上发生了网络错误，宏 WSAGETSELECTERROR 返回高字节包含的错误信息。

第 16 ～ 59 行代码使用宏 WSAGETSELECTEVENT 读取 lParam 参数的低位确定发生的网络事件。本示例对 FD_ACCEPT、FD_READ、FD_CLOSE 三种常见的网络事件都进行了判断和处理。如果是 FD_ACCEPT 事件发生，则调用 accept() 函数返回新的连接套接字，并通过 WSAAsyncSelect() 函数注册该套接字上关心的网络事件；如果是 FD_READ 事件发生，则在发生事件的套接字上接收数据；如果是 FD_CLOSE 事件发生，则关闭相应的套接字；如果套接字还对其他网络事件感兴趣，则在 swith-case 语句中相应增加对其他事件的判断和处理。

（3）第三步：完成程序主框架

程序主框架实现了流式套接字服务器的主体功能，创建接收消息的窗口，初始化套接字，注册套接字感兴趣的网络事件和消息的对应关系，并不断地循环读取消息和分发消息。

该函数的具体实现代码如下：

```
1  #include <winsock2.h>
2  #include <ws2tcpip.h>
3  #include <windows.h>
4  #include <stdio.h>
5  #include <conio.h>
6  #pragma   comment(lib,"ws2_32.lib")
7  #define DEFAULT_BUFLEN 512                    //默认缓冲区长度
8  #define DEFAULT_PORT 27015                    //默认服务器端口号
9  #define WM_SOCKET WM_USER+101                 //定义套接字网络事件对应的用户消息
10 int _tmain(int argc, _TCHAR* argv[])
11 {
12     HWND hWnd;
13     MSG Msg;
14     //创建窗口
```

```
15      if ((hWnd = CreateWorkerWindow()) == NULL)
16      {
17          printf("窗口创建失败!%d\n",GetLastError());
18          return 0;
19      }
20      WSADATA wsaData;
21      int iResult;
22      SOCKET ServerSocket = INVALID_SOCKET;
23      //初始化WinSock
24      iResult = WSAStartup(MAKEWORD(2,2), &wsaData);
25      if (iResult != 0)
26      {
27          printf("WSAStartup failed with error: %d\n", iResult);
28          return 1;
29      }
30      //创建用于监听的套接字
31      ServerSocket = socket(AF_INET,SOCK_STREAM, IPPROTO_IP);
32      if(ServerSocket == INVALID_SOCKET)
33      {
34          printf("socket failed with error: %ld\n", WSAGetLastError());
35          WSACleanup();
36          return 1;
37      }
38      //为套接字绑定地址和端口号
39      SOCKADDR_IN addrServ;
40      addrServ.sin_family = AF_INET;
41      addrServ.sin_port = htons(DEFAULT_PORT);        //监听端口为DEFAULT_PORT
42      addrServ.sin_addr.S_un.S_addr = htonl(INADDR_ANY);
43      iResult = bind(ServerSocket, (const struct sockaddr*)&addrServ,
            sizeof(SOCKADDR_IN));
44      if (iResult == SOCKET_ERROR)
45      {
46          printf("bind failed with error: %d\n", WSAGetLastError());
47          closesocket(ServerSocket);
48          WSACleanup();
49          return 1;
50      }
51      //监听套接字
52      iResult = listen(ServerSocket, SOMAXCONN);
53      if(iResult == SOCKET_ERROR)
54      {
55          printf("listen failed !\n");
56          closesocket(ServerSocket);
57          WSACleanup();
58          return -1;
59      }
60      printf("TCP server starting\n");
61      //定义使用Windows窗口接收FD_READ事件消息
62      WSAAsyncSelect( ServerSocket, hWnd, WM_SOCKET, FD_ACCEPT);
63      while( GetMessage( &Msg, NULL, 0, 0))  //消息循环
64      {
65          TranslateMessage( &Msg );          //转换某些键盘消息(将虚拟键消息转换为
                                               //字符消息)
66          DispatchMessage ( &Msg );          //将消息发送给窗口过程(函数)
67      }
68      return 0;                              //程序终止时将信息返回系统
69  }
```

本程序是一个命令行程序，为了使用 WSAAsyncSelect 模型，需要用户手工创建窗口并维护消息队列。

第 9 行代码定义了套接字网络事件对应的用户消息 WM_SOCKET。

第 15 ~ 19 行代码调用第一步声明的 CreateWorkerWindow() 函数，用于注册窗口并创建窗口。

第 20 ~ 60 行代码进行基于流式套接字的服务器程序初始化。

第 62 行代码调用 WSAAsyncSelect() 函数向窗口 hWnd 注册了套接字 ServerSocket 感兴趣的网络事件，并与用户自定义的消息 WM_SOCKET 关联起来。

第 63 ~ 67 行代码维护了一个消息循环，不断地通过 GetMessage() 函数取出消息，对消息转换后将消息发送给窗口例程。

3. 在 MFC 下实现基于 WSAAsyncSelect 模型的套接字通信服务器

本程序是一个基于 MFC 的网络应用程序，MFC 封装了 Win32 API 函数，并设计了一套方便的消息映射机制来处理消息，因此在程序中不需要自己维护消息队列，但是要在特定的位置对消息定义和消息映射进行合理的声明。

为了在 MFC 环境下使用 WSAAsyncSelect 模型，应用程序创建时应选择“MFC 应用程序”，如图 8-6 所示。之后按向导说明对应用程序进行配置。

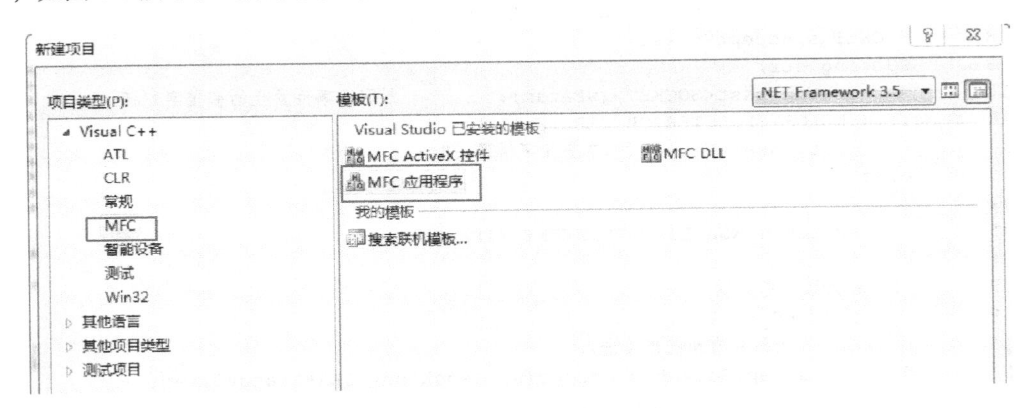

图 8-6　创建 MFC 应用程序

在本示例中，我们选择了基于对话框的应用程序，并设计了一个简单的界面来显示接收到的字节长度。与该对话框相对应的类文件包括对话框类的头文件 EchoTCPPServerDemo-MFCDlg.h 和代码文件 EchoTCPPServerDemo-MFCDlg.cpp。

（1）第一步：定义消息

首先在头文件中包含网络应用程序执行所必需的头文件，并声明本程序中使用的消息 WM_SOCKET：

```
#include <winsock2.h>
#include <ws2tcpip.h>
#include <windows.h>
#include <stdio.h>
#include <conio.h>
#pragma  comment(lib,"ws2_32.lib")
#define  DEFAULT_BUFLEN 512              //默认缓冲区长度
#define  DEFAULT_PORT   27015            //默认服务器端口号
#define  WM_SOCKET WM_USER+101           //定义套接字网络事件对应的用户消息
```

（2）第二步：声明和实现消息处理函数

在类的头文件 AFX_MSG 块中说明消息处理函数 OnSocket()，并在源文件中对该函数进行实现。该函数使用 WPRAM 和 LPARAM 参数，并返回 LPESULT。

头文件中的定义：

```
class CEchoTCPPServerDemoMFCDlg : public CDialog
{
//……
public:
    afx_msg LRESULT OnSocket(WPARAM wParam,LPARAM lParam);
//……
}
```

源文件中的定义：

```
 1 LRESULT CEchoTCPServerDemoMFCDlg::OnSocket(WPARAM wParam,LPARAM lParam)
 2 {
 3     int iResult;
 4     sockaddr_in addrClient;
 5     char recvbuf[DEFAULT_BUFLEN];
 6     int recvbuflen = DEFAULT_BUFLEN;
 7     int addrClientlen =sizeof( sockaddr_in);
 8     SOCKET s,AcceptSocket;
 9     CString str;
10     s = static_cast<SOCKET>(wParam);          //取有事件发生的套接字句柄
11     if ( WSAGETSELECTERROR (lParam))
12         list.InsertString(0," 套接字错误。");
13     else
14     {
15         switch ( WSAGETSELECTEVENT (lParam))
16         {
17         //判断消息类型
18         case FD_ACCEPT:
19             //检测到有新的连接进入
20             AcceptSocket = accept(s, (sockaddr FAR*)&addrClient,
                   &addrClientlen);
21             if( AcceptSocket == INVALID_SOCKET)
22             {
23                 list.InsertString(0,"accept failed !");
24                 closesocket(s);
25             }
26             str.Format(" 接收到新的连接 :%s\n", inet_ntoa( addrClient.sin_addr));
27             list.InsertString(0,str);
28             //增加新的连接套接字进行等待
29             iResult = WSAAsyncSelect( AcceptSocket, m_hWnd, WM_SOCKET,
                   FD_READ|FD_WRITE|FD_CLOSE);
30             if (iResult == SOCKET_ERROR)
31                 list.InsertString(0,"WSAAsyncSelect 设定失败 !");
32             break;
33         case FD_READ:
34             //有数据到达
35             memset(recvbuf,0,recvbuflen);
36             iResult = recv(s, recvbuf, recvbuflen, 0);
37             if (iResult >= 0)
38             {
39                 //情况 1:成功接收到数据
```

```
40                  str.Format("Bytes received: %d",iResult);
41                  list.InsertString(0,str);
42                  //处理数据请求
43                  //……
44              }
45              else
46              {
47                  //情况 2:接收失败
48                  str.Format("recv failed with error: %d\n",WSAGetLastError() );
49                  list.InsertString(0,str);
50                  closesocket(s);
51              }
52              break;
53          case FD_WRITE:
54              {}
55              break;
56          case FD_CLOSE:
57              //情况 3:连接关闭
58              list.InsertString(0,"Current Connection closing...\n");
59              closesocket(s);
60              break;
61          default:
62              break;
63          }
64      }
65      return TRUE;
66  }
```

输入参数：

- WPARAM wParam：消息传入参数，此处传入的是套接字句柄；
- LPARAM lParam：消息传入参数，此处传入的是事件类型。

输出参数：

- TRUE：表示成功；
- FALSE：表示失败。

每一个消息对应一个消息处理函数，消息处理函数中对消息的获取和检查处理过程是类似的。网络事件到达后，产生消息，消息处理函数被执行。

第 10 行代码首先获得参数 wParam 传入的套接字句柄。

第 11 ~ 12 行代码检查 lParam 参数的高位，以判断是否在套接字上发生了网络错误，宏 WSAGETSELECTERROR 返回高字节包含的错误信息。

如果没有产生网络错误，第 14 ~ 63 行代码使用宏 WSAGETSELECTEVENT 读取 lParam 参数的低字位确定发生的网络事件。本示例对常用的 FD_READ、FD_ACCEPT、FD_CLOSE 事件进行了处理。如果是 FD_ACCEPT 事件发生，则调用 accept() 函数返回新的连接套接字，并通过 WSAAsyncSelect() 函数注册该套接字上关心的网络事件；如果是 FD_READ 事件发生，则在发生事件的套接字上接收数据；如果是 FD_CLOSE 事件发生，则关闭相应的套接字；如果套接字还对其他网络事件感兴趣，则在 swith-case 语句中相应增加对其他事件的判断和处理。

（3）第三步：实现消息映射

在源文件的用户类的消息块中，使用 ON_MESSAGE 宏指令将消息映射到消息处理函数中：

```
BEGIN_MESSAGE_MAP(CEchoTCPServerDemoMFCDlg, CDialog)
    //……
    ON_MESSAGE(WM_SOCKET,&OnSocket)
END_MESSAGE_MAP()
```

（4）第四步：实现服务器的初始化功能

“启动”按钮完成了面向连接服务器的初始化功能，该按钮的点击也是一种消息，在其对应的控件通知处理函数 OnBnClickedOk() 中完成套接字的初始化、创建以及网络事件的注册等功能，代码如下：

```
1  void CEchoTCPServerDemoMFCDlg::OnBnClickedOk()
2  {
3      WSADATA wsaData;
4      int iResult;
5      SOCKET ServerSocket = INVALID_SOCKET;
6      //初始化 WinSock
7      iResult = WSAStartup(MAKEWORD(2,2), &wsaData);
8      if (iResult != 0)
9      {
10         list.InsertString(0,"WSAStartup 函数出错。");
11         return;
12     }
13     //创建用于监听的套接字
14     ServerSocket = socket(AF_INET,SOCK_STREAM, IPPROTO_IP);
15     if(ServerSocket == INVALID_SOCKET)
16     {
17         list.InsertString(0,"socket 函数出错。");
18         WSACleanup();
19         return;
20     }
21     //为套接字绑定地址和端口号
22     SOCKADDR_IN addrServ;
23     addrServ.sin_family = AF_INET;
24     addrServ.sin_port = htons(DEFAULT_PORT);    //监听端口为 DEFAULT_PORT
25     addrServ.sin_addr.S_un.S_addr = htonl(INADDR_ANY);
26     iResult = bind(ServerSocket, (const struct sockaddr*)&addrServ,
   sizeof(SOCKADDR_IN));
27     if (iResult == SOCKET_ERROR)
28     {
29         list.InsertString(0,"bind 函数出错。");
30         closesocket(ServerSocket);
31         WSACleanup();
32         return;
33     }
34     //监听套接字
35     iResult = listen(ServerSocket, SOMAXCONN);
36     if(iResult == SOCKET_ERROR)
37     {
38         list.InsertString(0,"listen 函数出错。");
39         closesocket(ServerSocket);
40         WSACleanup();
41         return;
42     }
43     list.InsertString(0,"服务器启动。。。");
44     //产生相应的传递给窗口的消息 WM_SOCKET ，这是自定义消息
```

```
45        iResult = WSAAsyncSelect(ServerSocket,m_hWnd,WM_SOCKET,FD_ACCEPT);
46        if (iResult == SOCKET_ERROR)
47        {
48            list.InsertString(0,"WSAAsyncSelect 设定失败！");
49            return;
50        }
51        return;
52  }
```

本函数完成了对服务器端套接字的初始化、创建和网络事件的关联。

第 6 ~ 42 行代码进行基于流式套接字的服务器程序初始化。

第 45 ~ 50 行代码调用 WSAAsyncSelect() 函数向窗口 hWnd 注册了套接字 ServerSocket 感兴趣的网络事件 FD_ACCEPT，并与用户自定义的消息 WM_SOCKET 关联起来。

8.5.4　WSAAsyncSelect 模型评价

WSAAsyncSelect 模型的优点是在系统开销不大的情况下可以同时处理多个客户的网络 I/O。但是，消息的运转需要有消息队列，通常消息队列依附于窗口实现，有些应用程序可能并不需要窗口，为了支持消息机制，就必须创建一个窗口来接收消息，这对于一些特殊的应用场合并不适合。另外，在一个窗口中处理大量的消息也可能成为性能的瓶颈。

8.6　基于事件的 WSAEventSelect 模型

基于事件的 WSAEventSelect 模型是用另外一种 Windows 机制实现的异步 I/O 模型。这种模型与基于 WSAAsyncSelect 的异步 I/O 模型的最主要区别是网络事件发生时系统通知应用程序的方式不同。WSAEventSelect 模型允许在多个套接字上接收以事件为基础的网络事件的通知。应用程序在创建套接字后，调用 WSAEventSelect() 函数将事件对象与网络事件集合相关联，当网络事件发生时，应用程序以事件的形式接收网络事件通知。

8.6.1　Windows 的事件机制与使用

Windows 的驱动方式是事件驱动的，即程序的流程不是由事件的顺序来控制，而是由事件的发生来控制，所有的事件是无序的。在 Windows 环境下，事件被理解为可以通过代码响应或处理的操作。事件可由用户操作（如单击鼠标或按某个键）、程序代码或系统生成。

当事件发生时，事件驱动的应用程序执行代码以响应该事件。

事件对象属于内核对象，它包含三个主要内容：

- 使用计数；
- 工作模式，用于标识该事件是自动重置（auto reset）还是人工重置（manual reset）的布尔值；
- 工作状态，用于指定该事件处于已授信（signaled）状态还是未授信（nonsignaled）状态的布尔值。

在使用 WSAEventSelect 模型之前，需要创建一个事件对象，另外 Windows 提供了一些机制对网络事件对象进行管理。

1. 创建事件对象

通过 WSACreateEvent() 函数可以实现事件对象的创建，该函数的原型定义如下：

```
WSAEVENT WSACreateEvent(void);
```

该函数没有输入参数，如果执行成功，则函数返回事件对象的句柄，否则返回 WSA_INVALID_EVENT。

调用 WSACreateEvent() 函数创建的事件对象处于人工重置模式和未授信状态。

2. 重置事件对象

当网络事件发生时，与套接字相关联的事件对象被从未授信状态转换为已授信状态。调用 WSAResetEvent() 函数可以将事件对象从已授信状态修改为未授信状态，该函数的原型定义如下：

```
BOOL WSAResetEvent(
  __in  WSAEVENT hEvent
);
```

其中，参数 hEvent 为事件对象的句柄。如果函数执行成功，则返回 TRUE，否则返回 FALSE。

3. 设置事件对象为已授信状态

调用 WSASetEvent() 函数可以将给定的事件对象设置为已授信状态，该函数的原型定义如下：

```
BOOL WSASetEvent(
  __in  WSAEVENT hEvent
);
```

其中，参数 hEvent 为事件对象的句柄。如果函数执行成功，则返回 TRUE，否则返回 FALSE。

4. 关闭事件对象

在处理完网络事件后，需要调用 WSACloseEvent() 函数关闭事件对象句柄，释放事件对象占用的资源，该函数的原型定义如下：

```
BOOL WSACloseEvent(
  __in  WSAEVENT hEvent
);
```

其中，参数 hEvent 为事件对象的句柄。如果函数执行成功，则返回 TRUE，否则返回 FALSE。

8.6.2　WSAEventSelect 模型的相关函数

（1）网络事件注册函数：WSAEventSelect()

基于 WSAEventSelect 的异步 I/O 模型的核心是 WSAEventSelect() 函数，它可以为套接字注册感兴趣的网络事件，并将指定的事件对象关联到指定的网络事件集合。WSAEventSelect() 函数的原型定义如下：

```
int WSAEventSelect(
  __in  SOCKET s,
  __in  WSAEVENT hEventObject,
  __in  long lNetworkEvents
);
```

其中：

- s：套接字；
- hEventObject：与网络事件集合相关联的事件对象句柄；
- lNetworkEvents：感兴趣的网络事件集合。

如果函数执行成功，则返回 0；否则返回 SOCKET_ERROR，具体错误可以通过 WSAGetLastError() 函数获取。

Windows Sockets 中定义的网络事件如表 8-1 所示。

WSAEventSelect() 函数对网络事件的注册方法与 WSAAsnycSelect() 函数类似，如果对多个网络事件都关心，则可以将多个事件执行按位或操作，例如，应用程序希望接收到读就绪和连接关闭的通知事件，则对 WSAEventSelect() 函数的 lNetworkEvents 参数同时使用 FD_READ 和 FD_CLOSE 事件，代码示例如下：

```
iResult = WSAEventSelect (s, hEventObject, FD_READ|FD_CLOSE);
```

如果要取消指定套接字上的所有通知事件，则可以在调用 WSAEventSelect() 函数时将事件参数 lEvent 设置为 0，例如：

```
iResult = WSAEventSelect (s, hEventObject, 0);
```

WSAEventSelect() 函数会将套接字设置为非阻塞状态，如果需要将套接字设置回默认的阻塞状态，则必须按上述方法清除与套接字相关联的注册事件，然后调用 iotlsocket() 函数或者 WSAIoctl() 函数将套接字设置为阻塞模式。

（2）事件等待函数：WSAWaitForMultipleEvents()

WSAWaitForMultipleEvents() 函数在等待网络事件发生的过程中是阻塞等待的，在调用 WSAEventSelect() 函数注册网络事件后，应用程序调用该函数等待网络事件发生，直到指定的网络事件发生或阻塞时间超过了指定的超时时间才返回。

WSAWaitForMultipleEvents() 函数的原型定义如下：

```
DWORD WSAWaitForMultipleEvents(
    __in  DWORD cEvents,
    __in  const WSAEVENT* lphEvents,
    __in  BOOL fWaitAll,
    __in  DWORD dwTimeout,
    __in  BOOL fAlertable
);
```

其中：

- cEvent：指定在参数 lphEvents 指向的数组中包含的事件对象句柄的数量。
- lphEvents：指向事件对象句柄数组的指针。
- fWaitAll：指定等待的类型，如果该参数为 TRUE，则数组 lphEvents 中包含的所有事件对象都变成已授信状态时函数才返回；如果该参数为 FALSE，则只要有一个事件对象变成了已授信状态函数就返回。
- dwTimeout：指定超时时间，如果该参数为 0，则函数检查事件对象的状态后立即返回；如果该参数为 WSA_INFINITE，则该函数会无限期等待，直到满足参数 fWaitAll 指定的条件。

- fAlertable：指定当完成例程在系统队列中排队等待执行时函数是否返回，如果该参数为 TRUE，则说明该函数返回时完成例程已经被执行，如果该参数为 FALSE，则说明该函数返回时完成例程还没有被执行。该参数主要应用于重叠 I/O 模型。

对于该函数的返回错误，WSA_WAIT_TIMEOUT 是最常见的返回值，接下来可以选择继续调用该函数等待或失败退出；如果出现了错误，则返回 WSA_WAIT_FAILED，需要检查 cEvents 和 lphEvents 两个参数是否有效；如果事件数组中有某一个事件被授信了，函数会返回这个事件的索引值，但是这个索引值需要减去预定义值 WSA_WAIT_EVENT_0 才是这个事件在事件数组中的位置。

（3）枚举网络事件函数：WSAEnumNetworkEvents()

WSAEnumNetworkEvents() 函数获取给定套接字上发生的网络事件。可以使用该函数来发现自上次调用该函数后指定套接字上发生的网络事件。WSAEnumNetworkEvents() 函数的原型定义如下：

```
int WSAEnumNetworkEvents(
    __in  SOCKET s,
    __in  WSAEVENT hEventObject,
    __out LPWSANETWORKEVENTS lpNetworkEvents
);
```

其中：

- s：标识套接字的描述字；
- hEventObject：（可选）句柄，用于标识需要复位的相应事件对象，如果指定了此参数，本函数会重置这个事件对象的状态；
- lpNetworkEvents：一个 WSANETWORKEVENTS 结构的数组，每一个元素记录了一个网络事件和相应的错误代码。

WSANETWORKEVENTS 结构的定义如下：

```
typedef struct _WSANETWORKEVENTS {
  long  lNetworkEvents;
  int   iErrorCode[FD_MAX_EVENTS];
} WSANETWORKEVENTS,  *LPWSANETWORKEVENTS;
```

其中，lNetworkEvents 指定已经发生的网络事件，iErrorCode 参数是一个数组，存储与 lNetwork Events 相关的出错代码，数组的每个成员对应着一个网络事件的出错代码。

如果操作成功则返回 0；否则将返回 SOCKET_ERROR 错误。应用程序可通过 WSAGetLastError() 来获取相应的错误代码。

8.6.3 WSAEventSelect 模型的编程框架

1. WSAEventSelect 模型的编程框架解析

WSAEventSelect 模型为套接字注册感兴趣的网络事件，并将指定的事件对象关联到指定的网络事件集合，然后应用程序等待网络事件的发生。当网络事件发生时，应用程序可以及时发现处于已授信状态的事件对象，并对该事件做相应的处理。

以面向连接的数据接收为例，在 WSAEventSelect 模型下，套接字的编程框架如图 8-7 所示。

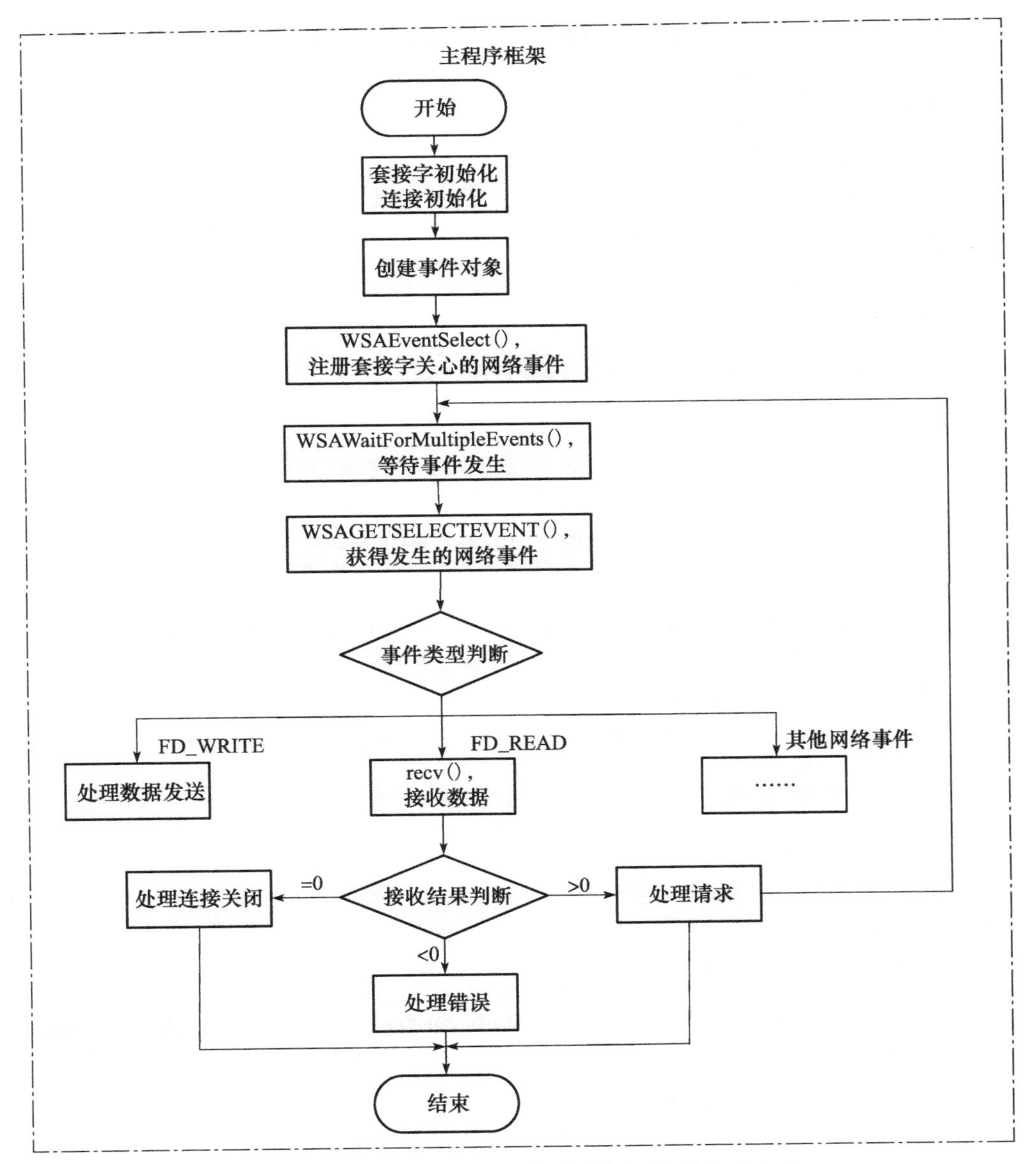

图 8-7　WSAEventSelect 模型下套接字的接收处理

整体来看，基于 WSAEventSelect 模型的网络应用程序的基本流程如下：

1）初始化 Windows Socket 环境，并创建用于网络通信的套接字；

2）创建事件对象；

3）将新建的事件对象与等待网络事件的套接字相关联，并注册该套接字关心的网络事件集合；

4）调用 WSAWaitForMultipleEvents() 等待所有事件对象上发生的注册的网络事件；

5）如果有事件发生，使用 WSAGETSELECTEVENT 宏了解所发生的网络事件，从而进行相应的处理。

2. 基于 WSAEventSelect 模型的套接字通信服务器示例

以下示例实现了基于 WSAEventSelect 模型的面向连接通信服务器，该服务器的主要功能是接收客户使用 TCP 协议发来的数据，打印接收到的数据的字节数。

```
1  #include <winsock2.h>
2  #include <ws2tcpip.h>
3  #include <windows.h>
4  #include <stdio.h>
5  #include <conio.h>
6  #pragma  comment(lib,"ws2_32.lib")
7  //定义默认的缓冲区长度和端口号
8  #define DEFAULT_BUFLEN 512
9  #define DEFAULT_PORT 27015
10
11 int _tmain(int argc, _TCHAR* argv[])
12 {
13     WSADATA wsaData;
14     int iResult;
15     SOCKET ServerSocket = INVALID_SOCKET;
16     //初始化 WinSock
17     iResult = WSAStartup(MAKEWORD(2,2), &wsaData);
18     if (iResult != 0)
19     {
20         printf("WSAStartup failed with error: %d\n", iResult);
21         return 1;
22     }
23     //创建用于监听的套接字
24     ServerSocket = socket(AF_INET,SOCK_STREAM, IPPROTO_IP);
25     if(ServerSocket == INVALID_SOCKET)
26     {
27         printf("socket failed with error: %ld\n", WSAGetLastError());
28         WSACleanup();
29         return 1;
30     }
31     //为套接字绑定地址和端口号
32     SOCKADDR_IN addrServ;
33     addrServ.sin_family = AF_INET;
34     addrServ.sin_port = htons(DEFAULT_PORT);     //监听端口为 DEFAULT_PORT
35     addrServ.sin_addr.S_un.S_addr = htonl(INADDR_ANY);
36     iResult = bind(ServerSocket, (const struct sockaddr*)&addrServ,
           sizeof(SOCKADDR_IN));
37     if (iResult == SOCKET_ERROR)
38     {
39         printf("bind failed with error: %d\n", WSAGetLastError());
40         closesocket(ServerSocket);
41         WSACleanup();
42         return 1;
43     }
44     //监听套接字
45     iResult = listen(ServerSocket, SOMAXCONN);
46     if(iResult == SOCKET_ERROR)
47     {
48         printf("listen failed!\n");
49         closesocket(ServerSocket);
50         WSACleanup();
51         return -1;
52     }
53     printf("TCP server starting\n");
```

```
54        //创建事件对象，并关联到套接字 ServerSocket 上，注册 FD_ACCEPT 事件
55        WSAEVENT Event = WSACreateEvent();
56        int iIndex = 0,i;
57        int iEventTotal = 0;
58        //事件句柄和套接字句柄表
59        WSAEVENT eventArray[WSA_MAXIMUM_WAIT_EVENTS];
60        SOCKET sockArray[WSA_MAXIMUM_WAIT_EVENTS];
61        WSAEventSelect(ServerSocket, Event, FD_ACCEPT);
62        //将新建的事件 Event 保存到 eventArray 数组中
63        eventArray[iEventTotal] = Event;
64        //将套接字 ServerSocket 保存到 sockArray 数组中
65        sockArray[iEventTotal] = ServerSocket;
66        iEventTotal++;
67        //处理网络事件
68        sockaddr_in addrClient;
69        int addrClientlen =sizeof( sockaddr_in);
70        char recvbuf[DEFAULT_BUFLEN];
71        int recvbuflen = DEFAULT_BUFLEN;
72        while(TRUE)
73        {
74            //在所有事件对象上等待，只要有一个事件对象变为已授信状态，则函数返回
75            iIndex = WSAWaitForMultipleEvents(iEventTotal, eventArray, FALSE,
                  WSA_INFINITE, FALSE);
76            //对每个事件调用 WSAWaitForMultipleEvents() 函数，以便确定它的状态
77            //发生的事件对象的索引，一般是句柄数组中最前面的那一个
78            //然后再用循环依次处理后面的事件对象
79            iIndex = iIndex - WSA_WAIT_EVENT_0;
80            for(i=iIndex; i<iEventTotal; i++)
81            {
82                iResult = WSAWaitForMultipleEvents(1, &eventArray[i], TRUE,
                      1000, FALSE);
83                if(iResult == WSA_WAIT_FAILED || iResult == WSA_WAIT_TIMEOUT)
84                {
85                    continue;
86                }
87                else
88                {
89                    //获取到来的通知消息，WSAEnumNetworkEvents 函数会自动重置授信事件
90                    WSANETWORKEVENTS newevent;
91                    WSAEnumNetworkEvents(sockArray[i], eventArray[i],
                          &newevent);
92                    if(newevent.lNetworkEvents & FD_ACCEPT) //处理 FD_ACCEPT 通知消息
93                    {
94                        if(newevent.iErrorCode[FD_ACCEPT_BIT] == 0)
95                        {
96                            //如果处理 FD_ACCEPT 消息时没有错误
97                            if(iEventTotal > WSA_MAXIMUM_WAIT_EVENTS)
98                            {
99                                    //连接太多，暂时不处理
100                                   printf(" Too many connections! \n");
101                                   continue;
102                               }
103                               //接收连接请求，得到与客户进行通信的套接字
                                  //AcceptSocket
104                               SOCKET AcceptSocket = accept(sockArray[i],
                                      (sockaddr FAR*)&addrClient, &addrClientlen);
105                               printf(" 接收到新的连接：%s\n",
```

```
                                    inet_ntoa( addrClient.sin_addr));
106                               //为新套接字创建事件对象
107                               WSAEVENT newEvent1 = WSACreateEvent();
108                               //将新建的事件对象 newEvent1 关联到套接字 AcceptSocket 上
109                               //注册 FD_READ|FD_CLOSE|FD_WRITE 网络事件
110                               WSAEventSelect(AcceptSocket, newEvent1,
                                    FD_READ|FD_CLOSE|FD_WRITE);
111                               //将新建的事件 newEvent1 保存到 eventArray 数组中
112                               eventArray[iEventTotal] = newEvent1;
113                               //将新建的套接字 sNew 保存到 sockArray 数组中
114                               sockArray[iEventTotal] = AcceptSocket;
115                               iEventTotal++;
116                           }
117                       }
118                       if(newevent.lNetworkEvents & FD_READ)
                                                          //处理 FD_READ 通知消息
119                       {
120                           if(newevent.iErrorCode[FD_READ_BIT] == 0)
121                           {
122                               //如果处理 FD_READ 消息时没有错误
123                               //有数据到达
124                               memset(recvbuf,0,recvbuflen);
125                              iResult = recv( sockArray[i], recvbuf, recvbuflen, 0);
126                               if  (iResult > 0)
127                               {
128                                   //情况 1:成功接收到数据
129                                   printf("\nBytes received: %d\n", iResult);
130                                   //处理数据请求
131                                   //……
132                               }
133                               else
134                               {
135                                   //情况 2:接收失败
136                                   printf("recv failed with error: %d\n",
                                          WSAGetLastError() );
137                                   closesocket(sockArray[i]);
138                               }
139                           }
140                       }
141                       if(newevent.lNetworkEvents & FD_CLOSE)
                        //处理 FD_CLOSE 通知消息
142                       {
143                           //进行套接字关闭
144                           printf("Current Connection closing...\n");
145                           closesocket(sockArray[i]);
146                       }
147                       if(newevent.lNetworkEvents & FD_WRITE)
                                                          //处理 FD_WRITE 通知消息
148                       {
149                           //进行数据发送
150                       }
151                   }
152               }
153           }
154           return 0;
155       }
```

本程序是一个命令行程序，为了使用 WSAEventSelect 模型，需要有事件对象的支持。

第 13 ~ 53 行代码进行基于流式套接字的服务器程序初始化。

第 54 ~ 66 行代码创建事件对象，并调用 WSAEventSelect() 函数关联到套接字 ServerSocket 上，注册 FD_ACCEPT 事件。

第 67 ~ 153 行代码循环处理网络事件，调用 WSAWaitForMultipleEvents() 函数在所有事件对象上等待事件的发生，获得发生的事件对象的索引，对事件类型进行判断，并对常用的 FD_READ、FD_ACCEPT、FD_CLOSE 事件进行处理。如果是 FD_ACCEPT 事件发生，则调用 accept() 函数返回新的连接套接字，并通过 WSAEventSelect() 函数注册该套接字上关心的网络事件；如果是 FD_READ 事件发生，则在发生事件的套接字上接收数据；如果是 FD_CLOSE 事件发生，则关闭相应的套接字；如果套接字还对其他网络事件感兴趣，则相应增加对其他事件的判断和处理。

8.6.4　WSAEventSelect 模型评价

WSAEventSelect 模型不依赖于消息，所以可以在没有窗口的环境下比较简单地实现对网络通信的异步操作。该模型的缺点是等待的事件对象的总数是有限制的（每次只能等待 64 个事件），在有些应用中可能会因此受限。

8.7　重叠 I/O 模型

重叠 I/O 是 Win32 文件操作的一项技术，其基本设计思想是允许应用程序使用重叠数据结构一次投递一个或者多个异步 I/O 请求。

8.7.1　重叠 I/O 的概念

在传统文件操作中，当对文件进行读写时，线程会阻塞在读写操作上，直到读写完指定的数据后它们才返回。这样在读写大文件的时候，很多时间都浪费在等待上面，如果读写操作是对管道读写数据，那么有可能阻塞得更久，导致程序性能下降。

为了解决这个问题，我们首先想到可以用多个线程处理多个 I/O，但这种方式显然不如从系统层面实现效果更好。Windows 引进了重叠 I/O 的概念，它能够同时以多个线程处理多个 I/O，而且系统内部对 I/O 的处理在性能上有很大的优化。

重叠 I/O 是 Windows 环境下实现异步 I/O 最常用的方式。Windows 为几乎全部类型的文件操作（如磁盘文件、命名管道和套接字等）都提供了这种方法。

以 Win32 重叠 I/O 机制为基础，自 WinSock 2 发布开始，重叠 I/O 便已集成到新的 WinSock 函数中，这样一来，重叠 I/O 模型便能适用于安装了 WinSock 2 的所有 Windows 平台，可以一次投递一个或多个 WinSock I/O 请求。针对那些提交的请求，在它们完成之后，应用程序可为它们提供服务（对 I/O 的数据进行处理）。

重叠模型的核心是一个重叠数据结构 WSAOVERLAPPED，该结构与 OVERLAPPED 结构兼容，其定义如下：

```
typedef struct _WSAOVERLAPPED {
  ULONG_PTR Internal;
  ULONG_PTR InternalHigh;
  union {
    struct {
      DWORD Offset;
```

```
        DWORD OffsetHigh;
      };
      PVOID Pointer;
    };
    HANDLE hEvent;
} WSAOVERLAPPED,  *LPWSAOVERLAPPED;
```

其中：

- Internal：由重叠 I/O 实现的实体内部使用的字段。在使用 Socket 的情况下，该字段被底层操作系统使用。
- InternalHigh：由重叠 I/O 实现的实体内部使用的字段。在使用 Socket 的情况下，该字段被底层操作系统使用。
- Offset：在使用套接字的情况下该参数被忽略。
- OffsetHigh：在使用套接字的情况下该参数被忽略。
- Pointer：在使用套接字的情况下该参数被忽略。
- hEvent：允许应用程序为这个操作关联一个事件对象句柄。重叠 I/O 的事件通知方法需要将 Windows 事件对象关联到 WSAOVERLAPPED 结构。

在重叠 I/O 模式下，对套接字的读写调用会立即返回，这时候程序可以去做其他的工作，系统会自动完成具体的 I/O 操作。另外，应用程序也可以同时发出多个读写调用。当系统完成 I/O 操作时，会将 WSAOVERLAPPED 中的 hEvents 置为授信状态，可以通过调用 WSAWaitForMultipleEvents() 函数来等待这个 I/O 完成通知，在得到通知信号后，就可以调用 WSAGetOverlappedResult() 函数来查询 I/O 操作的结果，并进行相关处理。由此可以看出，WSAOVERLAPPED 结构在一个重叠 I/O 请求的初始化及其后续的完成之间，提供了一种沟通或通信机制。

8.7.2　重叠 I/O 模型的相关函数

（1）套接字创建函数：WSASocket()

若想以重叠方式使用套接字，必须用重叠方式（标志为 WSA_FLAG_OVERLAPPED）打开套接字。WSASocket() 函数用于创建绑定到指定的传输服务提供程序的套接字，该函数的原型定义如下：

```
SOCKET WSASocket(
  __in  int af,
  __in  int type,
  __in  int protocol,
  __in  LPWSAPROTOCOL_INFO lpProtocolInfo,
  __in  GROUP g,
  __in  DWORD dwFlags
);
```

其中：

- af：指定地址族；
- type：指定套接字的类型；
- protocol：指定套接字使用的协议；
- lpProtocolInfo，指向 WSAPROTOCOL_INFO 结构，指定新建套接字的特性；
- g：预留字段；
- dwFlags：指定套接字属性的标志，在重叠 I/O 模型中，dwFlags 参数需要被置为

WSA_FLAG_OVERLAPPED，这样就可以创建一个重叠套接字，在后续的操作中执行重叠 I/O 操作，同时初始化和处理多个操作。

如果函数执行成功，则返回新建套接字的句柄，否则返回 INVALID_SOCKET。可以通过 WSAGetLastError() 函数获得错误号了解具本错误信息。

（2）数据发送函数：WSASend() 和 WSASendTo()

在 WinSock 环境下，WSASend() 函数和 WSASendTo() 函数提供了在重叠套接字上进行数据发送的能力，并在以下两个方面有所增强：

1）用于重叠 socket 上，完成重叠发送操作；

2）一次发送多个缓冲区中的数据，完成集中写入操作。

函数 WSASend() 覆盖标准的 send() 函数，该函数的定义如下：

```
int WSASend(
  __in    SOCKET s,
  __in    LPWSABUF lpBuffers,
  __in    DWORD dwBufferCount,
  __out   LPDWORD lpNumberOfBytesSent,
  __in    DWORD dwFlags,
  __in    LPWSAOVERLAPPED lpOverlapped,
  __in    LPWSAOVERLAPPED_COMPLETION_ROUTINE lpCompletionRoutine
);
```

其中：

- s：标识一个已连接套接字的描述符；
- lpBuffers：一个指向 WSABUF 结构数组的指针，每个 WSABUF 结构包含缓冲区的指针和缓冲区的大小；
- dwBufferCount：记录 lpBuffers 数组中 WSABUF 结构的数目；
- lpNumberOfBytesSent：是一个返回值，如果发送操作立即完成，则为一个指向所发送数据字节数的指针；
- dwFlags：标志位，与 send() 调用的 flag 域类似；
- lpOverlapped：指向 WSAOVERLAPPED 结构的指针，该参数对于非重叠套接字无效；
- lpCompletionRoutine：指向完成例程，是一个指向发送操作完成后调用的完成例程的指针，该参数对于非重叠套接字无效。

如果重叠操作立即完成，则 WSASend() 函数返回 0，并且参数 lpNumberOfBytesSent 被更新为发送数据的字节数；如果重叠操作被成功初始化，并且将在稍后完成，则 WSASend() 函数返回 SOCKET_ERROR，错误代码为 WSA_IO_PENDING。

当重叠操作完成后，可以通过下面两种方式获取传输数据的数量：

1）如果指定了完成例程，则通过完成例程的 cbTransferred 参数获取；

2）通过 WSAGetOverlappedResult() 函数的 lpcbTransfer 参数获取。

另外，WSASendTo() 函数提供了在非连接模式下使用重叠 I/O 进行数据发送的能力，该函数覆盖标准的 sendto() 函数，其原型定义如下：

```
int WSASendTo(
  __in    SOCKET s,
  __in    LPWSABUF lpBuffers,
  __in    DWORD dwBufferCount,
  __out   LPDWORD lpNumberOfBytesSent,
```

```
    __in    DWORD dwFlags,
    __in    const struct sockaddr* lpTo,
    __in    int iToLen,
    __in    LPWSAOVERLAPPED lpOverlapped,
    __in    LPWSAOVERLAPPED_COMPLETION_ROUTINE lpCompletionRoutine
);
```

该函数与 WSASend() 函数的主要差别类似于 sendto() 和 send() 的差别，增加了对目标地址的输入参数，其中：

- lpTo：指向以 sockaddr 结构存储的目的地址的指针；
- iToLen：指向目的地址长度的指针。

（3）数据接收函数：WSARecv() 和 WSARecvFrom()

在 WinSock 环境下，WSARecv() 函数和 WSARecvFrom() 函数提供了在重叠套接字上进行数据接收的能力，并在以下两个方面有所增强：

1）用于重叠 socket，完成重叠接收的操作；

2）一次将数据接收到多个缓冲区中，完成集中读出操作。

函数 WSARecv() 覆盖标准的 recv() 函数，该函数的定义如下：

```
int WSARecv(
    __in       SOCKET s,
    ___inout   LPWSABUF lpBuffers,
    __in       DWORD dwBufferCount,
    __out      LPDWORD lpNumberOfBytesRecvd,
    ___inout   LPDWORD lpFlags,
    __in       LPWSAOVERLAPPED lpOverlapped,
    __in       LPWSAOVERLAPPED_COMPLETION_ROUTINE lpCompletionRoutine
);
```

其中：

- s：标识一个已连接套接字的描述符；
- lpBuffers：一个指向 WSABUF 结构数组的指针，每个 WSABUF 结构包含缓冲区的指针和缓冲区的大小；
- dwBufferCount：记录 lpBuffers 数组中 WSABUF 结构的数目；
- lpNumberOfBytesRecvd：是一个返回值，如果 I/O 操作立即完成，则该参数指定接收数据的字节数；
- dwFlags：标志位，与 recv() 调用的 flag 域类似；
- lpOverlapped：指向 WSAOVERLAPPED 结构的指针，该参数对于非重叠套接字无效；
- lpCompletionRoutine：指向完成例程，是一个指向接收操作完成后调用的完成例程的指针，该参数对于非重叠套接字无效。

如果重叠操作立即完成，则 WSARecv() 函数返回 0，并且参数 lpNumberOfBytesRecvd 被更新为接收数据的字节数；如果重叠操作被成功初始化，并且将在稍后完成，则 WSARecv() 函数返回 SOCKET_ERROR，错误代码为 WSA_IO_PENDING。

另外，WSARecvFrom() 函数提供了在非连接模式下使用重叠 I/O 进行数据接收的能力，该函数覆盖标准的 recvfrom() 函数，其原型定义如下：

```
int WSARecvFrom(
    __in       SOCKET s,
    ___inout   LPWSABUF lpBuffers,
```

```
    __in       DWORD dwBufferCount,
    __out      LPDWORD lpNumberOfBytesRecvd,
    ___inout   LPDWORD lpFlags,
    __out      struct sockaddr* lpFrom,
    ___inout   LPINT lpFromlen,
    __in        LPWSAOVERLAPPED lpOverlapped,
    __in       LPWSAOVERLAPPED_COMPLETION_ROUTINE lpCompletionRoutine
);
```

该函数与 WSARecv() 函数的主要差别类似于 recvfrom() 和 recv() 的差别，增加了对来源地址的输入参数，其中：

- lpFrom：是一个返回值，指向以 sockaddr 结构存储的来源地址的指针；
- iFromLen：指向来源地址长度的指针。

（4）重叠操作结果获取函数：GetOverlappedResult()

当异步 I/O 请求挂起后，最终要知道 I/O 操作是否完成。一个重叠 I/O 请求最终完成后，应用程序要负责取回重叠 I/O 操作的结果。对于读操作，直到 I/O 完成，输入缓冲区才有效。对于写操作，要知道写是否成功。为了获得指定文件、命名管道或通信设备上重叠操作的结果，最直接的方法是调用 WSAGetOverlappedResult()，其函数原型如下：

```
BOOL WSAAPI WSAGetOverlappedResult(
    __in    SOCKET s,
    __in    LPWSAOVERLAPPED lpOverlapped,
    __out   LPDWORD lpcbTransfer,
    __in    BOOL fWait,
    __out   LPDWORD lpdwFlags
);
```

其中：

- s：标识进行重叠操作的描述符；
- hFile：指向文件、命名管道或通信设备的句柄；
- lpOverlapped：指向重叠操作开始时指定的 WSAOVERLAPPED 结构；
- lpcbTransfer：本次重叠操作实际接收（或发送）的字节数；
- fWait：指定函数是否等待挂起的重叠操作结束，若为 TRUE 则函数在操作完成后才返回，若为 FALSE 且函数挂起，则函数返回 FALSE，WSAGetLastError() 函数返回 WSA_IO_INCOMPLETE；
- lpdwFlags：指向 DWORD 的指针，该变量存放完成状态的附加标志位，如果重叠操作为 WSARecv() 或 WSARecvFrom()，则本参数包含 lpFlags 参数所需的结果。

如果函数成功，则返回值为 TRUE。它意味着重叠操作已经完成，lpcbTransfer 所指向的值已经被刷新。应用程序可调用 WSAGetLastError() 来获取重叠操作的错误信息。

如果函数失败，则返回值为 FALSE。它意味着要么重叠操作未完成，要么由于一个或多个参数的错误导致无法决定完成状态。失败时 lpcbTransfer 指向的值不会被刷新。应用程序可用 WSAGetLastError() 来获取失败的原因。

8.7.3　重叠 I/O 模型的编程框架

1. 重叠 I/O 模型的编程框架解析

Windows Sockets 可以使用事件通知和完成例程两种方式来管理重叠 I/O 操作。

（1）使用事件通知方式进行重叠 I/O 的编程框架

对于大多数程序，反复检查 I/O 是否完成并非最佳方案。事件通知是一种较好的通知方式，此时需要使用 WSAOVERLAPPED 结构中的 hEvent 字段，使应用程序将一个事件对象句柄（通过 WSACreateEvent() 函数创建）同一个套接字关联起来。

当 I/O 完成时，系统更改 WSAOVERLAPPED 结构对应的事件对象的授信状态，使其从“未授信”变成“已授信”。由于之前已将事件对象分配给了 WSAOVERLAPPED 结构，所以只需简单地调用 WSAWaitForMultipleEvents() 函数，从而判断出一个（或一些）重叠 I/O 在什么时候完成。通过 WSAWaitForMultipleEvents() 函数返回的索引可以知道这个重叠 I/O 完成事件是在哪个 Socket 上发生的。

以面向连接的数据接收为例，在使用事件通知方式的重叠 I/O 模型下，套接字的编程框架如图 8-8 所示。

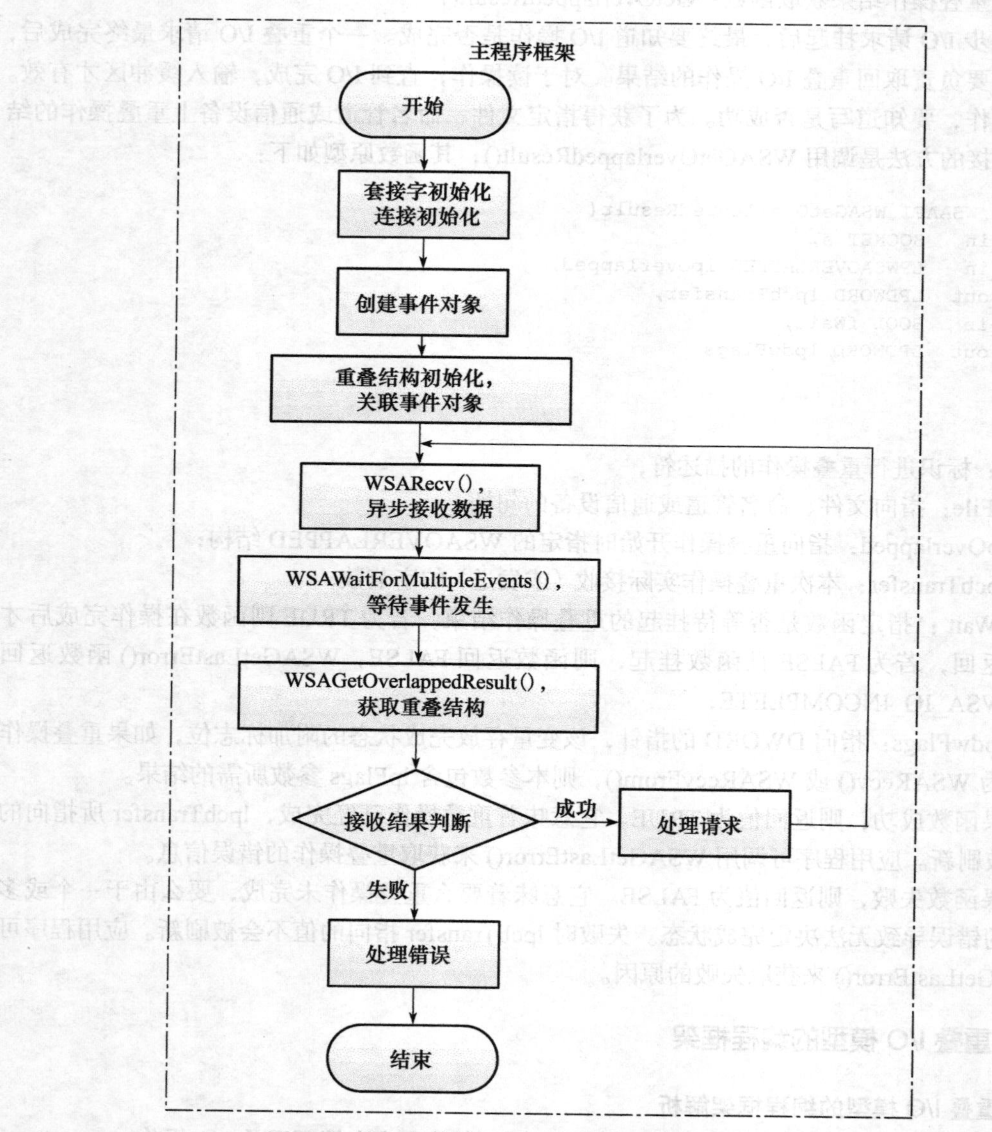

图 8-8 使用事件通知方式进行重叠 I/O 的接收处理

整体来看，使用事件通知方式进行重叠 I/O 的网络应用程序的基本流程如下：

1）套接字初始化，设置为重叠 I/O 模式；

2）创建套接字网络事件对应的用户事件对象；

3）初始化重叠结构，为套接字关联事件对象；

4）异步接收数据，无论能否接收到数据，都会直接返回；

5）调用 WSAWaitForMultiEvents() 函数在所有事件对象上等待，只要有一个事件对象变为已授信状态，则函数返回；

6）调用 WSAGetOverlappedResult() 函数获取套接字上的重叠操作的状态，并保存到重叠结构中；

7）根据重置事件的状态进行处理；

8）重置已授信的事件对象、重叠结构、标志位和缓冲区；

9）回到步骤 4。

（2）使用完成例程方式进行重叠 I/O 的编程框架

对于网络重叠 I/O 操作，等待 I/O 操作结束的另一种方法是使用完成例程，WSARecv()、WSARecvFrom()、WSASend()、WSASendTo() 中最后一个参数 lpCompletionROUTINE 是一个可选的指针，它指向一个完成例程。若指定此参数（自定义函数地址），则 hEvent 参数将会被忽略，上下文信息将传送给完成例程函数，然后调用 WSAGetOverlappedResult() 函数查询重叠操作的结果。

完成例程的函数原型如下：

```
void CALLBACK CompletionROUTINE(
  IN  DWORD dwError,
  IN  DWORD cbTransferred,
  IN  LPWSAOVERLAPPED lpOverlapped,
  IN  DWORD dwFlags
);
```

其中：

- dwError：指定 lpOverlaped 参数中表示的重叠操作的完成状态；
- cbTransferred：指定传送的字节数；
- lpOverlapped：指定重叠操作的结构；
- dwFlags：指定操作结束时的标志，通常可以设置为 0。

以面向连接的数据接收为例，在使用完成例程方式的重叠 I/O 模型下，套接字的编程框架如图 8-9 所示。

整体来看，使用完成例程方式进行重叠 I/O 的网络应用程序的基本流程如下：

1）套接字初始化，设置为重叠 I/O 模式；

2）初始化重叠结构；

3）异步传输数据，将重叠结构作为输入参数，并指定一个完成例程对应于数据传输后的处理；

4）调用 WSAWaitForMultiEvents() 函数或 SleepEx() 函数将自己的线程置为一种可警告等待状态，等待一个重叠 I/O 请求完成，重叠请求完成后，完成例程会自动执行，在完成例程内，可随一个完成例程一起投递另一个重叠 I/O 操作；

5）回到步骤 3。

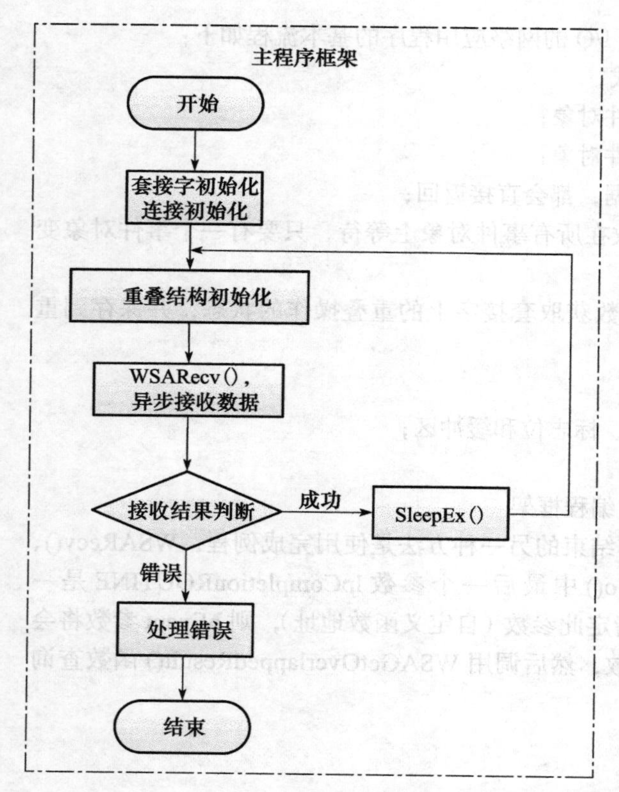

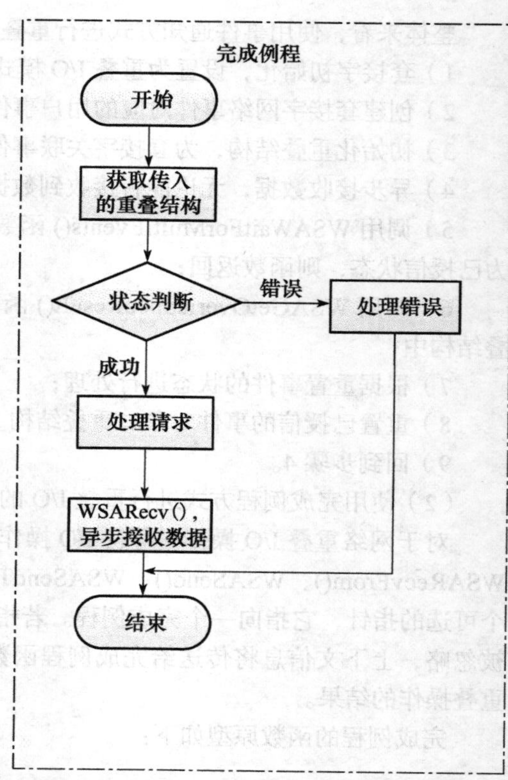

图 8-9 使用完成例程方式进行重叠 I/O 的接收处理

2. 使用事件通知方式进行重叠 I/O 的套接字通信服务器示例

以下示例实现了使用事件通知方式进行重叠 I/O 的面向连接套接字通信服务器，该服务器的主要功能是接收客户使用 TCP 协议发来的数据，打印接收到的数据的字节数。

```
1  #include <winsock2.h>
2  #include <ws2tcpip.h>
3  #include <windows.h>
4  #include <stdio.h>
5  #include <conio.h>
6  #pragma  comment(lib,"ws2_32.lib")
7  //定义默认的缓冲区长度和端口号
8  #define DEFAULT_BUFLEN 512
9  #define DEFAULT_PORT 27015
10
11 int _tmain(int argc, _TCHAR* argv[])
12 {
13     //声明和初始化变量
14     WSABUF DataBuf;                          //发送和接收数据的缓冲区结构
15     char buffer[DEFAULT_BUFLEN];             //在缓冲区结构 DataBuf 中
16     DWORD EventTotal = 0,                    //记录事件对象数组中的数据
17     RecvBytes = 0,                           //接收的字节数
18     Flags = 0,                               //标志位
19     BytesTransferred = 0;                    //在读、写操作中实际传输的字节数
20     //数组对象数组
21     WSAEVENT EventArray[WSA_MAXIMUM_WAIT_EVENTS];
```

```
22      WSAOVERLAPPED AcceptOverlapped;                     // 重叠结构
23
24      WSADATA wsaData;
25      int iResult;
26      SOCKET ServerSocket = INVALID_SOCKET;
27      // 初始化 WinSock
28      iResult = WSAStartup(MAKEWORD(2,2), &wsaData);
29      if (iResult != 0)
30      {
31          printf("WSAStartup failed with error: %d\n", iResult);
32          return 1;
33      }
34      // 创建用于监听的套接字
35      ServerSocket = WSASocket(AF_INET,SOCK_STREAM, IPPROTO_IP, NULL, 0,
            WSA_FLAG_OVERLAPPED);
36      if(ServerSocket == INVALID_SOCKET)
37      {
38          printf("WSASocket failed with error: %ld\n", WSAGetLastError());
39          WSACleanup();
40          return 1;
41      }
42      // 为套接字绑定地址和端口号
43      SOCKADDR_IN addrServ;
44      addrServ.sin_family = AF_INET;
45      addrServ.sin_port = htons(DEFAULT_PORT); // 监听端口为 DEFAULT_PORT
46      addrServ.sin_addr.S_un.S_addr = htonl(INADDR_ANY);
47      iResult = bind(ServerSocket, (const struct sockaddr*)&addrServ,
            sizeof(SOCKADDR_IN));
48      if (iResult == SOCKET_ERROR)
49      {
50          printf("bind failed with error: %d\n", WSAGetLastError());
51          closesocket(ServerSocket);
52          WSACleanup();
53          return 1;
54      }
55      // 监听套接字
56      iResult = listen(ServerSocket, SOMAXCONN);
57      if(iResult == SOCKET_ERROR)
58      {
59          printf("listen failed !\n");
60          closesocket(ServerSocket);
61          WSACleanup();
62          return -1;
63      }
64      printf("TCP server starting\n");
65      // 创建事件对象，建立重叠结构
66      EventArray[EventTotal] = WSACreateEvent();
67      ZeroMemory(buffer, DEFAULT_BUFLEN);
68      ZeroMemory(&AcceptOverlapped, sizeof(WSAOVERLAPPED)); // 初始化重叠结构
69      AcceptOverlapped.hEvent = EventArray[EventTotal];// 设置重叠结构中的 hEvent 字段
70      DataBuf.len = DEFAULT_BUFLEN;                        // 设置缓冲区
71      DataBuf.buf = buffer;
72      EventTotal++;
73      sockaddr_in addrClient;
```

```
74    int addrClientlen =sizeof( sockaddr_in);
75    SOCKET AcceptSocket;
76    //循环处理客户的连接请求
77    while(true)
78    {
79        AcceptSocket = accept(ServerSocket, (sockaddr FAR*)&addrClient,
            &addrClientlen);
80        if( AcceptSocket == INVALID_SOCKET)
81        {
82            printf("accept failed !\n");
83            closesocket(ServerSocket);
84            WSACleanup();
85            return 1;
86        }
87        printf("接收到新的连接:%s\n", inet_ntoa( addrClient.sin_addr));
88        //处理在套接字上接收到的数据
89        while (true)
90        {
91            DWORD Index;                    //保存处于授信状态的事件对象句柄
92            //调用WSARecv()函数在ServerSocket套接字上以重叠I/O方式接收数据
93            iResult = WSARecv(AcceptSocket, &DataBuf, 1, &RecvBytes, &Flags,
                &AcceptOverlapped, NULL);
94            if (iResult == SOCKET_ERROR)
95            {
96                if (WSAGetLastError() != WSA_IO_PENDING)
97                printf("Error occured at WSARecv():%d\n",WSAGetLastError());
98            }
99            //等待完成的重叠I/O调用
100           Index = WSAWaitForMultipleEvents(EventTotal, EventArray, FALSE,
                WSA_INFINITE, FALSE);
101           //决定重叠事件的状态
102           WSAGetOverlappedResult(AcceptSocket, &AcceptOverlapped,
                &BytesTransferred, FALSE, &Flags);
103           //如果连接已经关闭,则关闭AcceptSocket套接字
104           if (BytesTransferred == 0)
105           {
106               printf("Closing Socket %d\n", AcceptSocket);
107               closesocket(AcceptSocket);
108               break;
109           }
110           //成功接收到数据
111           printf("Bytes received: %d\n", BytesTransferred);
112           //处理数据请求
113           //……
114           //重置已授信的事件对象
115           WSAResetEvent(EventArray[Index - WSA_WAIT_EVENT_0]);
116           //重置Flags变量和重叠结构
117           Flags = 0;
118           ZeroMemory(&AcceptOverlapped, sizeof(WSAOVERLAPPED));
119           ZeroMemory(buffer, DEFAULT_BUFLEN);
120           AcceptOverlapped.hEvent = EventArray[Index - WSA_WAIT_EVENT_0];
121           //重置缓冲区
122           DataBuf.len = DEFAULT_BUFLEN;
123           DataBuf.buf = buffer;
```

```
124            }
125          }
126          return 0;
127      }
```

本函数完成了使用事件通知方式进行重叠 I/O 的面向连接服务器的基本过程。

第 24 ~ 64 行代码进行基于流式套接字的服务器程序初始化，首先初始化 Windows Sockets 环境，然后创建流式套接字，将其绑定到本地地址的 27015 端口上。

第 65 ~ 69 行代码调用 WSACreateEvent() 函数创建事件对象，将其保存在 EventArray 数组中，然后对缓冲区和重叠结构等变量进行初始化。

第 77 ~ 124 行代码以串行方式接受每个客户的连接请求，并以非阻塞的方式进行数据接收，调用函数 WSARecv() 在 AcceptSocket 上以重叠 I/O 方式进行数据接收，使用 WSAWaitForMultipleEvents() 函数等待完成的重叠 I/O 调用，通过 WSAGetOverlappedResult() 函数获得重叠事件的状态，并对数据接收的状态进行判断和处理。

3. 使用完成例程方式进行重叠 I/O 的套接字通信服务器示例

以下示例实现了使用完成例程方式进行重叠 I/O 的面向连接套接字通信服务器，该服务器的主要功能是接收客户使用 TCP 协议发来的数据，打印接收到的数据的字节数。

首先，定义保存 I/O 操作数据的结构，该结构将用于主程序与完成例程之间的 I/O 操作数据传递，代码如下：

```
typedef struct
{
WSAOVERLAPPED overlap;                      // 重叠结构
WSABUF Buffer;                              // 缓冲区对象
char szMessage[DEFAULT_BUFLEN] ;            // 缓冲区字符数组
DWORD NumberOfBytesRecvd;                   // 接收字节数
DWORD Flags;                                // 标志位
SOCKET sClient;                             // 套接字
} PER_IO_OPERATION_DATA, * LPPER_IO_OPERATION_DATA;
```

然后，定义完成例程。

完成例程函数处理每个连接上的数据，在数据到达服务器时被调用，用于处理接收到的数据（本示例中将接收到的字节数打印出来）并判断接收状态，代码如下：

```
 1 void CALLBACK CompletionROUTINE( DWORD dwError,            // 重叠操作的完成状态
                                   DWORD cbTransferred,      // 发送的字节数
                                   LPWSAOVERLAPPED lpOverlapped,
                                                             // 重叠操作的结构
                                   DWORD dwFlags)            // 标志位
 2 {
 3      // 保存 I/O 操作的数据
 4      LPPER_IO_OPERATION_DATA lpPerIOData =(LPPER_IO_OPERATION_DATA)lpOverlapped;
 5      // 如果发生错误或者没有数据传输，则关闭套接字，释放资源
 6      if (dwError != 0 || cbTransferred == 0)
 7      {
 8          closesocket( lpPerIOData->sClient) ;
 9          HeapFree(GetProcessHeap(),0,lpPerIOData);
10      }
11      else
```

```
12      {
13          //成功接收到数据
14          printf("Bytes received: %d\n", cbTransferred);
15          //处理数据请求
16          //……
17          lpPerIOData->szMessage[cbTransferred] = '\0';
                                                        //标识接收数据的结束
18          //执行另一个异步操作，接收数据
19          memset (&lpPerIOData->overlap, 0, sizeof(WSAOVERLAPPED));
20          lpPerIOData->Buffer.len = DEFAULT_BUFLEN;
21          lpPerIOData->Buffer.buf = lpPerIOData->szMessage;
22          //接收数据
23          WSARecv( lpPerIOData->sClient,              //接收数据的套接字
                     &lpPerIOData->Buffer,              //接收数据的缓冲区
                     1,                                 //缓冲区对象的数量
                     &lpPerIOData->NumberOfBytesRecvd,
                                                        //接收数据的字节数
                     &lpPerIOData->Flags,               //标志位
                     &lpPerIOData->overlap,             //重叠结构
                     CompletionROUTINE) ;               //完成例程函数
24      }
25  }
```

第 6 ~ 10 行代码，当客户关闭连接时，服务器端也需要关闭连接，调用 closesocket() 函数关闭重叠结构传入的连接套接字 lpPerIOData->sClient，并释放重叠结构 lpPerIOData。

第 23 行代码重新调用一次 WSARecv() 函数，投递另一个重叠 I/O 操作。

基于完成例程方式进行重叠 I/O 的面向连接服务器主函数示例如下：

```
1  #include <winsock2.h>
2  #include <ws2tcpip.h>
3  #include <windows.h>
4  #include <stdio.h>
5  #include <conio.h>
6  #pragma  comment(lib,"ws2_32.lib")
7  //定义默认的缓冲区长度和端口号
8  #define DEFAULT_BUFLEN 512
9  #define DEFAULT_PORT  27015
10 int _tmain(int argc, _TCHAR* argv[])
11 {
12     //声明和初始化变量
13     DWORD  RecvBytes = 0,                       //接收的字节数
14            Flags = 0,                           //标志位
15           BytesTransferred = 0;                 //在读、写操作中实际传输的字节数
16     //数组对象数组
17     WSADATA wsaData;
18     int iResult;
19     SOCKET ServerSocket = INVALID_SOCKET;
20     SOCKET AcceptSocket = INVALID_SOCKET;
21     //初始化 WinSock
22     iResult = WSAStartup(MAKEWORD(2,2), &wsaData);
23     if (iResult != 0)
24     {
25         printf("WSAStartup failed with error: %d\n", iResult);
26         return 1;
27     }
```

```
28      //创建用于监听的套接字
29      ServerSocket = WSASocket(AF_INET, SOCK_STREAM, IPPROTO_IP, NULL, 0,
            WSA_FLAG_OVERLAPPED);
30      if(ServerSocket == INVALID_SOCKET)
31      {
32          printf("WSASocket failed with error: %ld\n", WSAGetLastError());
33          WSACleanup();
34          return 1;
35      }
36      //为套接字绑定地址和端口号
37      SOCKADDR_IN addrServ;
38      sockaddr_in addrClient;
39      int addrClientlen =sizeof( sockaddr_in);
40      addrServ.sin_family = AF_INET;
41      addrServ.sin_port = htons(DEFAULT_PORT);     //监听端口为 DEFAULT_PORT
42      addrServ.sin_addr.S_un.S_addr = htonl(INADDR_ANY);
43      iResult = bind(ServerSocket, (const struct sockaddr*)&addrServ,
            sizeof(SOCKADDR_IN));
44      if (iResult == SOCKET_ERROR)
45      {
46          printf("bind failed with error\n");
47          closesocket(ServerSocket);
48          WSACleanup();
49          return 1;
50      }
51      //监听套接字
52      iResult = listen(ServerSocket, SOMAXCONN);
53      if(iResult == SOCKET_ERROR)
54      {
55          printf("listen failed !\n");
56          closesocket(ServerSocket);
57          WSACleanup();
58          return -1;
59      }
60      printf("TCP server starting\n");
61      //循环处理客户的连接请求
62      while(true)
63      {
64          AcceptSocket = accept(ServerSocket, (sockaddr FAR*)&addrClient,
                &addrClientlen);
65          if( AcceptSocket == INVALID_SOCKET)
66          {
67              printf("accept failed !\n");
68              closesocket(ServerSocket);
69              WSACleanup();
70              return 1;
71          }
72          printf("\n 接收到新的连接 :%s\n", inet_ntoa( addrClient.sin_addr));
73           //处理在套接字上接收到的数据
74          LPPER_IO_OPERATION_DATA lpPerIOData = NULL;          //保存 I/O 操作的数据
75          //为新的连接执行一个异步操作
76          //为 LPPER_IO_OPERATION_DATA 结构分配堆空间
77          lpPerIOData = (LPPER_IO_OPERATION_DATA) HeapAlloc( GetProcessHeap( ),
    HEAP_ZERO_MEMORY, sizeof (PER_IO_OPERATION_DATA)) ;
78          //初始化结构 lpPerIOData
79          lpPerIOData->Buffer.len = DEFAULT_BUFLEN;
```

```
80          lpPerIOData->Buffer.buf = lpPerIOData->szMessage;
81          lpPerIOData->sClient = AcceptSocket;
82          ZeroMemory(lpPerIOData->Buffer.buf, DEFAULT_BUFLEN);
83          ZeroMemory(&(lpPerIOData->overlap), sizeof(WSAOVERLAPPED));
84          //接收数据
85          iResult = WSARecv( lpPerIOData->sClient,    //接收数据的套接字
                        &lpPerIOData->Buffer,      //接收数据的缓冲区
                        1,                         //缓冲区对象的数量
                        &lpPerIOData->NumberOfBytesRecvd,
                                                   //接收数据的字节数
                        &lpPerIOData->Flags,       //标志位
                        &lpPerIOData->overlap,     //重叠结构
                        CompletionROUTINE) ;       //完成例程函数
86          if (iResult == SOCKET_ERROR)
87          {
88              if (WSAGetLastError() != WSA_IO_PENDING)
89                  printf("Error occured at WSARecv():%s\n",WSAGetLastError());
90          }
91          SleepEx(1000, TRUE);
92      }
93  }
```

本函数完成了使用完成例程方式进行重叠 I/O 的面向连接服务器的基本过程。

第 17 ~ 60 行代码进行基于流式套接字的服务器程序初始化，首先初始化 Windows Sockets 环境，然后创建流式套接字，将其绑定到本地地址的 27015 端口上。

第 61 ~ 92 行代码以串行方式处理每个客户的连接请求。对于每一个连接，第 64 ~ 72 行代码调用 accept() 函数接受客户连接，第 73 ~ 83 行代码对缓冲区和重叠结构等变量进行初始化，第 84 ~ 90 行代码以非阻塞的方式进行数据接收，调用函数 WSARecv() 以重叠 I/O 方式进行数据接收，当数据到达时，程序将调用 CompletinROUTINE() 函数，处理接收到的数据。

8.7.4 重叠 I/O 模型评价

与前面介绍过的阻塞、非阻塞、I/O 复用、WSAAsyncSelect 以及 WSAEventSelect 等模型相比，WinSock 的重叠 I/O 模型使应用程序能达到更佳的系统性能。因为它和其他 5 种模型不同的是，使用重叠模型的应用程序通知缓冲区收发系统直接使用数据。也就是说，如果应用程序投递了一个 10KB 大小的缓冲区来接收数据，且数据已经到达套接字，则该数据将直接被拷贝到投递的缓冲区。而在前 5 种模型中，当数据到达并拷贝到某个套接字接收缓冲区中时，应用程序会被系统通知可以读入的字节数，当应用程序调用接收函数之后，数据才从某个套接字缓冲区拷贝到应用程序的缓冲区。由此看来，重叠 I/O 的效率优势就在于减少了一次从 I/O 缓冲区到应用程序缓冲区的拷贝。

8.8 完成端口模型

完成端口（Completion Port）是 Windows 下伸缩性最好的 I/O 模型，同时它也是最复杂的内核对象。完成端口内部提供了线程池的管理，可以避免反复创建线程的开销，同时可以根据 CPU 的个数灵活地决定线程个数，减少线程调度的次数，从而提高了程序的并行处理能力。

由于其稳定、高效的并发通信能力，目前，完成端口在面向现实应用的许多网络通信中

应用很广泛，例如大型多人在线游戏、大型即时通信系统、网吧管理系统以及企业管理系统等具有大量并发用户请求的场合。

8.8.1　完成端口的相关概念

Windows 操作系统的设计目的是提供一个安全、健壮的系统，能够运行各种各样的应用程序，为成千上万的用户服务。在 Windows Sockets 编程中，服务器程序的并发处理能力是非常重要的设计因素。根据并发管理方式的不同，通常将服务器程序划分为循环服务器和并发服务器两种类型，在 2.3.4 节我们探讨了两种服务器各自的优势和区别。

1. 并发服务器的设计思路

循环服务器使用单个线程来处理客户请求，在同一时刻只能处理一个客户的请求，一般适合于小规模、简单的客户请求。

并发服务器使用线程等待客户请求，并使用独立的工作线程与客户进行请求处理或通信，由于每个客户拥有专门的通信服务线程，因此能够及时、公平地获得服务器的服务响应。

设计并发服务器的一种思路是：对于新来的客户请求，创建新的工作线程进行专门的请求处理。但是当客户数量巨大时，这种思路存在一些不足，主要表现在以下三点：

1）服务器能够创建的线程数量是有限的。每个线程在操作系统中都会消耗一定的资源，如果线程数量巨大，则可能无法为新建的线程分配足够的系统资源。

2）操作系统对线程的管理和调度会占用 CPU 资源，进而降低系统的响应速度。

3）频繁地创建线程和结束线程涉及反复的资源分配与释放，会浪费大量的系统资源。

由此来看，在客户数量巨大的情况下，一个新客户对应一个新线程的并发管理方式并不合适。

设计并发服务器的另一种思路是采用线程池对工作线程进行管理，它的原理是：并行的线程数量必须有一个上限，也就是说客户请求数量并不是决定服务器工作线程数量的主要因素。

2. 线程池

线程池是一种多线程的处理形式，处理过程中将任务添加到队列，然后在创建线程后自动启动这些任务。线程池线程都是后台线程。每个线程都使用默认的堆栈大小，以默认的优先级运行。如果某个线程在托管代码中空闲（如正在等待某个事件），则线程池将插入另一个工作线程来使所有处理器保持工作。如果所有线程池线程都始终处于工作状态，但任务队列中包含挂起的工作，则线程池将在一段时间后创建另一个工作线程来执行挂起的工作，但线程的数目永远不会超过最大值。超过最大值的线程可以排队，但它们要等到其他线程完成后才启动。

线程池的使用既限制了工作线程的数量，又避免了反复创建线程的开销，减少了线程调度的开销，从而提高了服务器程序的性能。

3. 完成端口模型

完成端口模型使用线程池对线程进行管理，预先创建和维护线程，并规定了并行线程的数量。在处理多个并发异步 I/O 请求时，使用完成端口模型比在 I/O 请求时创建线程更快更有效。

可以把完成端口看成是系统维护的一个队列，操作系统把重叠 I/O 操作完成的事件通知放到该队列里。当某项 I/O 操作完成时，系统会向服务器完成端口发送一个 I/O 完成数据包，此操作在系统内部完成。应用程序在收到 I/O 完成数据包后，完成端口队列中的一个线程被唤醒，为客户提供服务。服务完成后，该线程会继续在完成端口上等待后续 I/O 请求事件的通知。

由于是暴露“操作完成”的事件通知，所以命名为“完成端口”。一个套接字被创建后，可以在任何时刻和一个完成端口联系起来。

4. 工作线程与完成端口

一般来说，在 I/O 请求投递给完成端口对象后，一个应用程序需要创建多个工作线程来处理完成端口上的通知事件。那么究竟要创建多少个线程为完成端口提供服务呢？

实际上，工作线程的数量依赖于程序的总体设计情况。在理想情况下，应该对应一个 CPU 创建一个线程。因为在理想的完成端口模型中，每个线程都可以从系统获得一个原子性的时间片，轮番运行并检查完成端口，线程的切换是额外的开销。在实际开发的时候，还要考虑这些线程是否牵涉其他阻塞操作的情况（比如 Sleep() 或 WaitForSingleObject()），从而导致程序进入了暂停、锁定或挂起状态，那么应允许另一个线程获得运行时间。因此，可以多创建几个线程，以便在发生阻塞的时候充分发挥系统的潜力。

5. 单句柄数据（Per-handle Data）和单 I/O 操作数据（Per-I/O Operation Data）

单句柄数据对应着与某个套接字关联的数据，用来把客户数据和对应的完成通知关联起来，这样每次我们处理完成通知的时候，就能知道它是哪个客户的消息，并且可以根据客户的信息做出相应的反应。可以为单句柄数据定义一个数据结构来保存其关联的信息，其中包含了套接字句柄以及与该套接字有关的信息。

单 I/O 操作数据则不同，它记录了每次 I/O 通知的信息，允许我们在同一个句柄上同时管理多个 I/O 操作（读、写、多个读、多个写等）。单 I/O 操作数据可以是追加到一个 OVERLAPPED 结构末尾的任意长度字节。假如一个函数要求用到一个 OVERLAPPED 结构，可以为单 I/O 操作数据定义一个数据结构来保存具体的操作类型和数据，并将 OVERLAPPED 结构作为新结构的第一个元素使用。

8.8.2 完成端口模型的相关函数

（1）完成端口对象创建函数：CreateIoCompletionPort()

在设计基于完成端口模型的套接字应用程序时，首先需要调用 CreateIoCompletionPort() 创建完成端口对象，将一个 I/O 完成端口关联到任意多个句柄（这里是套接字）上，从而管理多个 I/O 请求。

该函数用于两个明显不同的目的：

- 用于创建一个完成端口对象；
- 用于将一个句柄同完成端口关联到一起。

CreateIoCompletionPort() 函数的原型定义如下：

```
HANDLE WINAPI CreateIoCompletionPort(
  __in  HANDLE FileHandle,
  __in  HANDLE ExistingCompletionPort,
  __in  ULONG_PTR CompletionKey,
  __in  DWORD NumberOfConcurrentThreads
);
```

其中：

- FileHandle：是重叠 I/O 操作关联的文件句柄（此处是套接字）。如果 FileHandle 被指定为 INVALID_HANDLE_VALUE，则 CreateIoCompletionPort() 函数创建一个与文件句柄无关的 I/O 完成端口。此时 ExistingCompletionPort 参数必须为 NULL，且

CompletionKey 参数被忽略。

- ExistingCompletionPort：是已经存在的完成端口句柄。如果指定一个已存在的完成端口句柄，则函数将其关联到 FileHandle 参数指定的文件句柄上，如果设置为 NULL，则函数创建一个与 FileHandle 参数指定的文件句柄相关联的新的 I/O 完成端口。
- CompletionKey：包含在每个 I/O 完成数据包中用于指定文件句柄的单句柄数据，它将与 FileHandle 文件句柄关联在一起，应用程序可以在此存储任意类型的信息，通常是一个指针。
- NumberOfConcurrentThreads：指定 I/O 完成端口上操作系统允许的并发处理 I/O 完成数据包的最大线程数量。如果 ExistingCompletionPort 参数为 0，表示允许等同于处理器个数的线程访问该消息队列。该参数的指定需要具体考虑应用程序的总体设计情况。

面对不同的应用目的，参数的使用是有所区别的。如果用于创建一个完成端口，则唯一感兴趣的参数是 NumberOfConcurrentThreads，前面三个参数都会被忽略。如果在完成端口上拥有足够多的工作线程来为 I/O 请求提供服务，则需要将套接字句柄与完成端口关联到一起，这要求在一个现有的完成端口上调用 CreateIoCompletionPort() 函数，同时为前三个参数提供套接字的信息，其中 FileHandle 参数指定一个要同完成端口关联在一起的套接字句柄。

如果函数执行成功，则返回与指定文件句柄（此处是套接字）相关联的 I/O 完成端口句柄，如果失败则返回 NULL。可以调用 GetLastError() 函数获取错误信息。

（2）等待重叠 I/O 操作结果函数：GetQueuedCompletionStatus()

将套接字与完成端口关联后，应用程序就可以接收到与该套接字上执行的异步 I/O 操作完成后发送的通知。

在完成端口模型中，发起重叠 I/O 操作的方法与重叠 I/O 模型相似，但等待重叠 I/O 操作结果的方法并不相同，完成端口模型通过调用 GetQueuedCompletionStatus() 函数等待重叠 I/O 操作的完成结果，该函数的原型定义如下：

```
BOOL WINAPI GetQueuedCompletionStatus(
  __in    HANDLE CompletionPort,
  __out   LPDWORD lpNumberOfBytes,
  __out   PULONG_PTR lpCompletionKey,
  __out   LPOVERLAPPED* lpOverlapped,
  __in    DWORD dwMilliseconds
);
```

其中：

- CompletionPort：完成端口对象句柄。
- lpNumberOfBytes：获取已经完成的 I/O 操作中传输的字节数。
- lpCompletionKey：获取与已经完成的 I/O 操作的文件句柄相关联的单句柄数据，在一个套接字首次与完成端口关联到一起的时候，那些数据便与一个特定的套接字句柄对应起来了，这些数据是运行 CreateIoCompletionPort() 函数时通过 CompletionKey 参数传递的。
- lpOverlapped：在完成的 I/O 操作开始时指定的重叠结构地址，在它后面跟随单 I/O 操作数据。
- dwMilliseconds：函数在完成端口上等待的时间。如果在等待时间内没有 I/O 操作完成通知包到达完成端口，则函数返回 FALSE，lpOverlapped 的值为 NULL。如果该参数为 INFINITE，则函数不会出现调用超时的情况，如果该参数为 0，则函数立即返回。

I/O 服务线程调用 GetQueuedCompletionStatus() 函数取得有事件发生的套接字信息，通过 lpNumberOfBytes 获得传输的字节数量，通过 lpCompletionKey 得到与套接字关联的单句柄数据，通过 lpOverlapped 参数得到投递 I/O 请求时使用的重叠对象地址，进一步得到单 I/O 操作数据。

如果函数从完成端口上获取到一个成功的 I/O 操作完成通知包，则函数返回非 0 值。函数将获取到的重叠操作信息保存在 lpNumberOfBytes、lpCompletionKey 和 lpOverlapped 参数中。

如果函数从完成端口上获取到一个失败的 I/O 操作完成通知包，则函数返回 0。

如果函数调用超时，则返回 0。具体错误可以通过 GetLastError() 函数获得。

8.8.3 完成端口模型的编程框架

1. 完成端口模型的编程框架解析

完成端口模型依赖于 Windows 环境下的线程池机制进行异步 I/O 处理。套接字创建后，在完成端口模型下，当发生网络 I/O 时应用程序的执行过程是：操作系统把重叠 I/O 操作完成的事件通知放到队列里，当某项 I/O 操作完成时，系统会向服务器完成端口发送一个 I/O 完成数据包，应用程序在收到 I/O 完成数据包后，完成端口队列中的一个线程被唤醒，为客户提供服务。

以面向连接的数据接收为例，在完成端口模型下，套接字的编程框架如图 8-10 所示。

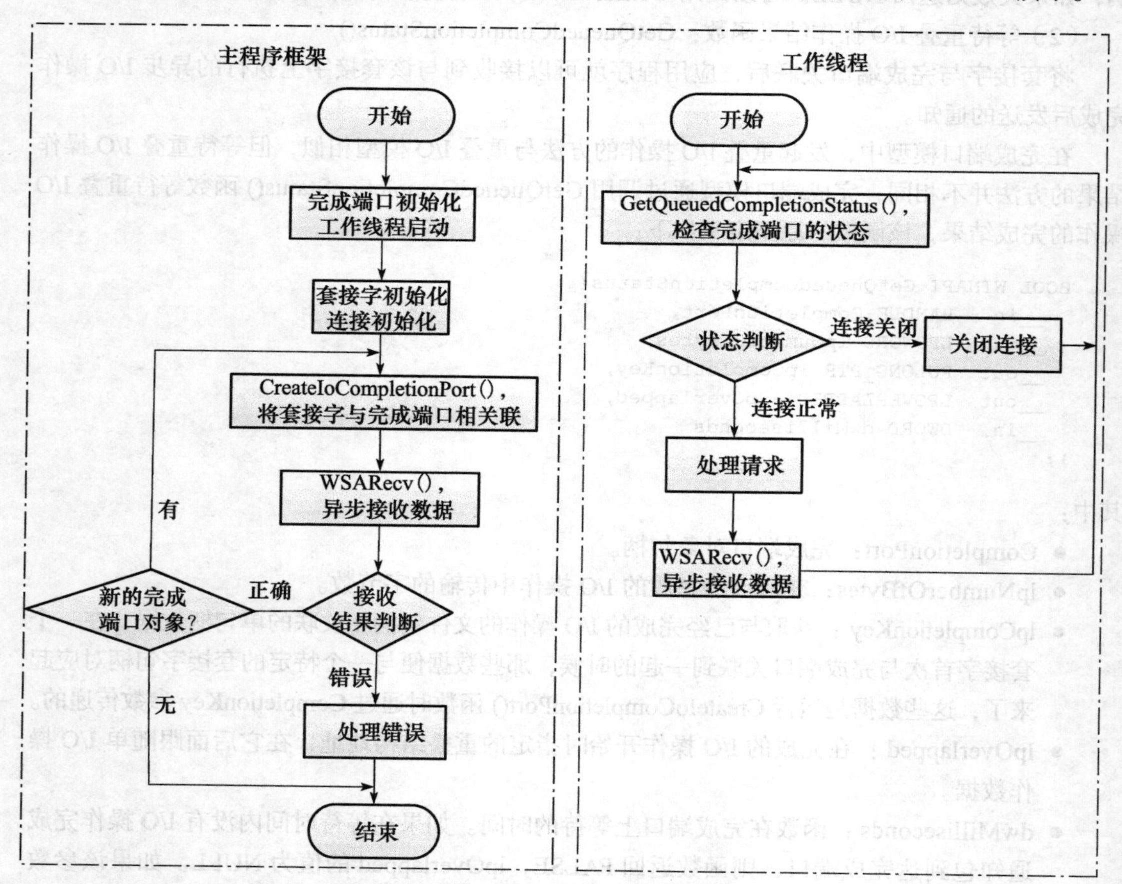

图 8-10 完成端口模型下套接字的接收处理

整体来看，基于完成端口模型的网络应用程序的基本流程如下。

在主程序中：

1）判断系统中安装了多少个处理器，创建 *n* 个工作线程，*n* 一般取当前计算机中处理器个数。工作线程的主要功能是检测完成端口的状态，如果有来自客户的数据，则接收数据，处理请求；

2）初始化 Windows Sockets 环境，初始化套接字；

3）创建完成端口对象，将待处理网络请求的套接字与完成端口对象关联；

4）异步接收数据，无论能否接收到数据，都会直接返回。

在工作线程中：

1）调用 GetQueuedCompletionStatus() 函数检查完成端口的状态；

2）根据 GetQueuedCompletionStatus() 返回的数据和状态进行具体的请求处理。

2. 基于完成端口模型的套接字通信服务器示例

以下示例实现了基于完成端口模型的套接字通信服务器，该服务器的主要功能是并发接收客户使用 TCP 协议发来的数据，打印接收到的数据的字节数。

（1）第一步：定义结构

1）PER_IO_DATA 结构。PER_IO_DATA 结构用于保存单 I/O 操作的相关数据，包含了重叠结构、缓冲区对象、缓冲区数组、接收的字节数等，定义如下：

```
typedef struct
{
   OVERLAPPED Overlapped;                      // 重叠结构
   WSABUF DataBuf;                             // 缓冲区对象
   CHAR Buffer[DEFAULT_BUFLEN];                // 缓冲区数组
   DWORD BytesRECV;                            // 接收的字节数
} PER_IO_DATA, * LPPER_IO_DATA;
```

2）PER_HANDLE_DATA 结构。PER_HANDLE_DATA 结构用于保存单句柄数据，此处为与客户进行通信的套接字，定义如下：

```
typedef struct
{
   SOCKET Socket;
} PER_HANDLE_DATA, * LPPER_HANDLE_DATA;
```

（2）第二步：实现工作线程 ServerWorkerThread()

以系统中的 CPU 数量为参考，多个工作线程可并行地在多个套接字上进行数据处理。

工作线程函数 ServerWorkerThread() 的实现代码如下：

```
 1  DWORD WINAPI ServerWorkerThread(LPVOID CompletionPortID)
 2  {
 3      HANDLE CompletionPort = (HANDLE) CompletionPortID;   // 完成端口句柄
 4      DWORD BytesTransferred;                              // 数据传输的字节数
 5      LPPER_HANDLE_DATA PerHandleData;                     // 套接字句柄结构
 6      LPPER_IO_DATA PerIoData;                             // I/O 操作结构
 7      DWORD RecvBytes;                                     // 接收的数量
 8      DWORD Flags;                                         // WSARecv() 函数中的
                                                             // 标志位
 9      while(TRUE)
10      {
```

```
11          //检查完成端口的状态
12          if (GetQueuedCompletionStatus(CompletionPort, &BytesTransferred,
              (LPDWORD)&PerHandleData, (LPOVERLAPPED *) &PerIoData, INFINITE) == 0)
13          {
14              printf("GetQueuedCompletionStatus failed!\n");
15              return 0;
16          }
17          //如果数据传送完了，则退出
18          if (BytesTransferred == 0)
19          {
20              printf("Closing socket %d\n", PerHandleData->Socket);
21              //关闭套接字
22              if (closesocket(PerHandleData->Socket) == SOCKET_ERROR)
23              {
24                  printf("closesocket failed with error %d\n", WSAGetLastError());
25                  return 0;
26              }
27              //释放结构资源
28              GlobalFree(PerHandleData);
29              GlobalFree(PerIoData);
30              continue;
31          }
32          //如果还没有记录接收的数据数量，则将收到的字节数保存在 PerIoData->BytesRECV 中
33          if (PerIoData->BytesRECV == 0)
34          {
35              PerIoData->BytesRECV = BytesTransferred;
36          }
37          //成功接收到数据
38          printf("\nBytes received: %d\n", BytesTransferred);
39          //处理数据请求
40          //……
41          PerIoData->BytesRECV = 0;
42          Flags = 0;
43          ZeroMemory(&(PerIoData->Overlapped), sizeof(OVERLAPPED));
44          PerIoData->DataBuf.len = DEFAULT_BUFLEN;
45          PerIoData->DataBuf.buf = PerIoData->Buffer;
46          iResult = WSARecv(PerHandleData->Socket, &(PerIoData->DataBuf), 1,
              &RecvBytes, &Flags, &(PerIoData->Overlapped), NULL);
47          if ( iResult == SOCKET_ERROR)
48          {
49              if (WSAGetLastError() != ERROR_IO_PENDING)
50              {
51                  printf("WSARecv() failed with error %d\n", WSAGetLastError());
52                  return 0;
53              }
54          }
55      }
56  }
```

输入参数：LPVOID CompletionPortID，指向完成端口对象。

输出参数：

- 0：成功；
- -1：失败。

在每个工作线程中，调用 GetQueuedCompletionStatus() 函数检查完成端口状态，参数

BytesTransferred 用于接收传输数据的字节数。如果 GetQueuedCompletionStatus() 函数返回，但参数 BytesTransferred 为 0，则说明客户程序已经退出，第 17 ~ 31 行代码关闭与客户进行通信的套接字，释放占用的资源。

PER_IO_DATA 结构对象 PerIoData 用于保存 I/O 操作中的数据。如果其 BytesRECV 字段值非 0，则打印接收到的字节数，之后第 44 ~ 54 行代码再次调用 WSARecv() 函数，投递另一个重叠 I/O 操作。

（3）第三步：实现主函数

```
1  int _tmain(int argc, _TCHAR* argv[])
2  {
3      SOCKADDR_IN InternetAddr;                  // 服务器地址
4      SOCKET ServerSocket = INVALID_SOCKET;      // 监听套接字
5      SOCKET AcceptSocket = INVALID_SOCKET;      // 与客户进行通信的套接字
6      HANDLE CompletionPort;                     // 完成端口句柄
7      SYSTEM_INFO SystemInfo;                    // 系统信息（这里主要用于获取 CPU 数量）
8      LPPER_HANDLE_DATA PerHandleData;           // 套接字句柄结构
9      LPPER_IO_DATA PerIoData;                   // I/O 操作结构
10     DWORD RecvBytes;                           // 接收到的字节数
11     DWORD Flags;                               // WSARecv() 函数中指定的标志位
12     DWORD ThreadID;                            // 工作线程编号
13     WSADATA wsaData;                           // Windows Socket 初始化信息
14     DWORD Ret;                                 // 函数返回值
15     // 创建新的完成端口
16     if ((CompletionPort = CreateIoCompletionPort(INVALID_HANDLE_VALUE, NULL,
           0, 0)) == NULL)
17     {
18         printf( "CreateIoCompletionPort failed! \n");
19         return -1;
20     }
21     // 获取系统信息
22     GetSystemInfo(&SystemInfo);
23     // 根据 CPU 数量启动线程
24     for(int i = 0; i<SystemInfo.dwNumberOfProcessors * 2; i++)
25     {
26         HANDLE ThreadHandle;
27         // 创建线程，运行 ServerWorkerThread() 函数
28         if ((ThreadHandle = CreateThread(NULL, 0, ServerWorkerThread,
               CompletionPort, 0, &ThreadID)) == NULL)
29         {
30             printf("CreateThread() failed with error %d\n", GetLastError());
31             return -1;
32         }
33         CloseHandle(ThreadHandle);
34     }
35     // 初始化 Windows Sockets 环境
36     if ((Ret = WSAStartup(0x0202, &wsaData)) != 0)
37     {
38         printf("WSAStartup failed with error %d\n", Ret);
39         return -1;
40     }
41     // 创建监听套接字
42     ServerSocket = WSASocket(AF_INET, SOCK_STREAM, 0, NULL, 0,
           WSA_FLAG_OVERLAPPED);
43     if (ServerSocket== INVALID_SOCKET)
```

```
44    {
45        printf("WSASocket() failed with error %d\n", WSAGetLastError());
46        return -1;
47    }
48    //绑定到本地地址的端口
49    InternetAddr.sin_family = AF_INET;
50    InternetAddr.sin_addr.s_addr = htonl(INADDR_ANY);
51    InternetAddr.sin_port = htons(DEFAULT_PORT);
52    iResult = bind(ServerSocket, (PSOCKADDR) &InternetAddr,
          sizeof(InternetAddr));
53    if (iResult == SOCKET_ERROR)
54    {
55        printf("bind() failed with error %d\n", WSAGetLastError());
56        return -1;
57    }
58    //开始监听
59    if (listen(ServerSocket, 5) == SOCKET_ERROR)
60    {
61        printf("listen() failed with error %d\n", WSAGetLastError());
62        return -1;
63    }
64    printf("TCP server starting\n");
65    //监听端口打开，就开始在这里循环，一有套接字连上，WSAAccept就创建一个套接字，
66    //这个套接字 和完成端口关联上
67    sockaddr_in addrClient;
68    int addrClientlen =sizeof( sockaddr_in);
69    while(TRUE)
70    {
71        //等待客户连接
72        AcceptSocket = WSAAccept(ServerSocket, (sockaddr *)&addrClient,
              &addrClientlen, NULL, 0);
73        if( AcceptSocket == SOCKET_ERROR)
74        {
75            printf("WSAAccept() failed with error %d\n", WSAGetLastError());
76            return -1;
77        }
78        //分配并设置套接字句柄结构
79        PerHandleData = (LPPER_HANDLE_DATA) GlobalAlloc(GPTR,
              sizeof(PER_HANDLE_DATA));
80        if (PerHandleData == NULL)
81        {
82            printf("GlobalAlloc() failed with error %d\n", GetLastError());
83            return -1;
84        }
85        PerHandleData->Socket = AcceptSocket;
86        //将与客户进行通信的套接字Accept与完成端口CompletionPort相关联
87        if (CreateIoCompletionPort((HANDLE) AcceptSocket,
              CompletionPort, (DWORD) PerHandleData, 0) == NULL)
88        {
89            printf("CreateIoCompletionPort failed!\n");
90            return -1;
91        }
92        //为I/O操作结构分配内存空间
93        PerIoData = (LPPER_IO_DATA) GlobalAlloc(GPTR,sizeof(PER_IO_DATA));
94        if (PerIoData == NULL)
95        {
```

```
 96                printf("GlobalAlloc() failed with error %d\n", GetLastError());
 97                return -1;
 98            }
 99            //初始化 I/O 操作结构
100            ZeroMemory(&(PerIoData->Overlapped), sizeof(OVERLAPPED));
101            PerIoData->BytesRECV = 0;
102            PerIoData->DataBuf.len = DEFAULT_BUFLEN;
103            PerIoData->DataBuf.buf = PerIoData->Buffer;
104            Flags = 0;
105            //接收数据，放到 PerIoData 中，通过工作线程函数取出
106            iResult = WSARecv(AcceptSocket, &(PerIoData->DataBuf), 1,
                   &RecvBytes, &Flags, &(PerIoData->Overlapped), NULL);
107            if (iResult == SOCKET_ERROR)
108            {
109              if (WSAGetLastError() != ERROR_IO_PENDING)
110              {
111                  printf("WSARecv() failed! \n");
112                  return -1;
113              }
114            }
115        }
116        return 0;
117    }
```

本函数借助线程池机制实现了基于流式套接字的并发服务器。

第 15 ~ 34 行代码创建完成端口对象 CompletionPort，并参考当前计算机中 CPU 的数量创建工作线程，将新建的完成端口对象作为线程创建的参数。

第 35 ~ 64 行代码进行基于流式套接字的服务器程序初始化，首先初始化 Windows Sockets 环境，然后创建流式套接字，将其绑定到本地地址的 27015 端口上。

第 65 ~ 115 行代码在 while 循环上处理来自客户的连接请求，接受连接，并将得到的与客户进行通信的套接字保存到 LPPER_HANDLE_DATA 结构对象 PerHandleData 中，调用 CreateIoCompletionPort() 函数将 AcceptSocket 与前面的完成端口 CompletionPort 相关联，在 AcceptSocket 上调用 WSARecv() 函数，异步接收套接字上来自客户的数据，此时 WSARecv() 函数是异步调用的。另外，在工作线程中会检测完成端口对象的状态，并接收来自客户的数据。

8.8.4 完成端口模型评价

完成端口模型是应用程序使用线程池处理异步 I/O 请求的一种机制，在 Windows 服务平台上比较成熟，是伸缩性最好的，也是迄今为止最为复杂的一种 I/O 模型。当应用程序需要管理上千个套接字时，利用完成端口模型往往可以达到最佳的系统性能。

实际上完成端口是 Windows I/O 的一种结构，它可以接收多种对象的句柄，除了对套接字对象进行管理之外，还可以应用于文件对象等。

习题

1. 简述阻塞与非阻塞、同步与异步的区别。
2. 简述 WSAAsyncSelect 模型和 WSAEventSelect 模型的主要区别和各自在使用中的优缺点。
3. 假设某 Web 服务器使用 TCP 协议通信，在同一时间会有上万个客户同时在线访问，试选择

一种网络 I/O 通信的模型，使其能够充分发挥服务器所在系统的性能，并阐明原因。

4. 假设某时间服务器使用 UDP 协议通信，同一时间仅有少量客户请求，每次请求的主要过程是建立连接后获取时间，之后断开连接，试选择一种适合的网络 I/O 通信模型，并阐明原因。

实验

1. 请使用 I/O 复用模型设计一个支持多协议的回射服务器。要求综合流式套接字和数据报套接字编程，基于 I/O 复用模型管理多个套接字上的网络事件，实现支持 TCP 和 UDP 协议的回射服务器，服务器能够接收使用不同协议的客户的回射请求，将接收到的信息发送回客户。
2. 请使用 WSAAsyncSelect 模型设计一个简单的局域网聊天工具。要求使用数据报套接字，基于 WSAAsyncSelect 模型异步管理套接字上的网络事件，使用 UDP 协议实现局域网内两台主机的文字聊天功能。
3. 请设计一个并发的 HTTP 代理服务器。要求使用流式套接字编程，基于完成端口模型管理多个套接字上的网络事件，实现并发的 HTTP 代理服务器，能够同时接收多个用户通过浏览器提交的 Web 网页访问请求，并将其合理解析后发送给服务器，获取服务器返回的页面应答，递交回请求的客户。

Chapter 9

第9章 WinPcap编程

在以上章节我们重点介绍了 Windows Sockets 编程的基本方法。Windows Sockets 是 Windows 平台上非常成熟的编程框架，能够满足大多数网络应用程序的设计需求，并提供了一系列与 Windows 系统特有的消息、事件等机制相结合的高效的 I/O 处理模式。

但是当面临更加深入的网络数据分析和更加灵活的数据构造需求时，比如统计局域网中的流量分布、识别特定应用的数据流以及构造满足特殊含义的探测报文等，由于协议栈对底层协议细节的封装使得 Windows Sockets 编程进限制了应用程序对网络数据的操控能力。另外，出于安全性的考虑，Windows 不同版本的操作系统对较为灵活的原始套接字编程进行了限制。

WinPcap 编程为 Windows 环境下灵活控制数据接收和发送提供了便利的开发框架。本章介绍 WinPcap 编程的原理和具体方法，首先讨论 WinPcap 的具体功能、体系结构和数据捕获原理，然后从 wpcap.dll 和 Packet.dll 两个层面分别介绍基于 WinPcap 编程的具体方法。

9.1 WinPcap 概述

WinPcap 是一个在 Windows 平台下访问网络中数据链路层的开源库，能够应用于网络数据帧的构造、捕获和分析。目前 WinPcap 已经达到了工业标准的应用要求，是非常成熟、实用的技术框架。

1. WinPcap 的产生

大多数网络应用程序通过被广泛使用的操作系统组件来访问网络，比如 Windows Sockets。由于操作系统已经妥善处理了底层的具体实现细节（比如协议处理、封装数据包等等），并且提供了一个与读写文件类似的熟悉接口，因此，使用 Windows Sockets 编程简单易学，在主流网络应用程序的开发中得到了广泛的应用。

然而，有些时候这种简单的方式并不能满足任务的需求，因为有些应用程序需要直接访问网络中的数据帧。也就是说，应用程序希望直接读写访问没有被操作系统中网络协议处理过的数据帧。

目前的网络应用程序大部分是基于 Windows Sockets 设计和开发的。由于在网络程序中通常需要对网络通信的细节（如连接双方地址 / 端口、服务类型、传输控制等）进行检查、处理或控制，大部分的操作，如数据帧截获、数据帧首部分析、数据帧重写、终止连接等，几乎在每个网络程序中都要实现。为了简化网络程序的编写过程，提高网络程序的性能和健壮性，使代码更易重用和移植，最好的方法就是将最常用的操作，如监听套接字的打开 / 关闭、数据帧截获、数据帧构造 / 发送 / 接收等封装起来，以 API 库的方式提供给开发人员使用。

在众多的 API 库中，对于类 UNIX 系统平台上的网络工具开发而言，目前最为流行的 C 语言 API 库有 libnet、libpcap、libnids 和 libicmp 等，它们分别从不同层次和角度提供了不同的功能函数库。

其中，libpcap 是由 Berkeley 大学的 Van Jacobson、Craig Leres 和 Steven McCanne 用 C 语言编写的，是一个著名的、专门用来捕获网络数据的跨平台编程 API 接口。libpcap 支持 Linux、Solaris 和 BSD 系统平台，主要工作在高层并隐藏了操作系统的细节，是一个独立于系统的用户层数据帧捕获接口，为低层网络监测提供了一个可移植的框架和网络数据捕获函数库。libpcap 的开发一直非常活跃，版本不断更新，其官方网址为 www.tcpdump.org。libpcap 在很多网络安全领域得到了广泛的应用，已经成为网络数据帧捕获的标准接口。很多著名的网络安全系统都是基于 libpcap 开发的，如数据帧捕获和分析工具 tcpdump、网络入侵检测系统 snort 以及网络协议分析工具 Ethereal 等。

WinPcap 是 Windows Packet Capture 的缩写，是为 Linux 下的 libpcap 移植到 Windows 平台下实现数据帧捕获而设计的开发框架。在设计 WinPcap 时参照了 libpcap，使用方法也与 libpcap 相似，基于 libpcap 的程序可以很容易地移植到 Windows 平台下。

WinPcap 是由加州大学和 Lawrence Berkeley 实验室联合开发的。

1999 年 3 月，WinPcap 1.0 版发布，提供了用户级 BPF 过滤。

1999 年 8 月，WinPcap 2.0 版发布，将 BPF 过滤增加到内核中并增加了内核缓存。

2003 年 1 月，WinPcap 3.0 版发布，增加了 NPF 设备驱动的一些新的特性及优化方案，在 wpcap.dll 中增加了一些函数。

2006 年 5 月，WinPcap 4.0 alpha 1 发布，修改了 Windows NT 环境下的若干模块，以提高基于 WinPcap 开发的应用程序在网卡禁用或修复过程中的可靠性。

2006 年 6 月，Ethereal 的创造者 Gerald Combs 加入 WinPcap 团队，Wireshark 诞生。

2006 年 8 月，AirPcap 诞生，可以在 Windows 平台中捕获 WLAN 环境下的无线数据报文。

目前，WinPcap 的最新版本是 4.1.2，支持 x86 和 x64 两种环境，其官方主页是 www.winpcap.org，可以在其主页上下载 WinPcap 驱动、源代码和开发文档。

2. WinPcap 的功能

WinPcap 为程序员提供了一套标准的网络数据帧捕获接口，并且与 libpcap 兼容，它的效率很高，并充分考虑了各种性能和效率的优化，在内核层次实现了数据帧的捕获和过滤。WinPcap 可以独立于 TCP/IP 协议栈进行原始数据帧的发送和接收，主要提供了以下功能：

- 直接在网卡上捕获原始数据帧，其捕获的数据帧可以是发往本机的，也可以是在其他设备（共享媒介）上交互的；
- 在数据帧递交给某应用程序前，根据用户指定的规则实现核心层数据帧过滤；
- 通过网卡直接发送原始数据帧；

- 收集并统计网络流量信息。

以上这些功能需要借助安装在 Windows 内核中的 WinPcap 驱动程序得以实现，并通过强大的编程接口表现出来，而且它们易于开发，并能在不同的操作系统上使用。

3. 基于 WinPcap 的典型应用

WinPcap 的应用非常广泛，它特别适用于以下经典领域：

- 网络与协议分析器（network and protocol analyzer）。
- 网络监视器（network monitor）。
- 网络流量记录器（network traffic logger）。
- 网络流量发生器（network traffic generator）。
- 用户级网桥及路由（user-level bridge and router）。
- 网络入侵检测系统（network intrusion detection system)。
- 网络扫描器（network scanner）。
- 安全工具（security tool）。

大部分 Windows 平台下有数据帧捕获功能的软件都使用了 WinPcap 作为编程接口，比较著名的包括：

- WinDump：该软件是一个网络协议分析软件，与 Linux 下的 tcpdump 功能几乎一致，可以使用规则表达式，可以显示符合规则的数据帧的首部，还可以识别 PPP、SLIP 及 FDDI 数据帧。
- Sniffit：该软件是 Windows 平台下的嗅探器，它由 Lawrence Berkeley 实验室开发，可以在 Linux、Solaris、SGI、Windows 等各种平台上运行，提供了不少商业版嗅探器所没有的功能，且支持脚本和插件功能。
- ARP Sniffer GUI：该软件是运行于 Windows 平台下的交换网络的嗅探器，是一种可以跨路由的网络监测软件。另外在黑客工具流光 5.0 软件中，增加了 Remote ANS(Remote ARP Network Sniffer) 功能，可以跨路由对远程交换网络进行嗅探，捕获远程局域网络的数据帧。
- Ethereal（2006 年后改称 Wireshark）：该软件是全球流行的开放源代码的网络协议分析软件，功能强大而且支持平台最多。它可以实时检测网络通信数据，也可以检测其抓取的网络通信数据快照文件，可以通过图形界面浏览这些数据，可以查看网络通信数据帧中每一层的详细内容。另外 Wireshark 还拥有许多强大的特性，如显示过滤器语言和查看 TCP 会话流的能力。Wireshark1.8.4 版本可以支持 1300 多种协议和 114 000 多个字段的解析。

WinPcap 能独立地通过主机协议发送和接收数据，它不依赖于主机协议（如 TCP/IP）。这就意味着 WinPcap 不能阻止、过滤或操纵同一机器上的其他应用程序的通信，而仅仅能简单地监视在网络上传输的数据帧。所以，它不能提供类似网络流量控制、服务质量调度和个人防火墙之类的应用开发。

9.2　WinPcap 结构

9.2.1　WinPcap 的体系结构

WinPcap 的体系结构包含三个层次，如图 9-1 所示。

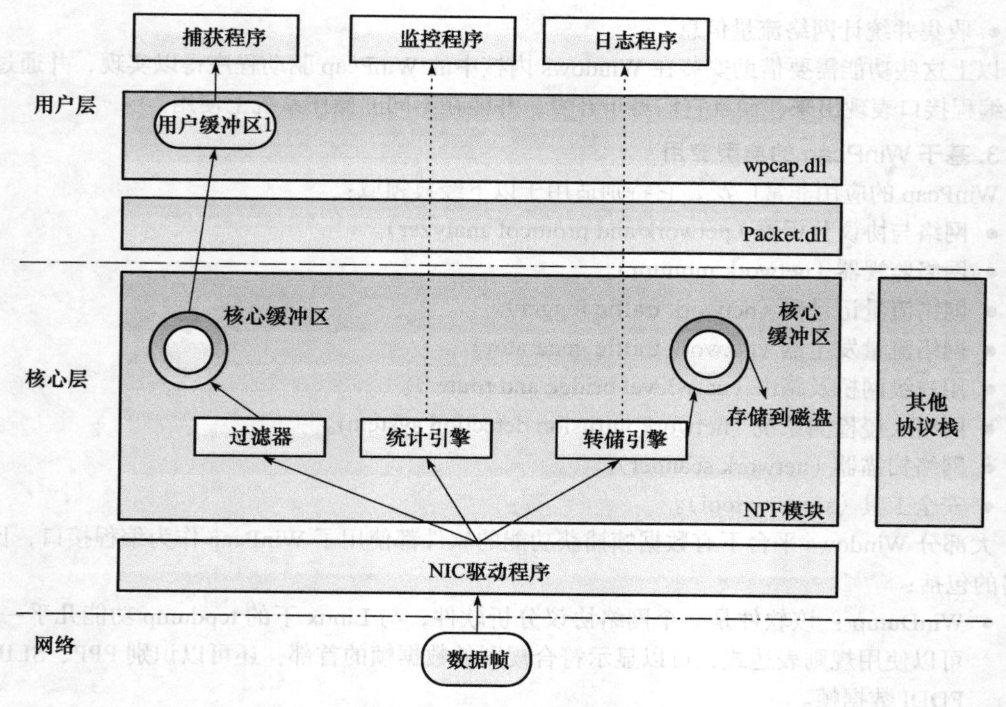

图 9-1　WinPcap 体系结构

网络：代表网络中传输的数据帧。

核心层：包含 NPF 模块和 NIC 驱动程序。NPF（Netgroup Packet Filter，网络组帧过滤）模块是 WinPcap 的核心部分，用于处理网络上传输的数据帧，并对用户级提供捕获、发送和分析数据帧的能力；NIC（Network Interface Card，网络接口卡，简称网卡）驱动程序直接管理网络接口卡，NIC 驱动程序接口可以直接从硬件控制处理中断、重设 NIC、暂停 NIC 等。

用户层：包含用户代码以及以动态链接库（Dynamic Linkable Library，DLL）形式提供的接口 Packet.dll 和 wpcap.dll。动态链接库文件通常是一个具有独立功能的程序模块，可以进行单独编译和测试。在运行时，只有当可执行程序需要调用这些 DLL 模块的情况下，系统才会将它们装载到内存空间中。这种方式不仅减少了可执行文件的大小和对内存空间的需求，而且使这些 DLL 模块可以同时被多个应用程序使用。

9.2.2　网络驱动程序接口规范

NDIS（Network Driver Interface Specification，网络驱动程序接口规范）是定义网络接口卡和协议驱动（TCP/IP 实现）之间的通信的标准。

Win32 网络结构是基于 NDIS 的，WinPcap 的运行至少需要 3.0 版的 NDIS，NDIS 是 Windows 内核中最低层的网络部分。

NDIS 是微软和 3com 合作开发的网络驱动程序接口规范，是基于 x86 平台操作系统（主要是 DOS 和 Windows）开发网卡驱动程序和网络协议驱动程序必须遵守的设计框架。微软在以 NT 为内核的操作系统中实现了这个规范管理库，使程序开发者能够方便地添加自己对网络的过滤拦截程序。

NDIS 定义了操作系统网络传输模块的一个抽象环境，在这个环境中，各层驱动程序实体之间没有直接的通信机制，它们之间的交互全部由 NDIS（通过操作系统中的 NDISLib 或 NDISWrapper）提供统一例程和调用来实现。

NDIS 位于网卡和协议层之间，通过一套基元指令为上层的协议驱动提供服务，同时屏蔽了下层各种网卡技术上的差别。NDIS 向上支持多种网络协议，比如 TCP/IP、IPX/SPX、NetBEUI、AppleTalk 等，向下支持不同厂家生产的多种网卡。NDIS 担当了转换器的角色，允许协议驱动程序不需要考虑网卡或 Win32 操作系统的细节就可以直接在网络中发送和接收数据。

NDIS 在数据链路层的媒体访问控制层执行其功能。网卡硬件实现过程与媒体访问控制设备驱动程序紧密相关，这样利用通用编程接口，可以访问同一媒体（如以太网）的所有网络接口卡。NDIS 还具有关于网络驱动程序硬件的功能库，主要用于媒体访问控制驱动和更高级的协议驱动（如 TCP/IP）。利用功能库的各种功能支持，使得媒体控制和协议驱动的开发过程变得相对简单，同时在某种程度上掩盖了平台的依赖特性。此外通过 NDIS 也可以帮助网络驱动程序维护状态信息和参数。

NDIS 支持以下三种类型的网络驱动程序。

（1）网卡驱动程序

网卡驱动程序管理实际的网络硬件，它是在协议驱动程序和不同的网卡之间架起一道桥梁，允许高层驱动程序通过它来发送和接收包，复位和停止 NIC，查询和设置 NIC 的特性。网卡驱动程序通过 NDIS 从上层驱动程序接收数据包，根据实际网卡的不同特点和要求，将数据送入网卡的发送缓冲区，或者将网卡接收缓冲区中接收到的数据通过 NDIS 传送到相应的协议驱动程序。

网卡驱动程序包括小端口网卡驱动程序（miniport NIC driver）和全网卡驱动程序（full NIC driver）：

- 小端口网卡驱动程序：仅实现管理网卡必需的硬件操作，包括发送和接收数据。通用操作如同步等都集成到 NDIS 中，不直接调用操作系统例程，与操作系统的接口是通过 NDIS 完成的。
- 全网卡驱动程序：驱动程序自己维护上层驱动程序和它的绑定关系，即不仅实现硬件操作，而且通常由 NDIS 实现的同步、排队等操作都由网卡驱动程序实现。

（2）中间层驱动程序

中间层驱动程序位于网卡驱动程序和高层驱动程序（如协议驱动程序）之间，主要用于进行协议转换，在有遗留传输驱动程序而且想把它连接到对传输驱动程序未知的某种新的媒体时非常有用。在这种情况下，中间层驱动程序执行各种必要的传输驱动程序和 NIC 小端口之间的数据格式转换，管理新的媒体，比如中间层驱动程序把 LAN 协议转换为 ATM 协议，或将 LAN 的 IEEE 802.3 数据格式转换为 WAN 的 PPP 格式。

一个中间层驱动程序可以叠加在另一个中间层驱动程序之上。

（3）传输驱动程序或协议驱动程序

协议驱动程序执行具体的网络协议，如 Novell 网的 IPX/SPX、Internet 的 TCP/IP 等。协议驱动程序为应用层客户程序提供服务，接收来自网卡或中间层驱动程序的信息。

NPF 是协议驱动程序的一种实现，虽然从性能的角度看这并不是最佳的选择，但它独立于媒体访问控制层，完全访问原始流量。

9.2.3 网络组帧过滤模块

1. NPF 模块的位置

内核层 NPF 模块的功能是捕获和过滤数据帧，同时还可以发送、存储数据帧以及对网络进行统计分析。这个底层的数据帧捕获驱动程序实际为一个协议驱动程序，通过对 NDIS 中函数的调用为 Windows 环境提供类似于 UNIX 系统下 BPF（Berkeley Packet Filter）的捕获和发送原始数据帧的能力。图 9-2 展示了 NPF 在 NDIS 协议栈中的位置。

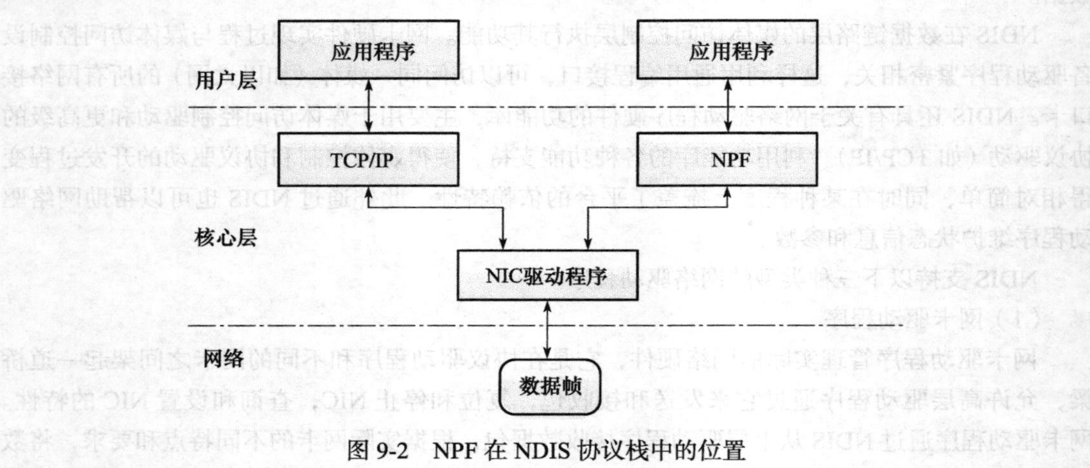

图 9-2　NPF 在 NDIS 协议栈中的位置

NPF 与操作系统的交互通常是异步的，即 NPF 为所有应用程序的 I/O 操作提供回调函数，如打开、关闭、读、写和 I/O 控制等，供操作系统在需要 NPF 功能时调用。

NPF 与 NDIS 的操作也是异步的，比如当有一个新的数据帧到达时，将产生一个事件通过回调函数通知 NPF，而且 NPF 与 NDIS 和 NIC 驱动程序的交互通常是由非阻塞函数调用，即当 NPF 调用 NDIS 功能时，该调用立刻返回，当处理结束后，NDIS 调用某 NPF 回调函数通知操作已完成。

2. NPF 的结构

图 9-1 显示了 WinPcap 的结构，重点描述了 NPF 驱动程序的细节，捕获数据帧是 NPF 最重要的操作。在数据捕获过程中，NIC 驱动程序使用一个网络接口监视着数据帧，并将这些数据帧完整无缺地投递给用户级应用程序。

数据捕获过程依赖于以下 4 个主要组件。

（1）数据帧过滤器

网络流量特别大，如果不加过滤而直接把所有的数据帧都传送到用户层应用程序，则会给应用程序带来很大的负载，使应用程序的工作效率大大降低。由于多数使用 NPF 的应用程序拒绝大多数进入网卡的数据帧，所以一个高效的数据帧过滤器对于提高系统性能非常重要。数据帧过滤器决定着是否接收进来的数据帧并把数据帧拷贝给监听程序，它是一个有布尔输出的函数。如果函数值是 true，则拷贝数据帧给应用程序；如果是 false，数据帧将被丢弃。NPF 数据帧过滤器更复杂一些，因为它不仅决定数据帧是否应该被保存，还要决定要保存的字节数。

（2）虚拟处理器

虚拟处理器可以执行伪汇编书写的用户级过滤程序，应用程序采用用户定义的过滤器并使用 wpcap.dll 将它们编译进 NPF，写入核心态的过滤器。这样，对于每一个到来的数据帧，该程序都将被执行，而满足条件的数据帧将被接收。与传统解决方案不同，NPF 不解释过滤器，而是执行它，这使得处理过程非常快。

（3）核心缓冲区

核心缓冲区用来保存数据帧，避免出现丢包的情况。NPF 使用一个循环缓冲区来保存数据帧并避免丢失。缓冲区以队列插入的方式来保存数据帧，这样可以提高数据的存储效率。

循环缓冲区中保存数据帧和首部信息，维护时间戳、数据帧长度等。数据帧之间增加了填充字节以对齐，由此提高应用程序的访问速度。一次拷贝操作可以将一组数据帧从 NPF 缓冲区拷贝到应用程序缓冲区，这种操作最小化读的次数，从而提高了系统性能。当有新的数据帧到达而缓冲区满了，数据帧会被丢弃。用户缓冲区和核心缓冲区在运行时都可以调整大小，Packet.dll 和 pcap.dll 分别提供了相关的操作。

用户缓冲区的大小很关键，因为它决定了一次系统调用从内核空间拷贝到用户空间的数据的最大长度。另外，单次系统调用可以拷贝的最小数据长度也很重要。考虑到这种变化的差异，如果该值较大，内核会在拷贝前等待若干数据帧的到达，这样做保证了较少数量的系统调用，降低处理器使用率，有利于嗅探类的应用程序运行。如果该值较小，内核会在应用程序准备好接收数据时马上拷贝数据，这对于实时操作的应用程序（如 APR 重定向或网桥等）来说，可以使它们从内核得到更好的响应。由此看来，NPF 的行为可以配置，允许用户在最佳性能和最佳响应两者间选择最合适的拷贝时机。

wpcap.dll 接口和 Packet.dll 接口包含了一组系统调用，可以用来调整读操作的间隔时间、核心缓冲区大小和拷贝数据的最小长度等。默认情况下，读的超时时间为 1 秒，最小的数据拷贝长度为 16KB，核心缓冲区大小为 1MB。

（4）网络分流器

NPF 将网络分流器（Network Tap）放在网卡驱动程序和 NDIS 之上，当一个数据帧到达网络接口时，链路层驱动程序将其交给网络分流器，网络分流器会把数据帧发送给数据帧过滤器，过滤器将符合过滤条件的数据帧保留，然后将其交给与过滤器直接相连的核心缓冲区。

根据对数据处理的需要，NPF 的转发机制可以满足多种功能需求，既可以发送给过滤单元对网络数据帧进行过滤，也可以发送给统计单元对网络流量进行统计，还可以发送给存储单元把网络数据帧直接存储到磁盘。

3. NPF 的功能

NPF 能够处理许多操作，如数据帧捕获、监控、拷贝到磁盘、数据帧发送等。

（1）数据帧捕获

NPF 最重要的功能是数据帧捕获。在捕获过程中，驱动程序通过网络接口捕获到数据帧，根据用户设定的过滤规则执行过滤，并把符合过滤规则的数据帧存入核心缓冲区，在应用程序执行接收处理时，数据帧被传送给用户层的应用程序。

（2）数据帧发送

NPF 支持直接将原始数据帧发送到网络中。数据在发送前不会进行任何协议的封装，因此应用程序在发送数据前需要构造若干协议首部信息。另外，应用程序通常不需要构造 FCS，因为该内容会由网卡计算，并自动附加到发送数据的尾部。

一次写的系统调用可以对应多次数据帧的发送，用户可以通过 I/O 控制调用设置单个数据帧的发送次数，从而在测试过程中产生高速的网络流量。

（3）网络监测和统计

WinPcap 提供了内核级可编程的监测模块，能够计算简单的网络通信的统计信息，不需要将数据帧拷贝到应用程序就可以对网络流量进行统计，只需简单接收并显示监测引擎中得到的结果。考虑到系统内存和 CPU 的瓶颈，这样做避免了大量数据捕获带来的负载。

监测引擎由分类器和计数器组成。NPF 的过滤引擎提供了可配置的方法来选择通信的子集，数据帧首先使用 NPF 的过滤引擎分类，然后数据通过过滤器由计数器计数，该计数器维护了一些变量，如帧的数量、过滤器接收的字节数等，并在数据到达时不断更新变量。这些变量被定期递交给用户层的应用程序，在整个监测过程中不会使用核心和用户缓冲区。

（4）数据转储

数据转储功能允许用户直接在内核模式下将网络数据保存到磁盘上，而不需要把数据帧复制到用户层应用程序，再由应用程序将数据保存到磁盘上，如图 9-3 所示。

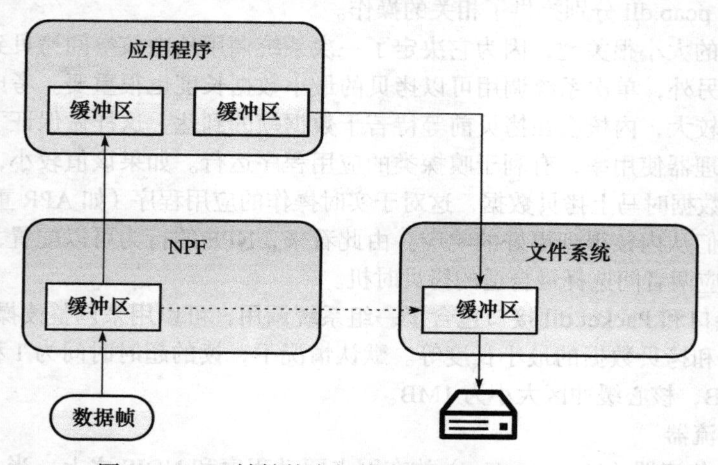

图 9-3　NPF 转储技术与传统数据保存方式的区别

在传统数据保存方式中，数据帧拷贝路径如图 9-3 中的实线箭头所示，每个数据帧都被拷贝若干次直到拷贝到磁盘。通常在整个过程中涉及 4 个缓冲区，首先数据帧被捕获并保存到 NPF 的核心缓冲区中，然后应用程序调用接收函数将数据传送到捕获数据的应用程序缓冲区中，之后应用程序写文件，数据帧被传送到应用程序用于写文件的标准输入输出缓冲区中，最后被传送到文件系统缓冲区中，并写入到磁盘。

在 NPF 中，当内核级 NPF 流量记录功能被启用后，驱动程序可以直接访问文件系统，这样拷贝路径变为图 9-3 中虚线箭头部分，只需要两个缓冲区和简单的拷贝就可以直接把数据帧写入到文件系统的缓冲区中。这样数据只被复制了一次，系统调用的次数减少，系统性能也相应提高。

9.2.4　Packet.dll

Packet.dll 提供了一个较低层的编程接口，也是对 BPF 驱动程序进行访问的 API 接口，同时它有一套符合 libpcap 接口的函数库。Packet.dll 主要提供以下功能：

- 安装、启动和停止 NPF 设备驱动；
- 从 NPF 驱动接收数据帧；
- 通过 NPF 驱动发送数据帧；
- 获取可用的网卡列表；
- 获取网卡的不同信息，比如设备描述、地址列表和掩码；
- 查询并设置一个低层的网卡参数。

Packet.dll直接映射了内核的调用，以系统独立的方式访问WinPcap的底层功能。该函数库维护了所有依赖于系统的细节（比如管理设备、协助操作系统管理网卡、在注册表中查找信息等），并且输出一个可以在所有Windows操作系统中通用的API。这样，基于Packet.dll开发的应用程序或库不需要重新编译就可以在所有Windows操作系统中运行。

然而，并非所有的Packet.dll的API都能完全可移植。有些高级特性，比如内核模式下的堆处理，只能运行在WinNTx版本的WinPcap，Win9x的Packet.dll不提供这样的功能。换种说法就是，NTx版本要比9x版本功能强大。

这个库的另一个重要特性就是维护了NPF驱动程序。当程序试图访问网卡时，Packet.dll在后台安装和启动了驱动程序，这些对编程人员来说是透明的，这就避免了用户通过控制面板手动安装驱动程序。

Packet.dll的源代码是开放的，并且有完整的文档。然而，Packet.dll被认为是核心API，由于应用程序使用WinPcap的常规方式和推荐方式是wpcap.dll，所以，WinPcap发布方声明不保证Packet.dll的API不会在未来的WinPcap发行版本中被修改。

9.2.5 wpcap.dll

wpcap.dll较Packet.dll层次更高，其调用是不依赖于操作系统的，它提供了更加高层、抽象的函数。wpcap.dll是基于libpcap设计的，其函数的调用和libpcap几乎一样，函数名称和参数的定义也一样。但它包含了一些其他高层的函数，比如过滤器生成器、用户定义的缓冲区和高层特性（数据统计和构造数据帧等）。

wpcap.dll提供了更加友好、功能更加强大的函数调用，是应用程序使用WinPcap的常规方式和推荐方式。wpcap.dll输出了一组函数，用来捕获和分析网络流量。这些函数的主要功能包括：

- 获取网卡列表；
- 获取网卡的不同信息，比如网卡描述和地址列表；
- 使用PC的一个网卡来捕获数据帧；
- 向网络上发送数据；
- 有效保存数据帧到磁盘和读取磁盘中的原始数据帧；
- 使用高级语言创建数据帧过滤器，并把它们应用于数据捕获。

由此看来，程序员可以使用两类API：一类是直接映射到内核调用的原始函数，包含在Packet.dll的调用中；另一类是wpcap.dll提供的高层函数。一般wpcap.dll能自动调用Packet.dll，往往一个wpcap.dll调用会被译成几个Packet.dll系统调用。

9.3 WinPcap编程环境配置

9.3.1 下载WinPcap

WinPcap是一个免费、开源的项目。目前，WinPcap的最新版本是4.1.2，支持x86和x64两种环境，其官方地址是www.winpcap.org，可以在其主页上下载WinPcap驱动、源代码和开发文档。

在进行WinPcap程序设计时，通常需要从WinPcap主页上获取两个文件包：

1）WinPcap_4_1_2.exe：WinPcap 4.1.2的安装程序，为基本WinPcap技术的应用程序提供运行环境，其下载地址为http：//www.winpcap.org/install/default.htm。9.3.2节将具体介绍WinPcap 4.1.2的安装过程。

2）WpdPack4_1_2.zip：WinPcap 4.1.2 的开发包，其下载地址为 http：//www.winpcap.org/devel.htm。该开发包中包含了开发 WinPcap 应用程序所需要引用的头文件（.h 文件）和库文件（.lib 文件），主要有以下几个子目录：

- docs 目录：用于保存详细的用户使用手册；
- Examples-pcap 目录：采用 libpcap 库接口的示例程序；
- Examples-remote 目录：采用 wpcap 库接口的示例程序；
- Include 目录：保存在 WinPcap 库上的开发程序所需的头文件；
- Lib 目录：保存在 WinPcap 库上的开发程序所需的库文件。

WpdPack4_1_2.zip 不需要安装，但需要在开发环境中引入配置。9.3.3 节将具体介绍在 Visual Studio 中使用 Visual C++ 语言对 WinPcap 进行配置的过程。

9.3.2 安装 WinPcap

双击 WinPcap_4_1_2.exe，打开 WinPcap 安装向导，如图 9-4 所示。

单击“Next”按钮，进入欢迎窗口，如图 9-5 所示。

图 9-4 WinPcap 安装向导

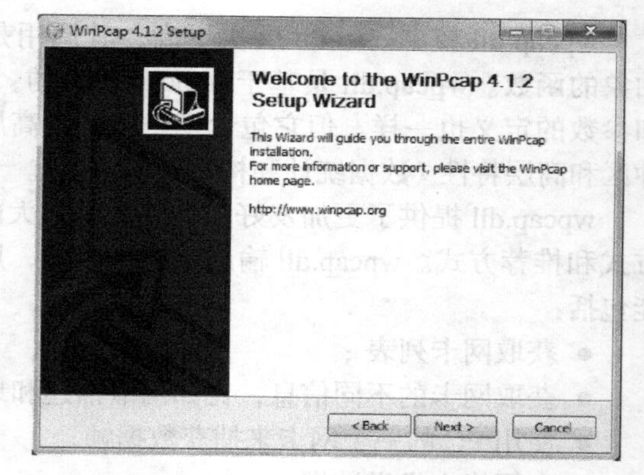

图 9-5 WinPcap 欢迎窗口

单击“Next”按钮，打开许可协议窗口，如图 9-6 所示。

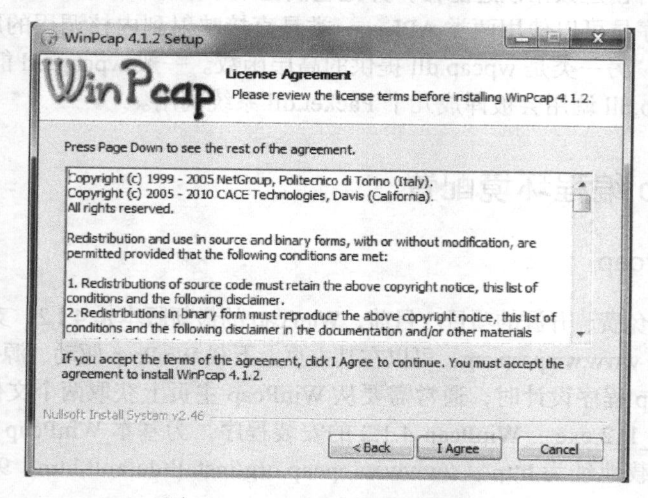

图 9-6 WinPcap 许可协议窗口

单击“I Agree”按钮，同意安装许可协议，并打开安装选项窗口，如图 9-7 所示。

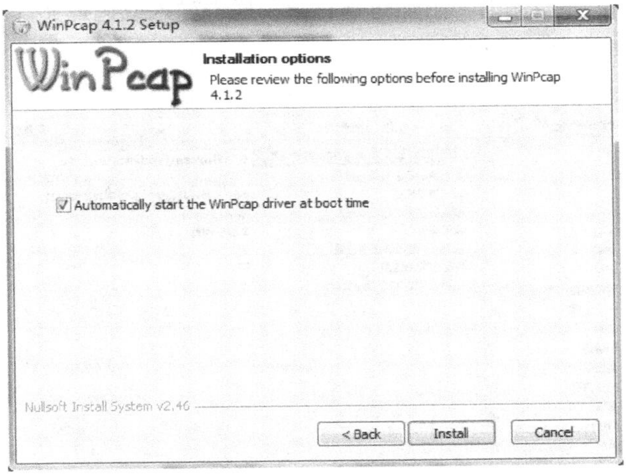

图 9-7　WinPcap 安装选项窗口

如果在当前计算机上始终运行 WinPcap 应用程序，则选择“Automatically start the WinPcap driver at boot time”复选框，然后单击“Install”按钮，开始安装 WinPcap。

安装完成后，在控制面板的“程序和功能”面板项中可以找到 WinPcap 4.1.2 和它的产品信息，如图 9-8 所示。

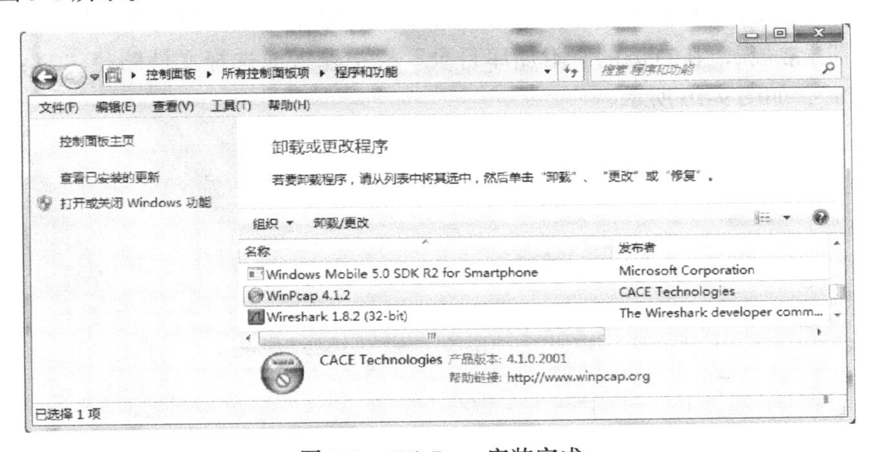

图 9-8　WinPcap 安装完成

9.3.3　在 Visual Stdio 环境下引入 WinPcap

在开发 WinPcap 应用程序之前，首先应安装 WinPcap 驱动程序，然后创建一个 MFC 应用程序项目，之后配置 WinPcap 开发环境。

为了使应用程序能够使用 WinPcap 的具体功能，在 Visual Stdio 开发环境中需要完成以下配置：

1）解压 WinPcap 4.1.2 的开发包 WpdPack4_1_2.zip。将 WpdPack4_1_2.zip 文件解压缩到一个文件目录，文件目录可以是应用程序的解决方案目录，也可以是其他目录，此处解压目录选择为“D：\WinPcap”。

2）附加 WinPcap 的 Include 目录。打开项目属性对话框，在左侧的项目列表中选择“配置属性 \C/C++\ 常规”，在右侧的“附加包含目录”栏中输入或选择文件路径“D：\WinPcap\WpdPack\Include”，如图 9-9 所示。

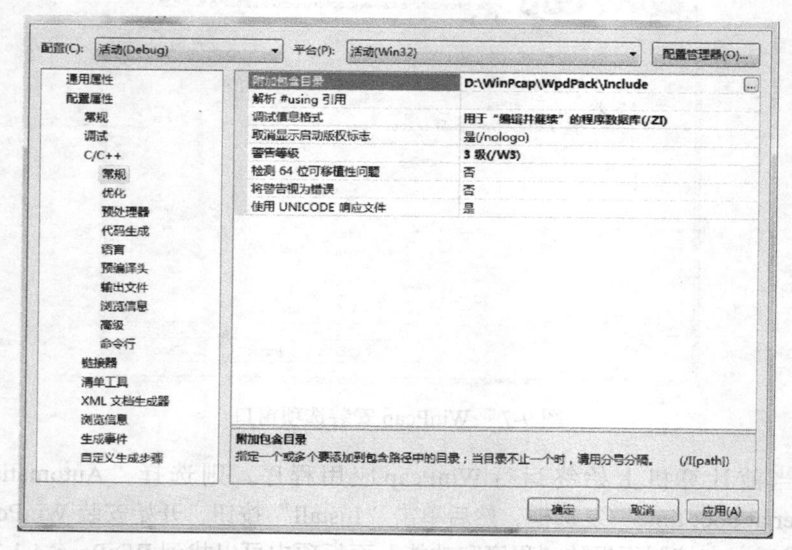

图 9-9 附加 WinPcap 的 Include 目录

3）附加 WinPcap 的 Lib 目录。打开项目属性对话框，在左侧的项目列表中选择“配置属性 \ 链接器 \ 常规”，在右侧的“附加库目录”栏中输入或选择文件路径“D：\WinPcap\WpdPack\Lib”，如图 9-10 所示。

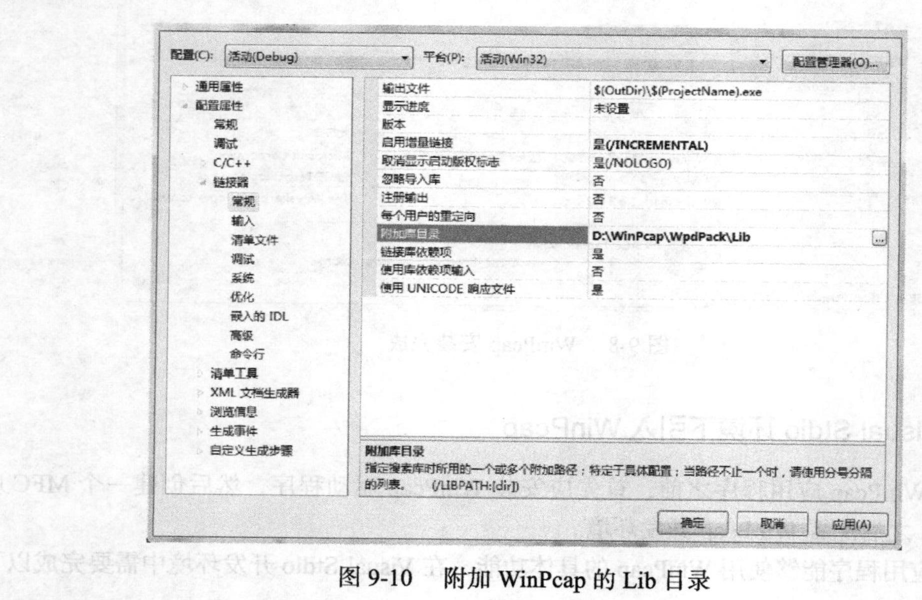

图 9-10 附加 WinPcap 的 Lib 目录

4）引入常用的库文件。打开项目属性对话框，在左侧的项目列表中选择“配置属性 \ 链接器 \ 输入”，在右侧的“附加依赖项”栏中输入“Packet.lib wpcap.lib ws2_32.lib”，如图 9-11 所示。

图 9-11　设置项目中引用的库文件

5）添加对头文件的声明。在开始编写基于 WinPcap 的网络应用程序之前，需要在源文件中增加对相关头文件的包含说明，这些头文件中声明了 WinPcap 的接口函数和相关数据结构，使得编译器能够成功编译。

在使用 wpcap.dll 进行编程时，需要包含的头文件是 pcap.h，示例如下：

```
#include "pcap.h"
```

在使用 Packet.dll 进行编程时，需要包含的头文件是 packet32.h，示例如下：

```
#include "packet32.h"
```

9.4　wpcap.dll 的常用数据结构和函数

9.4.1　wpcap.dll 的常用数据结构

1. 接口地址结构：pcap_addr

pcap_addr 结构用于描述主机的地址信息，其定义如下：

```
struct pcap_addr {
struct pcap_addr *next;         //指向链表的下一个元素，NULL 表示最后一个元素
struct sockaddr *addr;          //指向 sockaddr 类型的结构
struct sockaddr *netmask;       //指向 addr 相应的网络掩码
struct sockaddr *broadaddr;     //指向 addr 相应的广播地址
struct sockaddr *dstaddr;       //指向与 addr 对应的目标地址，如非点到点，则为 NULL
};
```

2. 网络设备信息结构：pcap_if

pcap_if 结构用于保存获取到的网络设备信息，它等同于 pcap_if_t 结构。pcap_if 结构的定义如下：

```
typedef struct pcap_if pcap_if_t;
```

```
struct pcap_if {
struct pcap_if *next;              //指向链表的下一个元素，NULL 表示最后一个元素
char *name;                        //网络设备名称
char *description;                 //网络设备的描述信息
struct pcap_addr *addresses;       //接口上定义的地址列表中的第一个元素
u_int flags;                       //PCAP_IF_ 接口标识
};
```

3. 转储文件的头结构：pcap_file_header

pcap_file_header 结构用于保存一个 WinPcap 转储文件的首部信息，其定义如下：

```
struct pcap_file_header {
    bpf_u_int32 magic;             //标识位
    u_short version_major;         //主版本号
    u_short version_minor;         //次版本号
    bpf_int32 thiszone;            //本地时间
    bpf_u_int32 sigfigs;           //时间戳
    bpf_u_int32 snaplen;           //所捕获的数据帧的最大长度
    bpf_u_int32 linktype;          //数据链路类型
};
```

4. 转储文件的数据帧头结构：pcap_pkthdr

pcap_pkthdr 结构用于保存一个原始数据帧的首部结构，其定义如下：

```
struct pcap_pkthdr {
    struct timeval ts;             //收到数据帧的时间戳
    bpf_u_int32 caplen;            //实际捕获的数据帧长度，以字节为单位
    bpf_u_int32 len;               //所捕获的数据帧的真实长度，以字节为单位
};
```

5. 统计数据结构：pcap_stat

pcap_stat 结构用于保存数据监测的统计信息，其定义如下：

```
struct pcap_stat {
    u_int ps_recv;                 //网上已传送的数据帧数
    u_int ps_drop;                 //删除的数据帧数
    u_int ps_ifdrop;               //接口拒绝的帧数，暂不支持
    #ifdef WIN32
        u_int bs_capt;             //Win32 专用，捕获的帧数
    #endif /* WIN32 */
};
```

6. 用户认证信息结构：pcap_rmtauth

pcap_rmtauth 结构用于保存远程主机上的用户认证信息，其定义如下：

```
struct pcap_rmtauth
    {
    int type;                      //身份认证的类型
    char *username;                //远程主机上用户认证时使用的用户名
    char *password;                //远程主机上用户认证时使用的密码
};
```

9.4.2 wpcap.dll 的常用函数

wpcap.dll 输出了一组函数，可用来捕获和分析网络流量。这些函数的主要功能如表 9-1 所示。

表 9-1 wpcap.dll 的常用函数

函数名称	简要描述
pcap_findalldevs()	返回本机所有的网络接口设备
pcat_lookupdev()	返回可被 pcap_open_live() 或 pcap_lookupnet() 函数调用的网络设备名
pcap_lookupnet()	获得指定网络设备的 IP 地址和掩码
pcap_dump_open()	打开一个保存数据帧的文件，该文件用于写入，其文件格式固定，与 tcpdump 等文件格式相兼容
pcap_open_live()	打开一个捕获接口设备。获得用于捕获网络数据帧的数据帧捕获描述符
pcap_open_offline()	打开以前保存捕获数据帧的文件，用于读取
pcap_compile()	编译过滤规则
pcap_setfilter()	设置过滤器规则
pcap_dispatch()	捕获并处理一组数据帧
pcap_loop()	循环抓取网络数据帧。每捕获到 cnt 个数据帧就调用 callback 用户函数
pcap_read()	从包捕获驱动程序中读取一组数据帧并针对每一个帧运行帧过滤程序，然后把过滤后的数据传送给应用程序缓冲区
pcap_next()	返回指向下一个数据帧的 u_char 指针
pcap_close()	关闭库
pcap_setbuff()	设置核心层的缓冲区
pcap_setmode()	设置网卡的工作模式
pcap_stats()	获取数据帧捕获过程的统计数据
pcap_sendpacket()	发送数据帧
pcap_file()	返回被打开文件的文件名
pcap_fileno()	返回被打开文件的文件描述符

9.4.3 wpcap.dll 的工作流程

使用 wpcap.dll 提供的一些函数可以设置和捕获网络设备上传输的数据，具体而言主要包括以下 4 个基本工作流程。

1. 捕获数据帧

捕获数据帧的程序工作流程如下：

1）调用 pcap_lookupdev() 函数获得主机上的网络设备，该函数返回一个指向主机上的网络设备（如网卡）的指针；

2）选择待捕获数据帧的网络设备，调用 pcap_open_live() 函数打开这个网络设备，该函数根据捕获需求设置网卡的工作模式，并返回一个数据帧捕获描述符 pcap_t；

3）调用 pcap_compile() 函数编译过滤规则，并使用 pcap_setfilter() 来设置过滤器规则（本步骤可选）；

4）调用 pcap_loop() 或 pcap_dispatch() 函数捕获网络上所有的数据帧；

5）调用 pcap_close() 函数关闭库。

2. 发送数据帧

发送数据帧的程序工作流程如下：

1）调用 pcap_lookupdev() 函数获得主机上的网络设备，该函数返回一个指向主机上的网络设备（如网卡）的指针；

2）选择待发送数据帧的网络设备，调用 pcap_open_live() 函数打开这个网络设备，并返回一个数据帧捕获描述符 pcap_t；

3）构造一个原始数据帧（该原始数据帧为链路帧，这个数据帧不经任何处理就会被发送）；

4）调用 pcap_sendpacket() 函数发送数据帧；

5）调用 pcap_close() 函数关闭库。

3. 统计网络流量

统计网络流量的程序工作流程如下：

1）调用 pcap_lookupdev() 函数获得主机上的网络设备，该函数返回一个指向主机上的网络设备（如网卡）的指针；

2）选择待统计流量的网络设备，通过 read_timeout 来设置统计的时间间隔，调用 pcap_open_live() 函数打开这个网络设备；

3）调用 pcap_compile() 函数编译过滤规则，并使用 pcap_setfilter() 函数设置过滤器规则（本步骤可选）；

4）调用 pcap_setmode() 函数设置设备为统计模式；

5）调用 pcap_loop() 或 pcap_dispatch() 函数统计网络上所有的数据帧，并在回调函数中进行统计计算；

6）调用 pcap_close() 函数关闭库。

4. 转储网络流量

转储网络流量的程序工作流程如下：

1）调用 pcap_lookupdev() 函数获得主机上的网络设备，该函数返回一个指向主机上的网络设备（如网卡）的指针；

2）选择待转储流量的网络设备，调用 pcap_open() 函数打开这个网络设备，该函数根据捕获需求设置网卡的工作模式，并返回一个数据帧捕获描述符 pcap_t；

3）调用 pcap_compile() 函数编译过滤规则，并使用 pcap_setfilter() 函数设置过滤器规则（本步骤可选）；

4）调用 pcap_dump_open() 函数打开转储文件；

5）调用 pcap_loop() 或 pcap_dispatch() 函数捕获网络上所有的数据帧，并在回调函数中调用 pcap_dump() 函数进行原始数据的转储操作；

6）调用 pcap_close() 函数关闭库。

9.5　wpcap.dll 编程实例——捕获分析 UDP 数据

在基于 WinPcap 的网络程序设计中，数据捕获与分析是最主要的应用，以下示例实现了对网络中 UDP 数据的捕获与分析。

9.5.1　第一步：获取设备列表

在开始捕获数据帧之前，通常需要获取与网卡绑定的设备列表。wpcap.dll 提供了 pcap_findalldevs_ex() 函数来实现这个功能，该函数的定义如下：

```
int pcap_findalldevs_ex(
    char * source,
```

```
    struct pcap_rmtauth * auth,
    pcap_if_t ** alldevs,
    char * errbuf
);
```

其中：

- source：指定源的位置，pcap_findalldevs_ex() 函数会在指定的源上寻找网卡。源可以是本地计算机、远程计算机或 pcap 文件。如果源是本地计算机，则该参数使用"rpcap:// "的格式；如果源是远程计算机，则该参数使用"rpcap:// host:port"的格式；如果源是 pcap 文件，则该参数使用"file:// c:/myfolder/"的格式。
- auth：指向 pcap_rmtauth 结构的指针，其中保存到远程主机的 rpcap 连接所需要的认证信息。
- alldevs：指向 pcap_if_t 结构地址的指针。在调用函数时，函数将为其分配内存空间，在后续程序中，当不再使用该参数时，需要调用 pcap_freealldevs() 函数释放资源。当函数返回时，该指针指向获取到的网络设备列表中的第一个元素。
- errbuf：指向一个用户分配的缓冲区，其大小为 PCAP_ERRBUF_SIZE，该缓冲区中包含调用函数时可能产生的错误信息。

如果函数执行成功则返回 0，否则返回 -1。函数调用出现错误时，可以从 errbuf 缓冲区中获取到错误的具体情况。

pcap_findalldevs_ex() 函数返回一个指向 pcap_if 结构的链表，每个 pcap_if 结构都包含了一个网卡的详细信息。下列代码获取网卡列表，并在屏幕上显示出来，如果没有找到网卡，将打印错误信息：

```
pcap_if_t *alldevs;                         // 获取到的设备列表
pcap_if_t *d;                               // 指向用户选择的设备指针
int i=0;
char errbuf[PCAP_ERRBUF_SIZE];              // 存储错误信息的缓冲区
if (pcap_findalldevs_ex(PCAP_SRC_IF_STRING, NULL, &alldevs, errbuf) == -1)
{
    fprintf(stderr,"Error in pcap_findalldevs_ex: %s\n", errbuf);
    return -1;
}
// 打印列表
for(d= alldevs; d != NULL; d= d->next)
{
    printf("%d. %s", ++i, d->name);
    if (d->description)
        printf(" (%s)\n", d->description);
    else
        printf(" (没有有效的描述信息)\n");
}
if (i == 0)
{
    printf("\n 未发现网络接口，请确认 WinPcap 已正确安装 .\n");
    return -1;
}
```

程序首先调用 pcap_findalldevs_ex() 函数获取本地计算机上所有的网络设备列表，然后依次打印每个网络设备的名字和描述信息，最后调用 pcap_freealldevs() 函数释放网络设备列表。

9.5.2　第二步：打开网卡

获得网卡绑定的设备列表后，可以要求用户选择用于捕获数据帧的设备，捕获之前，需要打开网卡，得到数据捕获的示例。

这部分工作是由函数 pcap_open() 完成的，该函数的定义如下：

```
pcap_t* pcap_open_live (
    const char * device,
    int snaplen,
    int promisc,
    int to_ms,
    char * ebuf
);
```

其中：

- device：指定要打开的源设备名称。调用 pcap_findalldevs_ex() 函数返回的网卡可以直接使用 pcap_open_live() 打开。
- snaplen：指定必须保留的数据帧长度。对于过滤器收到的每个数据帧，只有前面的 snaplen 个字节会被存储到缓冲区中，并且被传送到用户应用程序，这样设计的目的在于减少应用程序间复制数据的量，从而提高捕获数据的效率。
- promisc：保存捕获数据帧所需要的标识。比如设置为混杂模式，可以让 WinPcap 捕获所有经过网卡的数据帧。
- to_ms：读取超时时间，单位为毫秒。在捕获一个数据帧后，读操作并不必立刻返回，而是等待一段时间以允许捕获更多的数据帧。在统计模式下，to_ms 还可以用来定义统计的时间间隔。将 to_ms 设置为 0 意味着没有超时，那么如果没有数据帧到达的话，读操作将永远不会返回。如果设置成 -1，则无论有没有数据帧到达，读操作都会立即返回。
- ebuf：指向一个用户分配的缓冲区，其大小为 PCAP_ERRBUF_SIZE，该缓冲区中包含调用函数时可能产生的错误信息。

如果函数执行成功则返回一个指向 pcap_t 结构（这个结构对用户透明，它通过 wpcap.dll 提供的函数维护它的内容）的指针，表示一个打开的 WinPcap 会话；如果调用出错，则返回 NULL。函数调用出现错误时，可以从 errbuf 缓冲区中获取到错误的具体情况。

下列代码调用 pcap_open_live() 函数打开用户指定的网卡，如果发生错误，将打印错误信息：

```
pcap_if_t *d;                              // 指向用户选择的设备指针
pcap_t *adhandle;                          // 用于捕获数据的 WinPcap 会话
char errbuf[PCAP_ERRBUF_SIZE];             // 存储错误信息的缓冲区
// 打开设备
adhandle= pcap_open_live(d->name,          // 设备名
65536,                                     // 保证能捕获到不同数据链路层上的每个数据帧的全部内容
1,                                         // 混杂模式
                    1000,                  // 读取超时时间
                    errbuf                 // 错误缓冲区
                    );
if ( adhandle == NULL)
{
    fprintf(stderr,"\n 无法打开网卡 , WinPcap 不支持 %s \n", d->name);
```

```
        //释放设备列表
        pcap_freealldevs(d);
        return -1;
    }
```

在获取并打印本机的网络设备列表后，本段代码调用函数 pcap_open() 打开了选中的网络设备，以便于在该设备上捕获数据。

9.5.3 第三步：设置过滤规则

NPF 模块中的数据帧过滤引擎是 WinPcap 最强大的特性之一，它提供了有效的方法来获取网络中满足某特征的数据帧，这也是 WinPcap 捕获机制中的一个组成部分。

实现过滤规则编译的函数是 pcap_compile()，该函数将一个高层的布尔过滤表达式编译成一个能够被过滤引擎所解释的底层字节码，函数定义如下：

```
int pcap_compile  (
    pcap_t *p,
    struct bpf_program *fp,
    char *str,
    int optimize,
    bpf_u_int32 netmask
);
```

其中：

- p：指定一个打开的 WinPcap 会话，并在该会话中采集数据帧，该捕获句柄一般是在 pcap_open_live() 函数打开与网卡绑定的设备时返回的；
- fp：指向 bpf_program 结构的指针，在调用 pcap_complie() 函数时被赋值，可以为 pcap_setfilter 传递过滤信息；
- str：指定过滤字符串；
- optimize：用于控制结果代码的优化；
- netmask：指定本地网络的子网掩码。

如果函数执行成功，则返回 0；如果调用出错，则返回 -1。

实现过滤规则加载的函数是 pcap_setfilter()，该函数将一个过滤器与内核捕获会话相关联。当 pcap_setfilter() 函数被调用时这个过滤器将被应用到来自网络的所有数据帧，并且所有符合该过滤规则的数据帧将会保留下来。pcap_setfilter() 函数的定义如下：

```
int pcap_setfilter (
    pcap_t *p,
    struct bpf_program *fp
    );
```

其中：

- p：指定一个打开的 WinPcap 会话，并在该会话中采集数据帧，该捕获句柄一般是在 pcap_open_live() 函数打开与网卡绑定的设备时返回的；
- fp：指向 bpf_program 结构的指针，在调用 pcap_complie() 函数时被赋值，可以为 pcap_setfilter() 传递过滤信息。

如果函数执行成功，则返回 0；如果调用出错，则返回 -1。

使用 WinPcap 过滤规则能够灵活定制对指定协议、地址和端口号的过滤，其语法规则如下：

1）表达式支持逻辑操作符。可以使用关键字 and、or、not 对子表达式进行组合，同时支持使用小括号。

2）基于协议的过滤语法。在对协议过滤时使用协议限定符 ip、arp、rarp、tcp、udp 等进行过滤。

3）基于 MAC 地址的过滤语法。在对 MAC 地址过滤时使用限定符 ether（代表以太网地址）。当仅作为源地址时使用 " ether src mac_addr "；当仅作为目的地址时使用 " ether dst mac_addr "；如果既作为源地址又作为目的地址，使用 " ether host mac_addr "。另外，mac_addr 应该遵从 00：E0：4C：E0：38：88 的格式。

4）基于 IP 地址的过滤语法。在对 IP 地址过滤时使用限定符 host（代表主机地址）。当仅作为源地址时使用 "src host ip_addr"；当仅作为目的地址时使用 "dst host ip_addr"；如果既作为源地址又作为目的地址，则使用 "host ip_addr"。

5）基于端口的过滤语法。在对端口过滤时使用限定符 port（代表端口号）。当仅作为源端口时使用 "src port port_number"；当仅作为目的端口时使用 "dst port port_number"；如果既作为源端口又作为目的端口，则使用 "port port_number"。

以下示例了几种常见的过滤语法：

1）仅接收 80 端口的数据帧：

```
port 80;
```

2）只捕获 arp 或 icmp 数据帧：

```
arp or (ip and icmp);
```

3）捕获主机 192.168.1.23 与 192.168.1.28 之间传递的所有 UDP 数据帧：

```
(ip and udp)and(host 192.168.1.23 or host 192.168.1.28);
```

以下代码在打开设备获得捕获句柄的基础上实现了过滤规则的配置：

```
pcap_if_t *d;                                   //指向用户选择的设备指针
u_int netmask;                                  //保存子网掩码
pcap_t *adhandle;                               //用于捕获数据的 WinPcap 会话
char errbuf[PCAP_ERRBUF_SIZE];                  //存储错误信息的缓冲区
char packet_filter[] = "ip and udp";            //保存字符形式描述的过滤规则
struct bpf_program fcode;                       //保存编译后的过滤规则
pcap_if_t *alldevs;                             //获取到的设备列表
if(d->addresses != NULL)
    //获得接口第一个地址的掩码
    netmask=((struct sockaddr_in *)(d->addresses->netmask))->sin_addr.S_un.S_addr;
else
    //如果接口没有地址，那么我们假设一个 C 类的掩码
    netmask=0xffffff;
//编译过滤器
if (pcap_compile(adhandle, &fcode, packet_filter, 1, netmask) <0 )
{
    fprintf(stderr,"\n 无法编译过滤规则，请检查语法的正确性 .\n");
    //释放设备列表
    pcap_freealldevs(alldevs);
    return -1;
}
```

```
// 设置过滤器
if (pcap_setfilter(adhandle, &fcode)<0)
{
    fprintf(stderr,"\n 设置过滤器错误 .\n");
    // 释放设备列表
    pcap_freealldevs(alldevs);
    return -1;
}
```

9.5.4 第四步：捕获数据帧

当网卡被打开，数据捕获工作开始进行时，可以使用回调和循环两种方式进行数据捕获。

1. 使用回调方式进行数据捕获

WinPcap 提供了两个函数用以借助回调函数来实现数据捕获处理，这两个函数分别是 pcap_loop() 和 pcap_dispatch()。

函数 pcap_loop() 用于采集一组数据帧，该函数定义如下：

```
int pcap_loop (
    pcap_t *p,
    int cnt,
    pcap_handler callback,
    u_char *user
);
```

其中：

- p：指定一个打开的 WinPcap 会话，并在该会话中采集数据帧，该捕获句柄一般是在 pcap_open_live() 函数打开与网卡绑定的设备时返回的；
- cnt：指定函数返回前所处理的数据帧的最大值；
- callback：采集数据帧后调用的处理函数；
- user：传递给回调函数 callback 的参数。

如果成功采集到 cnt 个数据帧，则函数返回 0；如果出现错误，则返回 -1；如果用户在未处理任何数据帧之前调用 pcap_breakloop() 函数，则 pcap_loop() 函数被终止，并返回 -2。

函数 pcap_dispatch() 用于采集一组数据帧，该函数定义如下：

```
int pcap_dispatch(
    pcap_t * p,
    int cnt,
    pcap_handler callback,
    u_char * user
);
```

其中：

- p：指定一个打开的 WinPcap 会话，并在该会话中采集数据帧，该捕获句柄一般是在 pcap_open() 函数打开与网卡绑定的设备时返回的；
- cnt：指定函数返回前所处理的数据帧的最大值；
- callback：采集数据帧后调用的处理函数；
- user：传递给回调函数 callback 的参数。

如果成功则返回读取到的字节数；读取到 EOF 时则返回零值；出错时则返回 -1，此时可调用 pcap_perror() 或 pcap_geterr() 函数获取错误消息；如果用户在未处理任何数据帧之前调用 pcap_breakloop() 函数，则 pcap_dispatch() 函数被终止，并返回 –2。

上述两个函数非常相似，区别在于函数返回的条件不同，pcap_dispatch() 函数的处理是当超时时间到了就返回（尽管不能保证一定有数据到达）；而 pcap_loop() 函数不会因此而返回，只有当 cnt 数据帧被捕获到才返回，所以，pcap_loop() 会在一小段时间内阻塞网络的利用。

以 pcap_loop() 为例，使用回调函数方式进行数据捕获的代码示例如下：

```
//packet_handler 函数原型
void packet_handler(u_char *param, const struct pcap_pkthdr *header, const u_char *pkt_data);

pcap_if_t *alldevs;      //获取到的设备列表
pcap_t *adhandle;        //用于捕获数据的 WinPcap 会话
//开始捕获
pcap_loop(adhandle, 0, packet_handler, NULL);
```

首先声明 packet_handler() 回调函数原型，具体的数据分析代码在该函数中完成，在打开网卡并设定过滤规则后，调用 pcap_loop() 函数进行数据捕获，如果有数据到达，则回调函数 packet_handler() 被执行。

2. 使用循环方式进行数据捕获

利用回调进行数据捕获是一种精妙的方法，并且它在某些场合下是一种很好的选择。然而，处理回调会增加程序的复杂度，特别是在多线程的 C++ 程序中未必实用。

数据捕获的另一种方式是直接调用 pcap_next_ex() 函数来获得一个数据帧，这样通过循环调用的方式也可以实现数据捕获。

pcap_next_ex() 函数的定义如下：

```
int pcap_next_ex  (
    pcap_t * p,
    struct pcap_pkthdr ** pkt_header,
    const u_char ** pkt_data
)
```

其中：

- p：指定一个打开的 WinPcap 会话，并在该会话中采集数据帧，该捕获句柄一般是在 pcap_open_live() 函数打开与网卡绑定的设备时返回的；
- pkt_header：指向 pcap_pkthdr 结构的指针，表示接收到的数据帧首部；
- pkt_data：指向接收到的数据帧内容的指针。

如果成功则返回 1，如果通过 pcap_open_live() 函数设定的超时时间到，则返回 0，如果出现错误则返回 –1，如果读取到 EOF 则返回 –2。

使用循环方式进行数据捕获的代码示例如下：

```
pcap_t *adhandle;                    //用于捕获数据的 WinPcap 会话
struct pcap_pkthdr *header;          //指向原始数据帧首部的指针
const u_char *pkt_data;              //指向原始数据帧的指针
int res;
//获取数据帧
while((res = pcap_next_ex( adhandle, &header, &pkt_data)) >= 0)
{
```

```
    if(res == 0)
    //超时时间到
        continue;
    /* *****************************************************************/
    /*                         分析数据                                */
    /* *****************************************************************/
}
if(res == -1)
{
    printf("读取数据帧错误 : %s\n", pcap_geterr(adhandle));
    return -1;
}
```

9.5.5　第五步：分析数据帧

对于捕获到的数据，我们看到的是独立的原始数据帧，包括帧首部和帧数据，另外 WinPcap 还为每个帧附加了一个原始数据帧的首部，用以描述帧的到达时间和长度信息，数据分析工作是以原始数据帧和数据帧首部结构为基础进行的。

在第四步基于回调函数捕获数据的基础上，以下示例说明了对 UDP 协议的解析和源目地址的提取与显示处理。

首先，定义 IP 地址结构、IPv4 首部结构和 UDP 首部结构，以便于在数据分析过程中读取不同首部的地址信息：

```
//4 字节的 IP 地址
typedef struct ip_address{
    u_char byte1;
    u_char byte2;
    u_char byte3;
    u_char byte4;
}ip_address;
//IPv4 首部
typedef struct ip_header{
    u_char  ver_ihl;              //版本 (4 位) + 首部长度 (4 位)
    u_char  tos;                  //服务类型
    u_short tlen;                 //总长
    u_short identification;       //标识
    u_short flags_fo;             //标志位 (3 位) + 段偏移量(13 位)
    u_char  ttl;                  //存活时间
    u_char  proto;                //协议
    u_short crc;                  //首部校验和
    ip_address  saddr;            //源地址
    ip_address  daddr;            //目的地址
    u_int   op_pad;               //选项与填充
}ip_header;
//UDP 首部
typedef struct udp_header{
    u_short sport;                //源端口
    u_short dport;                //目的端口
    u_short len;                  //UDP 数据帧长度
    u_short crc;                  //校验和
}udp_header;
```

然后，在回调函数 packet_handler() 中处理对数据帧的解析和打印工作，在这里，packet_

handler() 的输入参数主要包括三个：

- param：在 pacp_loop() 函数中指定的参数 user；
- header：指向 pcap_pkthdr 结构的指针，表示接收到的数据帧首部；
- pkt_data：指向接收到数据帧内容的指针。

回调函数的代码示例如下：

```
//回调函数
void packet_handler(u_char *param,              //在 pacp_loop() 函数中指定的参数 user
                    const struct pcap_pkthdr *header,  //指向 pcap_pkthdr 结构的指针
                    const u_char *pkt_data             //指向接收到的数据帧内容的指针
                    )
{
    struct tm *ltime;
    char timestr[16];
    ip_header *ih;
    udp_header *uh;
    u_int ip_len;
    u_short sport,dport;
    time_t local_tv_sec;
    //将时间戳转换成可识别的格式
    local_tv_sec = header->ts.tv_sec;
    ltime=localtime(&local_tv_sec);
    strftime( timestr, sizeof timestr, "%H:%M:%S", ltime);
    //打印数据帧的时间戳和长度
    printf("%s.%.6d len:%d ", timestr, header->ts.tv_usec, header->len);
    //获得 IP 数据帧首部的位置
    ih = (ip_header *) (pkt_data + 14);
    //获得 UDP 首部的位置
    ip_len = (ih->ver_ihl & 0xf) * 4;
    uh = (udp_header *) ((u_char*)ih + ip_len);
    //将网络字节序列转换成主机字节序列
    sport = ntohs( uh->sport );
    dport = ntohs( uh->dport );
    //打印 IP 地址和 UDP 端口
    printf("%d.%d.%d.%d.%d -> %d.%d.%d.%d.%d\n",
        ih->saddr.byte1,
        ih->saddr.byte2,
        ih->saddr.byte3,
        ih->saddr.byte4,
        sport,
        ih->daddr.byte1,
        ih->daddr.byte2,
        ih->daddr.byte3,
        ih->daddr.byte4,
        dport);
}
```

回调函数 packet_handler() 从 header 指针指向的 pcap_pkthdr 结构中获得捕获数据帧的时间戳，根据参数 pkt_data 获得原始数据帧的缓冲区位置，将指针定位到 IP 首部和 UDP 首部，提取出源和目的 IP 地址、端口号，将这些信息打印出来。

通过以上五个步骤，使用 wpcap.dll 完成了网络数据捕获与分析的基本过程，UDP 流量捕获程序的完整代码如下：

```
1  #include <pcap.h>
2  //对回调函数 packet_handler 的声明
3  void packet_handler(u_char *param, const struct pcap_pkthdr *header, const
       u_char *pkt_data);
4  //主函数
5  int _tmain(int argc, _TCHAR* argv[])
6  {
7      pcap_if_t *alldevs;
8      pcap_if_t *d;
9      int inum;
10     int i=0;
11     pcap_t *adhandle;
12     char errbuf[PCAP_ERRBUF_SIZE];
13     u_int netmask;
14     char packet_filter[] = "ip and udp";
15     struct bpf_program fcode;
16     /* ************************************************************************/
17     /*                      获取本地机器设备列表代码                          */
18     if(pcap_findalldevs(&alldevs, errbuf) == -1)
19     {
20         fprintf(stderr,"pcap_findalldevs 函数调用错误 : %s\n", errbuf);
21         return 1;
22     }
23     /* 打印设备列表 */
24     for(d=alldevs; d; d=d->next)
25     {
26         printf("%d. %s", ++i, d->name);
27         if (d->description)
28             printf(" (%s)\n", d->description);
29         else
30             printf(" (没有可用的描述符)\n");
31     }
32     if(i==0)
33     {
34         printf("\n 无法找到网络接口！请确认 WinPcap 已正确安装 .\n");
35         return -1;
36     }
37     /* ************************************************************************/
38     /*                          打开指定的网卡代码                            */
39     printf("请输入待捕获数据的网卡编号 (1-%d):",i);
40     scanf("%d", &inum);
41     //检查用户输入的网卡编号是否合法
42     if(inum < 1 || inum > i)
43     {
44         printf("\nAdapter number out of range.\n");
45         /* 释放设备列表 */
46         pcap_freealldevs(alldevs);
47         return -1;
48     }
49     //跳转到用户选择的网卡
50     for(d=alldevs, i=0; i< inum-1 ;d=d->next, i++);
51     //打开网卡
52     adhandle= pcap_open_live(d->name,      //设备名
53                      65536,                //保证捕获到每个数据帧的全部内容
54                      1,                    //混杂模式
```

```
55                          1000,                    //读取超时时间
56                          errbuf                   //错误缓冲区
57                          );
58      if ( adhandle == NULL)
59      {
60          fprintf(stderr,"\n 无法打开网卡，WinPcap 不支持 %s \n", d->name);
61          //释放设备列表
62          pcap_freealldevs(alldevs);
63          return -1;
64      }
65      //检查链接层。本程序只支持以太网
66      if(pcap_datalink(adhandle) != DLT_EN10MB)
67      {
68          fprintf(stderr,"\n 本程序仅在以太网环境下可用 .\n");
69          //释放设备列表
70          pcap_freealldevs(alldevs);
71          return -1;
72      }
73      /* ***********************************************************************/
74      /*                       设置过滤规则代码                                  */
75      if(d->addresses != NULL)
76          //获得第一个接口地址的网络掩码
77          netmask=((struct sockaddr_in *)(d->addresses->netmask))->
    _addr.S_un.S_addr;
78      else
79          //如果接口没有地址，那么我们假设一个 C 类的掩码
80          netmask=0xffffff;
81      //编译过滤器
82      if (pcap_compile(adhandle, &fcode, packet_filter, 1, netmask)<0 )
83      {
84          fprintf(stderr,"\n 无法编译过滤规则，请检查语法的正确性 .\n");
85          //释放设备列表
86          pcap_freealldevs(alldevs);
87          return -1;
88      }
89      //设置过滤器
90      if (pcap_setfilter(adhandle, &fcode)<0)
91      {
92          fprintf(stderr,"\n 设置过滤器错误 .\n");
93          //释放设备列表
94          pcap_freealldevs(alldevs);
95          return -1;
96      }
97      printf("\nlistening on %s...\n", d->description);
98       //不需要其他的设备列表信息，释放资源
99      pcap_freealldevs(alldevs);
100     /* ***********************************************************************/
101     /*                          捕获数据帧                                      */
102     pcap_loop(adhandle, 0, packet_handler, NULL);
103     return 0;
104 }
105 //每当有数据帧进入，则以下回调函数被 WinPcap 调用
106 void packet_handler(u_char *param,
                                        //在 pacp_loop() 函数中指定的参数 user
                    const struct pcap_pkthdr *header,
                                        //指向 pcap_pkthdr 结构的指针
                const u_char *pkt_data) //指向接收到的数据帧内容的指针
107 {
```

```
108        struct tm *ltime;
109        char timestr[16];
110        ip_header *ih;
111        udp_header *uh;
112        u_int ip_len;
113        u_short sport,dport;
114        time_t local_tv_sec;
115        //将时间戳转换成可识别的格式
116        local_tv_sec = header->ts.tv_sec;
117        ltime=localtime(&local_tv_sec);
118        strftime( timestr, sizeof timestr, "%H:%M:%S", ltime);
119        //打印数据帧的时间戳和长度
120        printf("%s.%.6d len:%d ", timestr, header->ts.tv_usec, header->len);
121        //获得 IP 数据帧首部的位置
122        ih = (ip_header *) (pkt_data + 14);
123        //获得 UDP 首部的位置
124        ip_len = (ih->ver_ihl & 0xf) * 4;
125        uh = (udp_header *) ((u_char*)ih + ip_len);
126        //将网络字节序列转换成主机字节序列
127        sport = ntohs( uh->sport );
128        dport = ntohs( uh->dport );
129        //打印 IP 地址和 UDP 端口
130        printf("%d.%d.%d.%d.%d -> %d.%d.%d.%d.%d\n",
131            ih->saddr.byte1,
132            ih->saddr.byte2,
133            ih->saddr.byte3,
134            ih->saddr.byte4,
135            sport,
136            ih->daddr.byte1,
137            ih->daddr.byte2,
138            ih->daddr.byte3,
139            ih->daddr.byte4,
140            dport);
141    }
```

程序的运行结果如图 9-12 所示。

```
命令提示符 - pcaptest

D:\codetest\pcaptest\Debug>pcaptest

No interfaces found! Make sure WinPcap is installed.

D:\codetest\pcaptest\Debug>pcaptest
1. \Device\NPF_{CFFDA097-14E8-4BA2-930E-75CE5EB4E4C5} (Microsoft)
2. \Device\NPF_{815F35DB-900E-47D8-A63A-01BE948F92ED} (Intel(R) 82566MM Gigabit
Network Connection)
3. \Device\NPF_{984BE229-8D5F-4B32-A75F-0C4E81D0F466} (Microsoft)
Enter the interface number (1-3):1

listening on Microsoft...
00:55:28.160314 len:82 61.177.239.10.10149 -> 192.168.1.100.10100
00:55:28.287260 len:88 124.160.248.130.27788 -> 192.168.1.100.10100
00:55:33.219959 len:82 222.170.223.171.55677 -> 192.168.1.100.10100
00:55:33.293918 len:82 124.166.34.129.10129 -> 192.168.1.100.10100
00:55:34.722424 len:82 121.56.176.48.23493 -> 192.168.1.100.10100
00:55:38.255857 len:82 115.52.173.94.42045 -> 192.168.1.100.10100
00:55:44.194311 len:82 60.11.101.162.10102 -> 192.168.1.100.10100
00:55:44.504198 len:82 123.145.102.115.62792 -> 192.168.1.100.10100
00:55:45.232627 len:82 222.170.223.171.55677 -> 192.168.1.100.10100
```

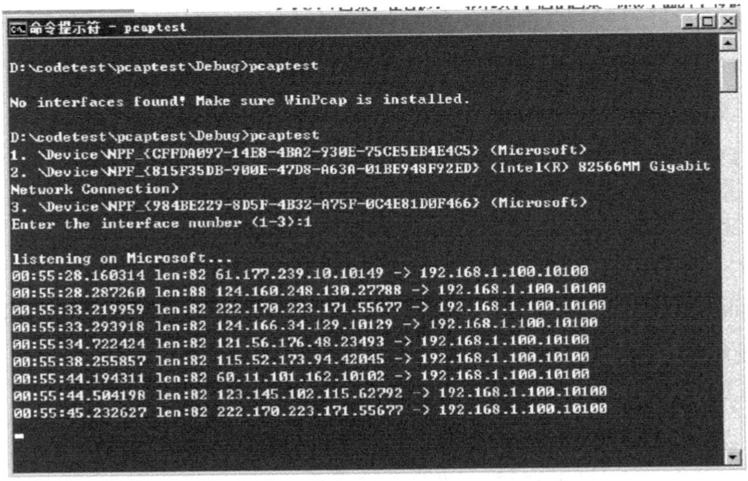

图 9-12 数据捕获程序运行截图

9.6 Packet.dll 的常用数据结构和函数

9.6.1 Packet.dll 的常用数据结构

1. 网卡结构：_ADAPTER

_ADAPTER 结构用于描述网卡的基本信息，其定义如下：

```
typedef struct _ADAPTER {
    HANDLE hFile;
    CHAR  SymbolicLink[MAX_LINK_NAME_LENGTH];
    int NumWrites;
    HANDLE ReadEvent;
    UINT ReadTimeOut;
}ADAPTER, *LPADAPTER;
```

其中：

- hFile：一个打开的 NPF 驱动程序实例的句柄；
- SymbolicLink：当前打开的网卡的名字；
- NumWrites：在这个适配器上写了多少数据；
- ReadEvent：这块适配器上的 read 操作的通知事件，它可以被传递给标准 Win32 函数(如 WaitForSingleObject() 或者 WaitForMultipleObjects())，这样可以等待到驱动程序的缓冲区内有数据到来，在同时等待几个事件的 GUI 程序中该参数特别有用；
- ReadTimeOut：等待读操作的超时时间间隔。

2. 数据帧结构：_PACKET

_PACKET 结构用于描述原始数据帧的基本信息，其定义如下：

```
typedef struct _PACKET {
    HANDLE          hEvent;
    OVERLAPPED      OverLapped;
    PVOID           Buffer;
    UINT            Length;
    DWORD           ulBytesReceived;
    BOOLEAN         bIoComplete
}PACKET, *LPPACKET;
```

其中：

- hEvent：向后兼容使用，用来指定异步调用的事件；
- OverLapped：向后兼容使用，用来处理对驱动程序的异步调用；
- Buffer：指向一段缓冲区的指针，该缓冲区包含了数据帧的数据；
- Length：缓存区的长度；
- ulBytesReceived：该缓冲区中包含的有效数据的大小；
- bIoComplete：向后兼容使用，在异步调用中用来表示该数据帧是否包含有效的数据。

3. 网卡地址结构：npf_if_addr

npf_if_addr 结构用于保存网卡地址的描述信息，其定义如下：

```
typedef struct npf_if_addr {
    struct sockaddr IPAddress;    //描述 IP 地址
    struct sockaddr SubnetMask;   //描述子网掩码
```

```
    struct sockaddr Broadcast;    //描述广播地址
}npf_if_addr;
```

4. 数据帧首部结构：bpf_hdr

bpf_hdr 结构用于保存一个原始数据帧的首部结构，其定义如下：

```
struct bpf_hdr {
    struct timeval bh_tstamp;
    UINT bh_caplen;
    UINT bh_datalen;
    USHORT bh_hdrlen;
};
```

其中：

- bh_tstamp：收到数据帧的时间戳；
- bh_caplen：实际捕获的数据帧长度，以字节为单位；
- bh_datalen：所捕获的数据帧的真实长度，如果文件中保存的不是完整的数据帧，那么这个值可能要比 bh_caplen 的值大；
- bh_hdrlen：考虑对齐填充后的 bpf 首部的实际长度。

5. 转储文件的数据帧首部结构：dump_bpf_hdr

dump_bpf_hdr 结构用于保存一个转储文件中原始数据帧的首部结构，其定义如下：

```
struct dump_bpf_hdr{
    struct timeval ts;
    UINT caplen;
    UINT len;
};
```

其中：

- ts：收到数据帧的时间戳；
- caplen：实际捕获的数据帧长度，以字节为单位；
- len ：所捕获的数据帧的真实长度，如果文件中保存的不是完整的数据帧，那么这个值可能要比 caplen 的值大。

6. 统计数据结构：bpf_stat

bpf_stat 结构用于保存数据监测的统计信息，其定义如下：

```
struct bpf_stat {
   UINT bs_recv;
   UINT bs_drop;
};
```

其中：

- bs_recv：从捕获开始，该驱动程序从网卡上接收的数据帧数量（包括丢失的）；
- bs_drop：从捕获开始，这个驱动程序丢失的数据帧数量。

9.6.2 Packet.dll 的常用函数

Packet.dll 提供了友好、功能强大的函数调用，是应用程序使用 WinPcap 更加底层的方式。Packet.dll 输出了一组函数，用来捕获和分析网络流量。这些函数的主要功能如表 9-2 所示。

表 9-2 Packet.dll 的常用函数

函数名称	简要描述
PacketGetAdapterNames()	从注册表中读取网卡名称，得到现有的网卡列表和它们的描述
PacketOpenAdapter()	根据传入的网卡名称打开网卡
PacketGetNetInfoEx()	返回某个网卡的全面地址信息
PacketGetNetType()	返回某个网卡的 MAC 类型
PacketGetVersion()	返回关于 Packet.dll 的版本信息
PacketSetHwFilter()	设置过滤器，典型的过滤规则有： NDIS_PACKET_TYPE_PROMISUOUS：接收所有流过的数据帧 NDIS_PACKET_TYPE_DIRECTED：接收发给本地主机网卡的数据帧 NDIS_PACKET_TYPE_BROADCAST：接收广播的数据帧 NDIS_PACKET_TYPE_ALL_MULTICAST：接收所有多播数据帧 NDIS_PACKET_TYPE_ALL_LOCAL：接收所有本地数据帧
PacketSetBuff()	设置数据捕获的核心缓冲区的大小
PacketSetBpf()	设置过滤规则
PacketSetReadTimeout()	设置一次读操作返回的超时时间
PacketAllocatePacket()	分配一个 _PACKET 结构
PacketFreePacket()	释放 _PACKET 结构
PacketInitPacket()	初始化一个 _PACKET 结构，将 _PACKET 结构中的 buffer 设置为用户分配的缓冲区
PacketReceivePacket()	从 NPF 驱动程序上读取数据
PacketSendPacket()	从 NPF 驱动程序上发送一个或多个数据帧的副本
PacketSetNumWrites()	设置调用 PacketSendPacket() 函数发送一个数据帧副本所重复的次数
PacketGetStats()	得到当前捕获进程的统计信息
PacketCloseAdapter()	关闭网卡

9.6.3 Packet.dll 的工作流程

使用 Packet.dll 提供的一些函数可以设置和捕获网络设备上传输的数据，常用的操作是数据捕获和发送功能。

1. 捕获数据帧

捕获数据帧的函数调用流程如下：

1）调用 PacketGetAdapterName() 函数获得主机上的网络设备，该函数返回一个指向主机中网络设备（如网卡）的指针；

2）选择待捕获数据帧的网络设备，调用 PacketOpenAdapter() 函数打开这个网络设备；

3）调用 PacketSetHwFilter() 函数，根据捕获需要设置网卡的工作模式，一般设置为混杂模式；

4）调用 PacketSetBpf() 函数编辑和设置过滤规则（本步骤可选）；

5）调用 PacketSetBuff() 函数设置核心缓冲区大小；

6）调用 PacketSetReadTimeout() 函数设置读操作等待时间；

7）调用 PacketAllocatePacket() 函数分配 _PACKET 结构；

8）分配一段用户缓冲区，并调用 PacketInitPacket() 函数初始化用户缓冲区；

9）循环调用 PacketReceivePacket() 函数捕获网络数据帧；

10）调用 PacketFreePacket() 函数释放 _PACKET 结构，并释放用户缓冲区；

11）调用 PacketClosePacket() 函数关闭网卡设备。

2. 发送数据帧

发送数据帧的函数调用流程如下：

1）调用 PacketGetAdapterName() 函数获得主机上的网络设备，该函数返回一个指向主机上的网络设备（如网卡）的指针；

2）选择待捕获数据帧的网络设备，调用 PacketOpenAdapter() 函数打开这个网络设备；

3）调用 PacketAllocatePacket() 函数分配 _PACKET 结构；

4）分配一段用户缓冲区，并调用 PacketInitPacket() 函数初始化用户缓冲区；

5）填充用户缓冲区的内容；

6）调用 PacketSetNumWrites()，设置调用 PacketSendPacket() 函数发送一个数据帧副本所重复的次数；

7）调用 PacketSendPacket() 函数发送网络数据帧；

8）调用 PacketFreePacket() 函数释放 _PACKET 结构，并释放用户缓冲区；

9）调用 PacketClosePacket() 函数关闭网卡设备。

9.7 Packet.dll 编程实例——生成网络流量

在基于 WinPcap 的网络程序设计中，数据帧的构造与流量生成也是常见的应用之一。由于 WinPcap 直接操纵网卡，不受 TCP/IP 协议栈的影响，因此可以利用 WinPcap 构造任意数据帧进行发送，以下示例基于 Packet.dll 实现了对原始数据帧的构造和发送。

9.7.1 第一步：获取设备列表

在开始发送数据帧之前，通常需要获取与网卡绑定的设备列表。Packet.dll 提供了 PacketGetAdapterNames() 函数来实现这个功能，该函数的定义如下：

```
BOOLEAN PacketGetAdapterNames(
    PTSTR pStr,
    PULONG BufferSize
);
```

其中：

- pStr：指向一块用户负责分配的缓冲区，作为返回值，在函数调用完成后将网卡的名字填充进去；
- BufferSize：pStr 指向的缓冲区的大小。

通常，该函数是与网卡通信时要调用的第一个函数。它返回系统上已安装的网卡的名字。在每个网卡的名字后面，pStr 中还有一个与之相应的描述。由于结果都是通过查询注册表得到的，所以在 Windows NTx 和 Windows 9x/Me 下得到的字符串编码是不同的。Windows 9x 用 ASCII 编码，而 Windows NTx 则用 Unicode 编码。

如果函数执行成功则返回非零值。

下列代码调用 PacketGetAdapterNames() 函数得到一组网卡的描述信息，如果没有找到网卡，将打印错误信息。

```
char AdapterName[8192]; //保存网卡名称
ULONG AdapterLength;     //保存网卡名称长度
//获取网卡名称
AdapterLength = sizeof(AdapterName);
if(PacketGetAdapterNames((PTSTR)AdapterName,&AdapterLength)==FALSE)
{
    printf("无法获得网卡列表!\n");
    return -1;
}
```

9.7.2　第二步：打开网卡

获得网卡绑定的设备列表后，可以要求用户选择一个设备用于发送数据帧，数据发送之前，需要打开网卡，得到数据操作的示例。

这部分工作是由函数 PacketOpenAdapter() 完成的，该函数的定义如下：

```
LPADAPTER PacketOpenAdapter(
    LPTSTR AdapterName
);
```

其中 AdapterName 指定要打开的源设备名称。

如果打开成功，返回一个指针，它指向一个正确初始化了的 _ADAPTER 对象；否则，返回 NULL。

下列代码调用 PacketOpenAdapter() 函数打开用户指定的网卡，如果发生错误，将打印错误信息。

```
#define Max_Num_Adapter 10
LPADAPTER   lpAdapter = 0;         //指向 ADAPTER 结构的指针
int         AdapterNum=0,Open;
char        AdapterList[Max_Num_Adapter][8192];
DWORD       dwErrorCode;
do
{
   printf("请选择要打开的网卡编号: ");scanf_s("%d",&Open);
   if (Open>AdapterNum)
       printf("\n编号必须小于%d",AdapterNum);
} while (Open>AdapterNum);
lpAdapter = PacketOpenAdapter(AdapterList[Open-1]);
if (!lpAdapter || (lpAdapter->hFile == INVALID_HANDLE_VALUE))
{
   dwErrorCode=GetLastError();
   printf("无法打开网卡,错误码: %lx\n",dwErrorCode);
   return -1;
}
```

9.7.3　第三步：填充并初始化 _PACKET 对象

在 Packet.dll 中，原始数据帧的读取是通过 _PACKET 对象进行的，需要在数据发送前首先分配 _PACKET 对象，并将填充好的数据与该对象进行关联，然后在后续的操作中才能把数据发送出去。

_PACKET 对象的分配是通过 PacketAllocatePacket() 函数完成的，定义如下：

```
LPPACKET PacketAllocatePacket(void);
```

该函数没有输入参数，如果执行成功，返回指向 _PACKET 结构的指针。否则，返回 NULL。

PacketAllocatePacket() 函数并不负责为 _PACKET 结构的 Buffer 成员分配空间。这块缓冲区必须由应用程序分配，而且必须调用 PacketInitPacket() 将这块缓冲区和 _PACKET 结构关联到一起。

PacketInitPacket() 函数的定义如下：

```
VOID PacketInitPacket(
    LPPACKET lpPacket,
    PVOID Buffer,
    UINT Length
);
```

其中：

- lpPacket：指向 _PACKET 结构的指针；
- Buffer：指向一块用户分配的缓冲区的指针，这块缓冲区将保存待发送或待接收的原始数据；
- Length：缓冲区的大小，是一个读操作从网卡驱动程序传递到应用程序的最大数据量。

该函数没有返回值。

以下代码示例说明了 _PACKET 结构的初始化和填充过程。首先调用 PacketAllocatePacket() 函数分配一个 PACKET 结构对象，然后填充 packetbuff 缓冲区，并通过 PacketInitPacket() 函数将 lpPacket 指向的 PACKET 结构对象与 packetbuff 缓冲区进行关联：

```
LPPACKET    lpPacket;                       // 指向 PACKET 结构的指针
char        packetbuff[5000];               // 发送数据缓冲区
int         Snaplen;                        // 缓冲区长度
if((lpPacket = PacketAllocatePacket())==NULL)
{
   printf("\n 错误：无法分配 LPPACKET 结构。");
   return -1;
}
// 填充数据帧内容
packetbuff[0]=1;
packetbuff[1]=1;
packetbuff[2]=1;
packetbuff[3]=1;
packetbuff[4]=1;
packetbuff[5]=1;
packetbuff[6]=2;
packetbuff[7]=2;
packetbuff[8]=2;
packetbuff[9]=2;
packetbuff[10]=2;
packetbuff[11]=2;
for(i=12;i<1514;i++){
   packetbuff[i]= (char)i;
}
```

```
//初始化 PACKET
PacketInitPacket(lpPacket,packetbuff,Snaplen);
```

9.7.4 第四步：发送数据

Packet.dll 在发送数据时不仅具有灵活的原始帧构造能力，而且还可以通过设置单次写操作对应的实际发送帧数，设置一次数据发送操作可产生的重复帧数，这样，只用少量的系统调用就可以产生大量的网络流量。

发送次数的设置是通过 PacketSetNumWrites() 函数完成的，该函数定义如下：

```
BOOLEAN PacketSetNumWrites(
    LPADAPTER AdapterObject,
    int nwrites
);
```

其中：

- AdapterObject：指向一个正确初始化了的 _ADAPTER 对象，这个对象一般是通过 PacketOpenAdapter() 函数返回的；
- nwrites：发送次数，指明一次数据发送调用实际发出的重复帧数。

如果函数成功，返回非 0 值，否则返回 0。

数据发送功能是通过 PacketSendPacket() 函数完成的，该函数定义如下：

```
BOOLEAN PacketSendPacket(
    LPADAPTER AdapterObject ,
    LPPACKET lpPacket,
    BOOLEAN Sync
);
```

其中：

- AdapterObject：指向一个正确初始化了的 _ADAPTER 对象，这个对象一般是通过 PacketOpenAdapter() 函数返回的；
- lpPacket：指向一个 _PACKET 结构的指针。
- Sync：发送标志，保留。

如果函数成功，返回非 0 值，否则返回 0。

以下代码示例说明了对原始帧的发送过程。首先调用 PacketSetNumWrites() 函数设置单个缓冲区 packetbuff 在网卡上的发送次数，然后调用 PacketSendPacket() 函数发送数据：

```
LPADAPTER  lpAdapter = 0;                    //指向 ADAPTER 结构的指针
LPPACKET   lpPacket;                         //指向 PACKET 结构的指针
int        npacks;                           //单次发送的报文数
//设置发送次数
if(PacketSetNumWrites(lpAdapter,npacks)==FALSE)
    printf("无法在单次写操作上发送多个报文!\n");
printf("\n\n产生 %d 个数据帧 ...",npacks);
//发送数据
if(PacketSendPacket(lpAdapter,lpPacket,TRUE)==FALSE)
{
    printf("发送数据帧错误!\n");
    return -1;
}
```

基于以上基本步骤，完整的程序代码示例如下：

```
1  #include "stdafx.h"
2  #include <stdio.h>
3  #include <conio.h>
4  #include <time.h>
5  #include <packet32.h>
6  #define Max_Num_Adapter 10
7  int main(int argc, char* argv[])
8  {
9     char packetbuff[5000];            //发送数据缓冲区
10    LPADAPTER  lpAdapter = 0;         //指向 ADAPTER 结构的指针
11    LPPACKET   lpPacket;              //指向 PACKET 结构的指针
12    int        i,npacks,Snaplen;
13    DWORD      dwErrorCode;
14    char       AdapterName[8192];     //保存网卡名称
15    char       *temp,*temp1;
16    int        AdapterNum=0,Open;
17    ULONG      AdapterLength;
18    float      cpu_time;
19    char       AdapterList[Max_Num_Adapter][8192];
20    printf("* 流量发生器 *");
21    printf("\n 本软件使用 Packet.dll API 向网络发送一组数据帧 \n");
22    if (argc == 1){
23         printf("\n\n Usage: TrafficGenerator [-i adapter] -n npacks -s size");
24         printf("\n size is between 60 and 1514\n\n");
25         return -1;
26     }
27     AdapterName[0]=0;
28     //解析命令行参数
29     for(i=1;i<argc;i+=2)
30     {
31         switch (argv[i] [1])
32         {
33         case 'i':
34             sscanf_s(argv[i+1],"%s",AdapterName);
35             break;
36         case 'n':
37             sscanf_s(argv[i+1],"%d",&npacks);
38             break;
39         case 's':
40             sscanf_s(argv[i+1],"%d",&Snaplen);
41             break;
42         }
43     }
44     if(AdapterName[0]==0)
45     {
46         /*******************************************************************/
47         /*                        获取本地机器设备列表代码                        */
48         //获取网卡名称
49         printf("Adapters installed:\n");
50         i=0;
51         AdapterLength = sizeof(AdapterName);
52         if(PacketGetAdapterNames((PTSTR)AdapterName,&AdapterLength)==FALSE)
53         {
```

```
54              printf("无法获得网卡列表!\n");
55              return -1;
56          }
57          temp=AdapterName;
58          temp1=AdapterName;
59          while ((*temp!='\0')||(*(temp-1)!='\0'))
60          {
61              if (*temp=='\0')
62              {
63                  memcpy(AdapterList[i],temp1,temp-temp1);
64                  AdapterList[i][temp-temp1]='\0';
65                  temp1=temp+1;
66                  i++;
67              }
68              temp++;
69          }
70          /* *****************************************************************/
71          /*                   打开用户指定的网卡                          */
72          AdapterNum=i;
73          for (i=0;i<AdapterNum;i++)
74              printf("\n%d- %s\n",i+1,AdapterList[i]);
75          printf("\n");
76          do
77          {
78              printf("请选择要打开的网卡编号: ");scanf_s("%d",&Open);
79              if (Open>AdapterNum)
80                  printf("\n编号必须小于%d",AdapterNum);
81          } while (Open>AdapterNum);
82          lpAdapter =   PacketOpenAdapter(AdapterList[Open-1]);
83          if (!lpAdapter || (lpAdapter->hFile == INVALID_HANDLE_VALUE))
84          {
85              dwErrorCode=GetLastError();
86              printf("无法打开网卡, 错误码: %lx\n",dwErrorCode);
87              return -1;
88          }
89      }
90      else
91      {
92          lpAdapter =  PacketOpenAdapter(AdapterName);
93          if (!lpAdapter || (lpAdapter->hFile == INVALID_HANDLE_VALUE))
94          {
95              dwErrorCode=GetLastError();
96              printf("无法打开网卡, 错误码: %lx\n",dwErrorCode);
97              return -1;
98          }
99      }
100     /*****************************************************************/
101     /*            填充并初始化_PACKET对象                            */
102         if((lpPacket = PacketAllocatePacket())==NULL){
103             printf("\n错误: 无法分配LPPACKET结构。");
104             return (-1);
105     }
106     //填充数据帧内容
107     packetbuff[0]=1;
```

```
108     packetbuff[1]=1;
109     packetbuff[2]=1;
110     packetbuff[3]=1;
111     packetbuff[4]=1;
112     packetbuff[5]=1;
113     packetbuff[6]=2;
114     packetbuff[7]=2;
115     packetbuff[8]=2;
116     packetbuff[9]=2;
117     packetbuff[10]=2;
118     packetbuff[11]=2;
119     for(i=12;i<1514;i++){
120         packetbuff[i]= (char)i;
121     }
122     PacketInitPacket(lpPacket,packetbuff,Snaplen);
123     /* ********************************************************************/
124     /*                         发送数据                                   */
125     //设置发送次数
126     if(PacketSetNumWrites(lpAdapter,npacks)==FALSE){
127         printf("无法在单次写操作上发送多个报文!\n");
128     }
129     printf("\n\n产生 %d 个数据帧 ...",npacks);
130     cpu_time = (float)clock ();
131     if(PacketSendPacket(lpAdapter,lpPacket,TRUE)==FALSE){
132         printf("发送数据帧错误!\n");
133         return -1;
134     }
135     //计算总耗时
136     cpu_time = (clock() - cpu_time)/CLK_TCK;
137     printf ("\n\n总共消耗的时间: %5.3f\n", cpu_time);
138     printf ("\n总共发送的数据帧数 = %d", npacks);
139     printf ("\n总共产生的字节数 = %d", (Snaplen+24)*npacks);
140     printf ("\n总共产生的比特数 = %d", (Snaplen+24)*npacks*8);
141     printf ("\n每秒平均帧数 = %d", (unsigned int)((double)npacks/cpu_time));
142     printf ("\n每秒平均字节数 = %d",
            (unsigned int)((double)((Snaplen+24)*npacks)/cpu_time));
143     printf ("\n每秒平均比特数 = %d",
            (unsigned int)((double)((Snaplen+24)*npacks*8)/cpu_time));
144     printf ("\n");
145 
146     //释放 PACKET 结构
147     PacketFreePacket(lpPacket);
148     //关闭网卡并退出
149     PacketCloseAdapter(lpAdapter);
150     return 0;
151   }
```

程序首先对输入的参数进行检查和解析，第一个参数 i 指明发送数据的网卡，第二个参数 n 指明发送个数，第三个参数 s 指明发送数据帧长度。如果用户没有输入网卡名称，则首先获得网卡，并允许用户选择待发送数据的网卡编号，然后打开网卡，进行后续的数据填充和发送操作。数据发送后，对本次流量发生器的执行情况进行统计，执行结果如图 9-13 所示。

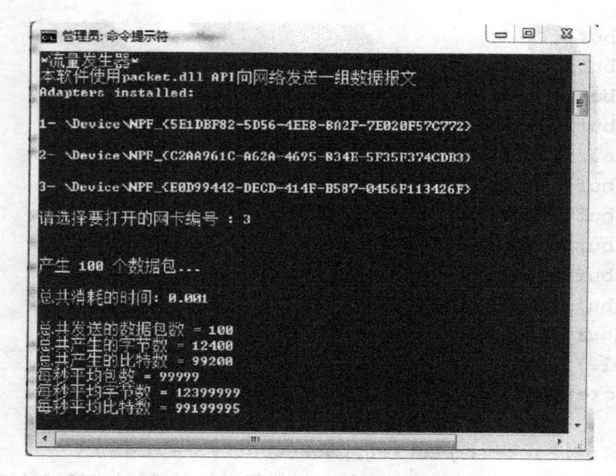

图 9-13 网络流量产生程序运行截图

习题

请比较使用原始套接字和 WinPcap 两种方式实现网络嗅探器的差别，从工作层次、数据内容、协议类型和调用方法等方面进行区分。

实验

1. 请使用 WinPcap 编程实现 ARP 欺骗，该程序能够构造 ARP 请求帧或响应帧，携带错误的 IP 地址和 MAC 地址对应关系，改变局域网内主机 ARP 缓存中 IP 地址与 MAC 地址的对应关系。
2. 请使用 WinPcap 编程实现一个用户级网桥，该网桥能够在多网卡主机上运行，从一个网卡中接收数据并将其转发到另一个网卡上，从而在数据链路层将网络中的多个网段连接起来。

附录　Windows Sockets 错误码

错误码 / 值	错误描述
WSA_INVALID_HANDLE 6	Specified event object handle is invalid. 应用程序试图使用一个事件对象，但指定的句柄非法。错误值依赖于操作系统
WSA_NOT_ENOUGH_MEMORY 8	Insufficient memory available. 应用程序使用了一个直接映射到 Win32 函数的 WinSock 函数，而 Win32 函数指示缺乏必要的内存资源。错误值依赖于操作系统
WSA_INVALID_PARAMETER 87	One or more parameters are invalid. 应用程序使用了一个直接映射到 Win32 函数的 WinSock 函数，而 Win32 函数指示一个或多个参数有问题。错误值依赖于操作系统
WSA_OPERATION_ABORTED 995	Overlapped operation aborted. 因为套接字的关闭，一个重叠操作被取消，或是执行了 WSAIoctl() 函数的 SIO_FLUSH 命令。错误值依赖于操作系统
WSA_IO_INCOMPLETE 996	Overlapped I/O event object not in signaled state. 应用程序试图检测一个没有完成的重叠操作的状态。应用程序使用函数 WSAGetOverlappedResult()（参数 fWait 设置为 false）以轮询模式检测一个重叠操作是否完成时将得到此错误码，除非该操作已经完成。错误值依赖于操作系统
WSA_IO_PENDING 997	Overlapped operations will complete later. 应用程序已经初始化了一个不能立即完成的重叠操作。当稍后此操作完成时将有完成指示。错误值依赖于操作系统
WSAEINTR 10004	Interrupted function call. 阻塞操作被函数 WSACancelBlockingCall () 调用所中断
WSAEBADF 10009	File handle is not valid. 文件描述符不正确。该错误表明提供的文件句柄无效。在 Microsoft Windows CE 下，socket 函数可能返回这个错误，表明共享串口处于“忙”状态
WSAEACCES 10013	Permission denied. 试图使用被禁止的访问权限访问套接字。例如，在没有使用函数 setsockopt() 的 SO_BROADCAST 命令设置广播权限的套接字上使用函数 sendto() 给一个广播地址发送数据
WSAEFAULT 10014	Bad address. 系统检测到调用试图使用的一个指针参数指向一个非法指针地址。如果应用程序传递一个非法的指针值，或缓冲区长度太小，此错误发生。例如，参数为结构 sockaddr，但参数的长度小于 sizeof(struct sockaddr)
WSAEINVAL 10022	Invalid argument. 提供了非法参数（例如，在使用 setsockopt() 函数时指定了非法的层次）。在一些实例中，它也可能与套接字的当前状态相关，例如，在套接字没有使用 listen() 使其处于监听时调用 accept() 函数

（续）

错误码 / 值	错误描述
WSAEMFILE 10024	Too many open files. 打开了太多的套接字。不管是对整个系统还是每一进程或线程，Windows Sockets 实现都可能有一个最大可用的套接字句柄数
WSAEWOULDBLOCK 10035	Resource temporarily unavailable. 此错误由在非阻塞套接字上不能立即完成的操作返回，例如，当套接字上没有排队数据可读时调用了 recv() 函数。此错误不是严重错误，相应操作应该稍后重试。对于在非阻塞 SOCK_STREAM 套接字上调用 connect() 函数来说，报告 WSAEWOULDBLOCK 是正常的，因为建立一个连接必须花费一些时间
WSAEINPROGRESS 10036	Operation now in progress. 一个阻塞操作正在执行。Windows Sockets 只允许一个任务（或线程）在同一时间可以有一个未完成的阻塞操作，如果此时调用了任何函数（不管此函数是否引用了该套接字或任何其他套接字），此函数将以错误码 WSAEINPROGRESS 返回
WSAEALREADY 10037	Operation already in progress. 当在非阻塞套接字上已经有一个操作正在进行时，又有一个操作试图在其上执行则产生此错误。如：在一个正在进行连接的非阻塞套接字上第二次调用 connect() 函数，或取消一个已经被取消或已完成的异步请求（WSAAsyncGetXbyY()）
WSAENOTSOCK 10038	Socket operation on nonsocket. 操作试图不是在套接字上进行。它可能是套接字句柄参数没有引用到一个合法套接字，或者是调用 select() 函数时一个 fd_set 中的成员不合法
WSAEDESTADDRREQ 10039	Destination address required. 在套接字上一个操作所必需的地址被遗漏。例如，如果 sendto() 函数被调用且远程地址为 ADDR_ANY 时，此错误被返回
WSAEMSGSIZE 10040	Message too long. 在数据报套接字上发送的一个消息大于内部消息缓冲区或一些其他网络限制，或者是用来接收数据报的缓冲区小于数据报本身
WSAEPROTOTYPE 10041	Protocol wrong type for socket. 在 socket() 函数调用中指定的协议不支持请求的套接字类型的语义。例如，ARPA Internet UDP 协议不能和 SOCK_STREAM 套接字类型一同指定
WSAENOPROTOOPT 10042	Bad protocol option. 在 getsockopt() 或 setsockopt() 调用中，指定了一个未知的、非法的或不支持的选项或层（level）
WSAEPROTONOSUPPORT 10043	Protocol not supported. 请求的协议没有在系统中配置或没有支持它的实现存在。例如，socket() 调用请求一个 SOCK_DGRAM 套接字，但指定的是流协议
WSAESOCKTNOSUPPORT 10044	Socket type not supported. 不支持在此地址族中指定的套接字类型。例如，socket() 调用中选择了可选的套接字类型 SOCK_RAW，但是实现却根本不支持 SOCK_RAW 类型的套接字
WSAEOPNOTSUPP 10045	Operation not supported. 对于引用的对象类型来说，不支持试图进行的操作。通常它发生在套接字不支持此操作的套接字描述符上，例如，试图在数据报套接字上接收连接

（续）

错误码 / 值	错误描述
WSAEPFNOSUPPORT 10046	Protocol family not supported. 协议簇没有在系统中配置或没有支持它的实现存在。它与WSAEAFNOSUPPORT有些微的不同，但在绝大多数情况下是可互换的，返回这两个错误的所有Windows Sockets函数的说明见WSAEAFNOSUPPORT的描述
WSAEAFNOSUPPORT 10047	Address family not supported by protocol family. 使用的地址与被请求的协议不兼容。所有的套接字在创建时都与一个地址族（如IP协议对应的AF_INET）和一个通用的协议类型（如SOCK_STREAM）联系起来。如果在socket()调用中明确地要求一个不正确的协议，或在调用sendto()等函数时使用了对套接字来说是错误的地址族的地址，该错误返回
WSAEADDRINUSE 10048	Address already in use. 正常情况下每一个套接字地址（协议 / IP地址 / 端口号）只允许使用一次。当应用程序试图使用bind()函数将一个被已存在的或没有完全关闭的或正在关闭的套接字使用了的IP地址 / 端口号绑定到一个新套接字上时，该错误发生。对于服务器应用程序来说，如果需要使用bind()函数将多个套接字绑定到同一个端口上，可以考虑使用setsockopt()函数的SO_REUSEADDR命令。客户应用程序一般不必使用bind()函数——connect()函数总是自动选择没有使用的端口号。当bind()函数操作的是通配地址（包括ADDR_ANY）时，错误WSAEADDRINUSE可能延迟到一个明确的地址被提交时才发生。这可能在后续的函数如connect()、listen()、WSAConnect()或WSAJoinLeaf()调用时发生
WSAEADDRNOTAVAIL 10049	Cannot assign requested address. 被请求的地址在其环境中是不合法的。通常地在bind()函数试图将一个本地机器不合法的地址绑定到套接字时产生。它也可能在connect()、sendto()、WSAConnect()、WSAJoinLeaf()或WSASendTo()函数调用时因远程机器的远程地址或端口号非法（如0地址或0端口号）而产生
WSAENETDOWN 10050	Network is down. 套接字操作遇到一个不活动的网络。此错误可能指示网络系统（例如Windows Sockets DLL运行的协议栈）、网络接口或本地网络本身发生了一个严重的失败
WSAENETUNREACH 10051	Network is unreachable. 试图和一个无法到达的网络进行套接字操作。它常常意味着本地软件不知道到达远程主机的路由
WSAENETRESET 10052	Network dropped connection on reset. 在操作正在进行时连接因“keep-alive”检测到失败而中断。也可能由setsockopt()函数返回，如果试图使用它在一个已经失败的连接上设置SO_KEEPALIVE
WSAECONNABORTED 10053	Software caused connection abort. 一个已建立的连接被你的主机上的软件终止，可能是因为一次数据传输超时或是协议错误
WSAECONNRESET 10054	Connection reset by peer. 存在的连接被远程主机强制关闭。通常原因为：远程主机上对等方应用程序突然停止运行，或远程主机重新启动，或远程主机在远程方套接字上使用了“强制”关闭（参见setsockopt(SO_LINGER)）。另外，在一个或多个操作正在进行时，如果连接因“keep-alive”活动检测到一个失败而中断，也可能导致此错误。此时，正在进行的操作以错误码WSAENETRESET失败返回，后续操作将失败返回错误码WSAECONNRESET

（续）

错误码 / 值	错误描述
WSAENOBUFS 10055	No buffer space available. 由于系统缺乏足够的缓冲区空间，或因为队列已满，在套接字上的操作无法执行
WSAEISCONN 10056	Socket is already connected. 连接请求发生在已经连接的套接字上。一些实现对于在已连接的SOCK_DGRAM套接字上使用sendto()函数的情况也返回此错误（对于SOCK_STREAM套接字，sendto()函数的to参数被忽略），尽管其他一些实现将此操作视为合法事件
WSAENOTCONN 10057	Socket is not connected. 因为套接字没有连接，发送或接收数据的请求不被允许，或者是使用sendto()函数在数据报套接字上发送时没有提供地址。任何其他类型的操作也可以返回此错误，例如，使用setsockopt()函数在一个已重置的连接上设置SO_KEEPALIVE
WSAESHUTDOWN 10058	Cannot send after socket shutdown. 因为套接字在相应方向上已经被先前的shutdown()调用关闭，因此该方向上的发送或接收请求不被允许。通过调用shutdown()函数来请求对套接字的部分关闭，它发送一个信号来停止发送或接收或双向操作
WSAETOOMANYREFS 10059	Too many references. 指向内核对象的引用过多
WSAETIMEDOUT 10060	Connection timed out. 连接请求因被连接方在一个时间周期内不能正确响应而失败，或已经建立的连接因被连接的主机不能响应而失败
WSAECONNREFUSED 10061	Connection refused. 因为目标主机主动拒绝，连接不能建立。这通常是因为试图连接到一个远程主机上不活动的服务，如没有服务器应用程序处于执行状态
WSAELOOP 10062	Cannot translate name. 无法转换名称
WSAENAMETOOLONG 10063	Name too long. 名称过长
WSAEHOSTDOWN 10064	Host is down. 套接字操作因为目的主机关闭而失败返回；套接字操作遇到不活动主机；本地主机上的网络活动没有初始化。这些条件由错误码WSAETIMEDOUT指示似乎更合适
WSAEHOSTUNREACH 10065	No route to host. 试图和一个不可达主机进行套接字操作。参见WSAENETUNREACH
WSAENOTEMPTY 10066	Directory not empty. 无法删除一个非空目录
WSAEPROCLIM 10067	Too many processes. Windows Sockets实现可能限制同时使用它的应用程序的数量，如果达到此限制，WSAStartup()函数可能因此错误失败
WSAEUSERS 10068	User quota exceeded. 超出用户配额
WSAEDQUOT 10069	Disk quota exceeded. 超出磁盘配额
WSAESTALE 10070	Stale file handle reference. 对文件句柄的引用已不可用

（续）

错误码 / 值	错误描述
WSAEREMOTE 10071	Item is remote. 该项在本地不可用
WSASYSNOTREADY 10091	Network subsystem is unavailable. 此错误由 WSAStartup() 函数返回，它表示此时 Windows Sockets 实现因底层用来提供网络服务的系统不可用。用户应该检查：是否有合适的 Windows Sockets DLL 文件在当前路径中，是否同时使用了多个 WinSock 实现。如果有多于一个的 Windows Sockets DLL 在系统中，必须确保搜索路径中第一个 Windows Sockets DLL 文件是当前加载的网络子系统所需要的
WSAVERNOTSUPPORTED 10092	winsock.dll version out of range. 当前的 WinSock 实现不支持应用程序指定的 Windows Sockets 规范版本。检查是否有旧的 Windows Sockets DLL 文件正在被访问
WSANOTINITIALISED 10093	Successful WSAStartup not yet performed. 应用程序没有调用 WSAStartup() 函数，或函数 WSAStartup() 调用失败了。应用程序可能访问了不属于当前活动任务的套接字（例如试图在任务间共享套接字），或调用了过多的 WSACleanup() 函数
WSAEDISCON 10101	Graceful shutdown in progress. 由 WSARecv() 和 WSARecvFrom() 函数返回，指示远程方已经初始化了一个"雅致"的关闭序列
WSAENOMORE 10102	No more results. WSALookupServiceNext () 函数没有后续结果返回
WSAECANCELLED 10103	Call has been canceled. 对 WSALookupServiceEnd () 函数的调用被取消
WSAEINVALIDPROCTABLE 10104	Procedure call table is invalid. 进程调用表无效。该错误通常是在进程表包含了无效条目的情况下由一个服务提供者返回的
WSAEINVALIDPROVIDER 10105	Service provider is invalid. 服务提供者无效。该错误同服务提供者关联在一起，在提供者不能建立正确的 WinSock 版本，从而无法正常工作的前提下产生
WSAEPROVIDERFAILEDINIT 10106	Service provider failed to initialize. 提供者初始化失败。这个错误同服务提供者关联在一起，通常见于提供者不能载入需要的 DLL 时
WSASYSCALLFAILURE 10107	System call failure. 当一个不应该失败的系统调用失败时返回。例如，如果 WaitForMultipleObjects() 调用失败，或注册的 API 不能够利用协议 / 名字空间目录
WSASERVICE_NOT_FOUND 10108	Service not found. 此类服务未知，该服务无法在指定的名字空间中找到
WSATYPE_NOT_FOUND 10109	Class type not found. 指定的类没有找到
WSA_E_NO_MORE 10110	No more results. WSALookupServiceNext () 函数没有后续结果返回
WSA_E_CANCELLED 10111	Call was canceled. 对 WSALookupServiceEnd() 函数的调用被取消
WSAEREFUSED 10112	Database query was refused. 数据库请求被拒绝

（续）

错误码 / 值	错误描述
WSAHOST_NOT_FOUND 11001	Host not found. 主机未知。此名字不是一个正式主机名，也不是一个别名，它不能在查询的数据库中找到 此错误也可能在协议和服务查询中返回，它意味着指定的名字不能在相关数据库中找到
WSATRY_AGAIN 11002	Nonauthoritative host not found. 此错误通常是在主机名解析时的临时错误，它意味着本地服务器没有从授权服务器接收到一个响应。稍后的重试可能会获得成功
WSANO_RECOVERY 11003	This is a nonrecoverable error. 此错误码指示在数据库查找时发生了某种不可恢复错误。它可能是因为数据库文件（如 BSD 兼容的 HOSTS、SERVICES 或 PROTOCOLS 文件）找不到，或 DNS 请求应答服务器有严重错误而返回
WSANO_DATA 11004	Valid name, no data record of requested type. 请求的名字合法并且在数据库中找到了，但它没有用于解析的正确的关联数据。此错误的通常例子是主机名到地址（使用 gethostbyname() 或 WSAAsyncGetHostByName() 函数）的 DNS 转换请求，返回了 MX（Mail eXchanger）记录但是没有 A（Address）记录，它指示主机本身是存在的，但是不能直接到达
WSA_QOS_RECEIVERS 11005	QoS receivers. 至少有一条预约消息抵达。这个值同 IP 服务质量（QoS）有着密切的关系，其实并不是一个真正的"错误"，它指出网络上至少有一个进程希望接收 QoS 通信
WSA_QOS_SENDERS 11006	QoS senders. 至少有一条路径消息抵达。这个值同 IP 服务质量有着密切的关系，更像一种状态报告消息。它指出网络至少有一个进程希望进行 QoS 数据的发送
WSA_QOS_NO_SENDERS 11007	No QoS senders. 没有 QoS 发送者。这个值同 QoS 关联在一起，指出不再有任何进程对 QoS 数据的发送有兴趣
WSA_QOS_NO_RECEIVERS 11008	QoS no receivers. 没有 QoS 接收者。这个值同 QoS 关联在一起，指出不再有任何进程对 QoS 数据的接收有兴趣
WSA_QOS_REQUEST_CONFIRMED 11009	QoS request confirmed. 预约请求已被确认。QoS 应用可事先发出请求，希望在批准了自己对网络带宽的预约请求后收到通知
WSA_QOS_ADMISSION_FAILURE 11010	QoS admission error. 资源缺乏导致 QoS 错误，无法满足 QoS 带宽请求
WSA_QOS_POLICY_FAILURE 11011	QoS policy failure. 证书无效。表明发出 QoS 预约请求的时候，要么用户并不具备正确的权限，要么提供的证书无效
WSA_QOS_BAD_STYLE 11012	QoS bad style. 未知或冲突的样式。QoS 应用程序可针对一个指定的会话，建立不同的过滤器样式。如果出现这一错误，表明指定的样式类型要么未知，要么存在冲突
WSA_QOS_BAD_OBJECT 11013	QoS bad object. 无效的 FILTERSPEC 结构或者提供者特有的对象。假如为 QoS 对象提供的 FILTERSPEC 结构无效，或者提供者特有的缓冲区无效，便会返回该错误

（续）

错误码 / 值	错误描述
WSA_QOS_TRAFFIC_CTRL_ERROR 11014	QoS traffic control error. FLOWSPEC 有问题。加入的通信控制组件发现指定的 FLOWSPEC 参数存在问题（作为 QoS 对象的一个成员传递），便会返回该错误
WSA_QOS_GENERIC_ERROR 11015	QoS generic error. 常规 QoS 错误。这是一个比较泛泛的错误，加入其他 QoS 都不适合，便返回该错误
WSA_QOS_ESERVICETYPE 11016	QoS service type error. 在 QoS 的 FLOWSPEC 中发现无效的或不可识别的服务类型
WSA_QOS_EFLOWSPEC 11017	QoS flowspec error. 在 QoS 的结构中发现不正确或不一致的 FLOWSPEC
WSA_QOS_EPROVSPECBUF 11018	Invalid QoS provider buffer. 无效的 QoS 提供者缓冲区
WSA_QOS_EFILTERSTYLE 11019	Invalid QoS filter style. 无效的 QoS 过滤器样式
WSA_QOS_EFILTERTYPE 11020	Invalid QoS filter type. 无效的 QoS 过滤器类型
WSA_QOS_EFILTERCOUNT 11021	Incorrect QoS filter count. 在 FLOWDESCRIPTOR 中指定了错误的 QoS FILTERSPEC 标识
WSA_QOS_EOBJLENGTH 11022	Invalid QoS object length. 在 QoS 提供程序特定的缓冲区中，对象长度域不正确
WSA_QOS_EFLOWCOUNT 11023	Incorrect QoS flow count. QoS 结构中指定的流描述符数量不正确
WSA_QOS_EUNKOWNPSOBJ 11024	Unrecognized QoS object. 在 QoS 提供程序特定的缓冲区中发现无法识别的对象
WSA_QOS_EPOLICYOBJ 11025	Invalid QoS policy object. 在 QoS 提供程序特定的缓冲区中发现不正确的策略对象
WSA_QOS_EFLOWDESC 11026	Invalid QoS flow descriptor. 在流的描述列表中出现不正确的 QoS 流描述符
WSA_QOS_EPSFLOWSPEC 11027	Invalid QoS provider-specific flowspec. 在 QoS 提供程序特定的缓冲区中发现不正确或不一致的 FLOWSPEC
WSA_QOS_EPSFILTERSPEC 11028	Invalid QoS provider-specific filterspec. 在 QoS 提供程序特定的缓冲区中发现不正确的 FILTERSPEC
WSA_QOS_ESDMODEOBJ 11029	Invalid QoS shape discard mode object. 在 QoS 提供程序特定的缓冲区中发现不正确波形丢弃模式对象
WSA_QOS_ESHAPERATEOBJ 11030	Invalid QoS shaping rate object. 在 QoS 提供程序特定的缓冲区中发现一个无效的成形速率对象
WSA_QOS_RESERVED_PETYPE 11031	Reserved policy QoS element type. 在 QoS 提供程序特定的缓冲区中发现保留的策略元素

参考文献

[1] 蒋东兴，林鄂华，等 . Windows Sockets 网络程序设计大全 [M]. 北京：清华大学出版社 . 2000.

[2] Anthony Jones, Jim Ohlund. Windows 网络编程技术 [M]. 京京工作室，译 . 北京：机械工业出版社 . 2000.

[3] Jon C Snader. Effective TCP/IP Programming: 44 Tips to Improve Your Network Programs [M]. Addison-Wesley Professional. 2000.

[4] 谭献海，等 . 网络编程技术及应用 [M]. 北京：清华大学出版社 . 2007.

[5] 王艳平 . Windows 网络与通信程序设计 [M].2 版 . 北京：清华大学出版社 . 2009.

[6] 罗莉琴，詹祖桥，等 . Windows 网络编程 [M]. 北京：人民邮电出版社 . 2011.

[7] 高守传，周书锋 . Windows 网络程序设计完全讲义 [M]. 北京：中国水利水电出版社 . 2010.

[8] 罗杰文 . Peer to Peer 综述 [EB/OL]. http:// www.intsci.ac.cn/users/luojw/papers/p2p.htm. 2005.

[9] WinPcap. The Industry-Standard Windows Packet Capture Library [EB/OL]. http:// www.winpcap.org/. 2012.

[10] Windows Sockets Error Codes [EB/OL].http:// msdn.microsoft.com/en-us/library/ms740668(v=vs.85).

[11] Michael J Donahoo, Kenneth L Calvert. TCP/IP Sockets 编程（C 语言实现）[M]. 陈宗斌，等译 . 北京：清华大学出版社 . 2010.

[12] Bob Quinn, Dave Shute.Windows Sockets 网络编程 [M]. 徐磊，等译 . 北京：机械工业出版社 . 2012.

[13] W Richard Stevens.TCP/IP 详解 卷 1: 协议 [M]. 范建华，胥光辉，等译 . 北京：机械工业出版社 . 2000.

[14] W Richard Stevens, Bill Fenner, Andrew M Rudoff. UNIX 网络编程 (卷 1) ：套接字联网 API [M]，英文版 .3 版 . 北京：人民邮电出版社 . 2010.

[15] Douglas E Comer, David L Stevens. 用 TCP/IP 进行网际互连 第 3 卷：客户机 – 服务器编程和应用 [M]. 赵刚，林瑶，等译 .2 版 . 北京：电子工业出版社 . 2000.

推荐阅读

信息安全导论

作者：何泾沙 等 ISBN：978-7-111-36272-2 定价：33.00元

操作系统安全设计

作者：沈晴霓 等 ISBN：978-7-111-43215-9 定价：59.00元

网络攻防技术

作者：吴灏 等 ISBN：978-7-111-27632-6 定价：29.00元

网络协议分析

作者：寇晓蕤 等 ISBN：978-7-111-28262-4 定价：35.00元

金融信息安全工程

作者：李改成 ISBN：978-7-111-28262-4 定价：35.00元

信息安全攻防实用教程

作者：马洪连 等 ISBN：978-7-111-45841-8 定价：25.00元